Würste etc. etc. Ich besorgte
gung sollte auch Lande
macht werden. In nächs-
ten wir durch zu laut schnell-
gebirge Kirchende, [illegible]
s Cheyenne [illegible].
den ganzen Tag!
besser. Man sieht
[illegible]. Wir sind in dem
ich hoffte hier die Damen
[illegible] und [illegible],
[illegible] Frauen mit [illegible]
[illegible] mein ihrer Fa-
[illegible] Doktor wiedersehen
[illegible] Bavaria an Ch-
[illegible]schieden, sich immer
[illegible] gegenüber
Normannenfrau, [illegible]

[illegible] den Great Salt
[illegible] sich angesteckt. Ei[illegible]
[illegible] an ihn auf. Die [illegible]
[illegible]kommen sehen alle [illegible]-
ß man in einen Betrieb
[illegible]. Lauwarme [illegible]
auch nicht hineingegangen
mir, daß alle Straßen
[illegible] nach der Bauweise
[illegible] desselben war,
[illegible] ist der Boden dieser
. Ich einer Folge der [illegible]-
sieht man meistens,
pferde u. Rinderzucht. Noch

Louis Lewin
Durch die USA und Canada
im Jahre 1887

Ein Tagebuch

LOUIS LEWIN

Louis Lewin

Durch die USA und Canada im Jahre 1887

Ein Tagebuch

Herausgegeben von
Bo Holmstedt und
Karlheinz Lohs

Akademie-Verlag Berlin
1985

Herausgeber:
Prof. Dr. Bo Holmstedt
Königlich Schwedische Akademie der
Wissenschaften
Karolinska Institutet
Institutionen för Toxikologi
Stockholm
und
Prof. Dr. Karlheinz Lohs
Akademie der Wissenschaften der DDR
Forschungsstelle für Chemische Toxikologie
Leipzig
Übertragung der Handschrift:
Dr. Nolte, Berlin

Erschienen im Akademie-Verlag Berlin, DDR-1086 Berlin, Leipziger Straße 3 4
Lizenznummer: 202 · 100/471/85
Printed in the German Democratic Republic
Gesamtherstellung:
VEB Druckerei „Thomas Müntzer", 5820 Bad Langensalza
Lektor: Christiane Grunow
Gesamtgestaltung: Ingo Scheffler
LSV 5379
Bestellnummer: 763 4190 (6867)
02800

Geleitwort

Louis Lewin war als Toxikologe und Autor mehrerer weltweit verbreiteter Fachbücher eine markante Gelehrtenpersönlichkeit des Berliner Geisteslebens im ausgehenden 19. und im ersten Viertel des 20. Jahrhunderts. Sein umfangreiches Werk und seine in die Zukunft weisenden Gedanken prägen auch heute noch das Bild der Toxikologie.

Wenn nun der Akademie-Verlag Berlin hier erstmals das Reisetagebuch einer USA-Canada-Reise von Louis Lewin der Öffentlichkeit zugängig macht, so vermittelt er damit nicht nur einen interessanten kultur-geschichtlichen Einblick in die „Reisekultur" vor nahezu einhundert Jahren, er gibt damit vor allem auch ein liebenswertes Persönlichkeitsbild dieses so außerordentlich kenntnisreichen und zeitkritischen Toxikologen.

Wir begrüßen es außerordentlich, daß die Königlich-Schwedische Akademie der Wissenschaften gemeinsam mit der Akademie der Wissenschaften der DDR die von den beiden Herausgebern begründete Zusammenarbeit in der Erschliessung des Erbes von Louis Lewin nach der Durchführung des Lewin-Symposiums am 23. 10. 1981 in Berlin nun mit dieser Erstveröffentlichung des Lewinschen Reisetagebuches fortsetzt. Wir wünschen diesen Bemühungen weiteren Erfolg. Dem vorliegenden Reisetagebuch möge eine weite Verbreitung beschieden sein.

Stockholm, Berlin, Frühjahr 1985

Ganelius	Grote
Generalsekretär der	Generalsekretär der
Königl.-Schwed. Akademie	Akademie der Wissenschaften
der Wissenschaften	der DDR

Inhalt

Einführung IX

Reisetagebuch 1

Pharmakologische und toxikologische Untersuchungen L. Lewins
Abhandlungen und Werke 1874–1929
(5. Ausgabe Berlin 1929) 197

EINFÜHRUNG

Die Herausgabe des Reisetagebuches von Louis Lewin ist eine „Weltpremiere" für die wissenschaftshistorische Literatur. Wir danken als Herausgeber vor allem der Tochter von Louis Lewin, Frau Sachs (New York) für die Erlaubnis zur Veröffentlichung sowie dem Akademie-Verlag, Berlin, bei der Akademie der Wissenschaften der DDR, für das verlegerische Interesse an der Erschließung dieser sehr privaten, aber nichtsdestoweniger kulturhistorisch interessanten Seite im so überaus reichen Leben dieses wahrhaftig einmaligen und universalen Toxikologen und Ethnopharmakologen sowie dem Polyhistor auf zahlreichen Grenzgebieten der Medizin, Professor Dr. med. Louis Lewin.

Das große Lebenswerk dieses Mannes ist noch heute für eine breitere Öffentlichkeit weit weniger bekannt als das mancher wesentlich geringer bedeutsamen Gelehrten seiner Zeit. Louis Lewin war das Schicksal beschieden, daß die Erinnerung an ihn und sein imponierendes Lebenswerk für Jahrzehnte der Bewahrung von Gelehrten anheimgestellt blieb, die außerhalb seines Vaterlandes wirkten.

Wenn jetzt im Prozeß der Rückbesinnung und Neu-Erschließung des Lebens und Wirkens von Louis Lewin für die deutschen Leser (jedoch nicht nur für sie) nunmehr die nachstehend abgedruckten Aufzeichnungen einer Atlantik- und USA/Canada-Reise Lewins einen möglichst weitgefächerten Interessentenkreis erreichen sollen, dann erscheint es zweckmäßig, eine kurze Schilderung des Lebenslaufes und damit auch der hauptsächlichen Arbeitsinhalte des Schaffens von Louis Lewin zu geben. Wir folgen bei dieser Darstellung den anderenorts von uns für einen engeren Kreis von Fachkollegen bereits gegebenen Beschreibungen, insbesondere denen im Zusammenhang mit einem am 23. Oktober 1981 in Berlin von der Akademie der Wissenschaften der DDR und dem Fachverband Toxikologie der Chemischen Gesellschaft der DDR als Gemeinschaftsveranstaltung mit der Königlich-Schwedischen Akademie der Wissenschaften durchgeführten Symposiums zu Ehren von Louis Lewin. Diese Veranstaltung war die erste Ehrung Louis Lewins nach dem Ende des II. Weltkrieges. An ihr nahmen neben Toxikologen aus den beiden deutschen Staaten und aus Schweden auch der Botschafter des Königreiches Schweden in der DDR, S. E. Vyrin sowie der Präsident der Akademie der Wissenschaften der DDR, Prof. Dr. Dr. Werner Scheler neben anderen Persönlichkeiten des öffentlichen Lebens teil.

Nachfolgend nun einige Daten aus dem Leben Lewins:

Louis Lewin wurde am 9. November 1850 geboren. Der Geburtsort hieß Tuchel und lag im damaligen Westpreußen (heute liegt der Ort in der VR Polen und heißt Tuchola). Die Familie und Louis Lewin kamen vier Jahre später — illegal — nach Berlin.

Das „Ghetto" für die jüdische Bevölkerung lag in der Grenadierstraße und ihrer Umgebung, zwischen dem Bülowplatz (dem heutigen Luxemburgplatz) und der Münzstraße; in dieser Gegend hatten sich vor allem die sogenannten Ostjuden niedergelassen. —

Louis Lewins Kindheit war keineswegs leicht. Er ging in eine hebräische Schule. Die Neigung, noch mehr zu lernen, muß früh in ihm erwacht sein. Er studiert für sich selbst, und diese Kenntnisse öffneten ihm die Tür zum Gymnasium. Seine Eltern hatten nicht immer das Termingeld für die Schule bereit; aber er bekam später ein Stipendium. Anfangs sprach der kleine Louis noch nicht fließend deutsch, denn zu Hause wurde eine Mischung von Jiddisch und Deutsch gesprochen. Dies machte ihn draußen im Umgang mit seinen Spielkameraden zur Zielscheibe mancher ihm unvergeßlicher Demütigungen. Trotz aller Schwierigkeiten muß er jedoch ein freies und glückliches Leben gehabt haben, wenn er in der großen Stadt mit seiner unermüdlichen Neugier herumwanderte.

Im Friedrich Werderschen Gymnasium begegnete der Schüler Louis Lewin dem Lehrer Paul Lagarde, der einen großen Einfluß auf ihn hatte (Lagarde war später Professor der orientalischen Sprachen in Göttingen und einer der gelehrtesten Wissenschaftler seiner Zeit. Aber Lagarde wurde in seinen letzten Lebensjahren aus nationalistischen sowie aus religiösen Gründen ein ausgesprochener Antisemit. Erstaunlicherweise blieb davon die Freundschaft zwischen Lewin und Lagarde unbeeinflußt.).

Louis Lewin absolvierte das Gymnasium und studierte danach Medizin. Er erwarb sich gute Kenntnisse im Französischen, außerdem sprach er die klassischen Sprachen und Hebräisch. Im Jahre 1875 verteidigte er seine Dissertation.

Zu jener Zeit löste sich Louis Lewin — zumindest innerlich — von der orthodoxen jüdischen Umgebung in der Grenadierstraße und nahm einen eher „westlichen" Lebensstil an. Man darf annehmen, daß dies zeitweise einen Zwiespalt in seinem Denken und Benehmen verursacht hat.

Über die Zeit Louis Lewins an der Berliner Universität ist wenig bekannt. Hier promovierte er 1875 mit einer preisgekrönten Arbeit über „Experimentelle Untersuchungen über die Wirkungen des Aconitins auf das Herz". Nachdem er eine Zeitlang bei Pettenkofer und bei Voit in München gearbeitet hatte, wurde er Assistent bei Liebreich und habilitierte sich 1881 in Berlin für Arzneimittellehre, Toxikologie und Hygiene.

Louis Lewin heiratete 1883 Clara Bernhardine Wolff. Sie kam aus einer Lehrerfamilie aus Osnabrück in Westfalen. Clara und Louis Lewin hatten in sehr glücklicher Ehe drei Töchter. Louis Lewin war ein guter Familienvater. Das Heim war ein geordnetes Bürgerhaus.

1893 erhielt Lewin den Professorentitel. Aber erst 1919 wurde er ordentlicher Honorarprofessor an der Technischen Hochschule in Charlottenburg und kurz darauf dann Extraordinarius mit Lehrauftrag an der Universität. Danach verbrachte er eine Zeit in München bei Pettenkofer; diese Zeit mit Pettenkofer hat ihm viel bedeutet, und er hat sie entsprechend genossen. Pettenkofers Einfluß auf Louis Lewin ist unverkennbar. Sie hatten beide mannigfaltige Kenntnisse auf vielen Gebieten, und sie interessierten sich beide für chemische Methoden und Umgebungshygiene. Viel weniger wissen wir hingegen über Lewins Arbeit zusammen mit Liebreich, bei dem er danach tätig war.

Wieder in Berlin, eröffnete Lewin seinen berühmt gewordenen Hörsaal, den er in einer Wohnung — in der Ziegelstraße 3 — etablierte; dort begann er mit Unterricht als ein Privatdozent. Seine Vorlesungen sind für Generationen von Medizin- und ebenso für Nichtmedizinstudenten zu einem unvergeßlichen Erlebnis geworden.

Die ersten Arbeiten Lewins, bereits in den 1870er Jahren geschrieben, behandelten Alkohol und Morphin. Er war sicherlich einer der ersten, die Morphiumsucht von der wissenschaftlichen Seite aus studierte. Kokain interessierte ihn genauso, und als er 1885 diese Mittel beschrieb, kam es zum Streit mit Sigmund Freud, der ein Fürsprecher der Behandlung der Morphiumsucht mit Kokain war. Lewin zeigte als erster, daß es eine solche Behandlung nicht geben darf, und Erlenmeyer setzte diese Arbeit fort (Einzelheiten dieser merkwürdigen Episode der Wissenschaft finden sich in dem Buch **„Ethnopharmakologische Forschung nach psychoaktiven Drogen"** von D. H. Efron, B. Holmstedt, N. S. Kline). Lewin verstand S. Freud nie. Besonders die psychoanalytischen Arbeiten Freuds gefielen Lewin nicht, und er bezeichnete Freud als „Joseph der Traumdeuter".

Von seiner großen Reise über den Atlantik nach USA und Kanada (1886/87), die das nachfolgende Reisetagebuch so farbenreich schildert, brachte Lewin u. a. Peyotl, „Mescal Buttons" von Parke Davies & Co., mit nach Berlin. In Schmiedebergs Archiv sowie in „The Detroit Therapeutic Gazette" machte er die ersten Aussagen über die pharmakologischen Eigenschaften Peyotls. Es ist wohlbekannt, daß Arthur Heffter eine hervorragende Arbeit über die Bestandteile der Kakteen durchgeführt hatte und er der erste war, der Mescalin extrahierte. Es kam zu einem Gelehrtenstreit, denn Lewin mochte Heffter und Heffter mochte Lewin nicht. Ihre Meinungen gingen stets auseinander. Besonders um Anhalonium Lewinii (Peyotl) stritten sie mit großer Schärfe.

Kehren wir noch einmal zu Lewins Vorlesungstätigkeit zurück. Er war ein stimulierender Rhetoriker, der sein Auditorium mit Enthusiasmus einnahm; viele Studenten gingen hin, auch ohne gezwungen zu sein. Es gehörte zu jener Zeit einfach mit zu den Studienerlebnissen, daß man wenigstens einmal bei Lewin war.

Hier sei die Schilderung seines Schülers Sigfried Loewe eingefügt:

„Was Lewin in diesen 5 Dezennien gelehrt hat, lehrte er vom selbstgezimmerten Katheter herunter, lehrte er Hörer, denen er nur enge und harte Bänke bereitstellen konnte. In jenem Stockwerk in der Ziegelstraße, aus dem auch die 248 experimentellen und literarischen Arbeiten des rastlosen Schülers von Voit, Pettenkofer und Liebreich hervorgegangen sind. Aber in diesem grotesken

Mietstubengewirr von Hörsaal hat Lewin eine auch für seine lange Lehrtätigkeit exorbitant hohe Zahl von Lehrquanten der Pharmakologie austeilen können. Und beileibe nicht etwa als geschätzter „Einpauker"! Denn er lehrte unbekümmert um Schul- und Tagesmeinung. Sarkastisch schwang er die Geißel. Drastischer Humor gestaltete den Gegenstand anschaulich und reicher Anekdotenschatz stellte Hilfen. Doch das allein kann nicht der Grund gewesen sein, warum Lewin seinen Hörsaal das ganze Semester hindurch unvermindert voll hatte. Es war das unausweichliche Gefühl, daß er aus eigenstem reichen Erleben den Stoff formte, daß hier ein Gehirn von vielseitiger Begabung gedrängtestes Wissen aus Historie, Naturwissenschaft, Medizin und Alltag gespeichert und darin sein Fachwissen verankert hatte, — und von dem allem übersprudelnd an den Hörer abgab".

Soweit dieses Zitat.

In einer Darstellung von Dr. med. K. . . . in der Zeitschrift Biologische Heilkunst 1930 (7), 128—129, heißt es unter anderem:

„Lewins Vorträge waren immer tadellos vorbereitet; ich besinne mich nicht, daß einmal dieses oder jenes Experiment nicht geklappt hätte. Die Leitsätze jeder einzelnen Vorlesung waren fein säuberlich auf der Tafel angeschrieben . . . Gewürzt wurde sein Vortrag durch Zwischenfragen an seine Zuhörer, durch ulkige Begebenheiten . . . Lewins Privathörsaal war am Semesterende so voll wie anfangs".

An anderer Stelle heißt es in diesem Artikel:

„Alles in allem ist Louis Lewin meine schönste Erinnerung an meine Studienzeit, ein Mann, vor dem man als Forscher, als Lehrer, als Mensch Hochachtung hatte, der die Herzen seiner Zuhörer fand, weil er sie auch suchte".

W. Rosenstein schreibt in seinem Nachruf (1930):

„Lewin war eine große und starke Persönlichkeit, er wirkte stets originell . . . Lehrtalent und großes Wissen im Verein mit einem hinreißenden Temperament machten seinen Vortrag zu einem Genuß.

Lewin besaß eine ganz seltene Allgemeinbildung. Die Klassiker des Altertums waren ihm ebenso vertraut wie unsere großen deutschen Dichter, in Geschichte, Geographie und Völkerkunde besaß er Kenntnisse, die weit über das Alltägliche hinausgingen.

Charakteristisch für seine vielseitige Begabung war sein Verhältnis zur bildenden Kunst. Hier vereinte sich ihm tiefes Verständnis für gute alte Werke mit einer ganz ungewöhnlichen Handgeschick-

lichkeit. In den Pausen zwischen zwei Vorlesungen konnte man ihn beobachten, wie er im kleinen Hinterzimmer Bronzen kunstvoll ziselierte..." Weiter schreibt Rosenstein: *„Seine Kritik an anderen Gelehrten konnte schneidend sein, manchmal fast verletzend wirken, und doch wußten seine Gegner, daß ihn nur ein Wunsch beseelte: Die Erforschung der Wahrheit. Wo und wann er sich in Widerspruch stellte zur allgemein herrschenden Meinung, ... niemals konnte ihn weder die Zahl noch die Bedeutung seiner Gegner von dem abbringen, was er einmal als richtig und wahr erkannt zu haben glaubte..."*

In diesem Sinne können wir R. K. Müller nur beipflichten, wenn er über Lewin feststellt:

„Sicher fand Lewin manchmal die Grenze seiner Erkenntnis nicht oder sträubte sich, ihm nachgewiesene Fehler zuzugeben. Zu verstehen ist das wohl aus der Tatsache, daß ihm für die viel häufigeren Fälle, in denen er Recht hatte, die Anerkennung versagt blieb; natürlich blieb es trotzdem eine Schwäche. Aber wer wollte darüber rechten, daß ein so brillanter und universeller Geist wie Lewin auch Schwächen zeigte? Im Gegenteil: sie bewahren uns vor der Heroisierung historischer Gestalten, vor der sich die objektive Schilderung von Menschen aus Fleisch und Blut hüten sollte."

Wen wundert es aber, daß das Verhältnis zwischen dem exzentrischen unabhängigen Louis Lewin und dem Rest der medizinischen Fakultät an der Berliner Universität nicht gut war. Ein Bild von der medizinischen Fakultät in den 1920er Jahren gibt Lewins isolierte Stellung klar wieder, obwohl er als hervorragendster Lehrer seiner Zeit galt (s. Abb. S. XV). In dem Bild sehen wir mehrere berühmte Medizinforscher, unter ihnen auch Otto Lubarsch, den Pathologen, seinerzeit Dekan der medizinischen Fakultät. (Lubarsch, der Jude war, wurde später abtrünnig und ein ausgesprochener Antisemit; trotzdem wurde er schließlich durch die Nazis vom Dienst ausgeschlossen).

In politischen Ansichten war Lewin radikal und zumeist gegen die preußische Regierung eingestellt. Er unterhielt eine Bekanntschaft mit August Bebel; in der Berliner Stadtbibliothek befindet sich u. a. auch ein Arbeitsschutzfragen und Arbeitshygiene betreffender Brief an das Rechtsanwaltsbüro von Karl Liebknecht. Louis Lewins Fürsorge für soziale Entwicklung und für die Gesundheit der Arbeiter galt als beispielhaft. Er war z. B. auch Mitglied des Komitees für Obdachlosenasyle (zusammen mit

                Kopsch   Westenhöfer Brugsch   Klapp Kraus
         Stöckel   Fick   Greeff   v. Eicken
Goldscheider   Bier   Lubarsch Bonhöffer Rubner Grotjahn Moritz Borchardt   Lewin
     Czerny   Hildebrand Krückmann   His   Hahn   Buschke

August Bebel und Rosa Luxemburg). — Anfangs begrüßte er die Weimarer Republik, später wandelte sich dies zu einer Enttäuschung. Es ist nicht bekannt, ob er je Mitglied irgendeiner politischen Partei war.

Die Motivation für seine arbeitstoxikologischen Untersuchungen ist zugleich ein Bekenntnis zur Sache der Arbeitnehmer; so schreibt er 1922 in der „Deutschen Revue": *„Die allgemeine Pflicht besteht unter zivilisierten Menschen, daß derjenige, der im Besitze eines für andere gefährdungsmöglichen Objektes ist, die Möglichkeit der Gefährdung nach Kräften zu verringern oder aufzuheben hat"*. Lewin fährt dann fort:

„Die Pflicht wird zu einer nicht nur rechtlichen, sondern auch allgemein menschlichen, wenn sie sich auf Lohnarbeiter irgendeiner Art, körperlicher oder geistiger bezieht. Von ihnen werden Werte geschaffen, von denen der Unternehmer direkt oder indirekt Vorteile hat, und es wäre mehr als billig, wenn das Erwerbskonto eines solchen Arbeiters von vornherein mit einem durch die Erwerbsart verwirklichbaren Gefahrenkonto belastet würde, dessen Wirklichkeitswert in irgendeinem Augenblicke von Null zu einer beträchtlichen Höhe anspringen kann. Die Verwirklichungsmöglichkeit ist nun kaum bei irgendeiner Gefahrengruppe größer, als bei der der Gifte — schon deswegen, weil über mechanische Gefahren ein jeder in irgendeinem Umfang unterrichtet ist, aber nicht über Giftgefahren" ...

Wir zitieren dies hier so ausführlich, da Lewin diese Position in seinen Schriften mehrfach unterstreicht, stets von dem Gedanken getragen, den Menschen, allen voran den arbeitenden Menschen, vor Gift zu schützen und damit Schaden von ihm abzuhalten. Es gibt im ganzen umfangreichen Werke von Louis Lewin nicht einen Satz, der die Anwendung der Gifte gegen den Menschen — aus welchem Motiv auch immer — verteidigen oder gar befürworten würde. So ist es nur eine logische Konsequenz Lewinscher Geisteshaltung, wenn er in dem Buch **„Gifte in der Weltgeschichte"** im Kapitel über die kriegerische Giftverwendung klar und eindeutig formuliert: „*Unter den Menschen zerstörender Mittel häßlichstes ist das Gift, das in Europa als fernwirkende Kriegswaffe wiedererschien, nachdem Jahrhunderte hindurch aus moralischer Scheu heraus vergiftete Pfeile verschwunden waren.*" Lewin betont in gleichem Zusammenhang, daß „*die Verwendung von Giften niemals militärische Notwendigkeit werden kann, die etwa eine Entkräftigung kriegsrechtlicher Normen oder eine Durchbrechung internationaler Abkommen begründen dürfte*". Noch wesentlich schärfer formulierte Lewin wenige Jahre danach den Sachverhalt in der vierten Auflage seines Toxikologielehrbuches, wenn er schreibt: „*Gifte sind illoyale Waffen, und wer sie, in der Absicht, mit ihnen dem Gegner einen vernichtenden Schaden zuzufügen, anwendet, ist ein illoyaler Feind, der sich außerhalb des Gesetzes stellt. Der Begriff der illoyalen Waffe braucht ebensowenig begrifflich umgesetzt zu werden, wie der des Meuchelmords, des Treubruchs, des Diebstahls oder der Notzucht. Würden einst die Menschen der Stimme ruhiger Prüfung und leidenschaftsloser, edler Empfindung Gehör geben — was leider undenkbar ist —, dann würde Scham sie ergreifen ob alledem, was unter so mannigfachen Deckmänteln an Häßlichstem im Krieg verübt worden ist, vor allem mit der entehrenden Waffe Gift*".

Über Louis Lewin wissen wir, daß er auch öffentlich gegen die Verwendung der Gifte für Kriegszwecke auftrat; so findet sich in der Frankfurter Zeitung vom 24. Januar 1930 in einem Nachruf von Richard Koch, Professor der Medizin, daß Lewin noch Anfang des Jahres 1929 auf einer Tagung der Frauenliga für Friede und Freiheit gegen den „Gaskrieg" gesprochen hat. Man kann davon ausgehen, daß er die Gelegenheit dieser Veranstaltung bestimmt nicht vorübergehen ließ, um sich eindeutig und klar gegen die Giftverwendung für militärische Zwecke auszusprechen, denn insgesamt galt Lewin als ein streitbarer Geist, der Sachverhalte und auch Personen furchtlos beim Namen nannte und der, wie Wolfgang Heubner es einmal formulierte, „nicht gern zu den Stillen gehörte".

Nachfolgend sei eine knappe Übersicht über die Werke Lewins gegeben, die bis auf den heutigen Tag die gesamte Toxikologie tief beeinflußt haben.

In den Büchern **„Die Nebenwirkungen der Arzneimittel"** (1. Auflage 1881, 3. Auflage 1899) und dem **„Lehrbuch der Toxikologie"** (1885, 4. Auflage unter dem Titel **„Gifte und Vergiftungen"**, Georg Stilke 1929) hat er einen großen Teil seiner verblüffenden Kenntnisse der Arzneimittel und Gifte niedergelegt. Diese Bücher veralten wohl deshalb nur langsam, weil die großen Geistesgaben des Verfassers es ihm möglich machten, sich von den suggestiven Einflüssen der Welt freizuhalten und die wesentlichen Kenntnisse jener Zeit zu erkennen.

1905 erschien das gemeinsam mit Guillery erarbeitete Buch **„Die Wirkungen von Arzneimitteln auf das Auge"**.

Ungeachtet des eng fachwissenschaftlichen Gegenstandes (außerdem zwei Bände stark) erschien 1913 eine zweite Auflage.

Von seinen Arbeiten seien weiterhin die über Bleivergiftung, über den Nachweis kleinster Blut- und Arsenmengen und über Kohlenoxidvergiftung genannt. In seinem letzten Lebensabschnitt schenkte er einem breiteren Publikum noch zwei besonders schöne Bücher; 1920 **„Die Gifte in der Weltgeschichte"** (Berlin, J. Springer) und das ebenfalls in zwei Auflagen erschienene **„Phantastica, die betäubenden und erregenden Genußmittel"** (1924 und 1927), ein Buch, das in wahrhaft künstlerischer Schönheit von den Giften erzählt, die auf das Seelenleben einwirken. Diese Bücher sind nach dem II. Weltkrieg als Reprint-Ausgaben wieder verfügbar geworden.

Viele Jahre hindurch und mit besonderer Liebe hat Lewin die Wirkungen der Blutgifte studiert (Hydroxylamin, Phenylhydroxylamin, Phenylhydrazin, Nitrobenzen u. a.), wobei ihn namentlich die spektroskopisch nachweisbaren Blutveränderungen fesselten. Nachdem er schon frühzeitig selbst dahin zielende Untersuchungen angestellt und veröffentlicht hatte (**Die Spektroskopie des Blutes,** 1897), wurde das Gebiet gemeinsam mit Miethe und Stenger bearbeitet und erweitert, so über die durch Photographie nachweisbaren spektralen Eigenschaften des Blutfarbstoffes und anderer Farbstoffe des tierischen Körpers (1907) und das Verhalten von Acetylen zum Blut (1909). In diese Gruppe Lewin'scher Arbeiten fallen auch die **„Spektrophotographischen Untersuchungen über die Einwirkung von Blausäure auf Blut"**, für die

Lewin bei den Fachgenossen lebhafte Anerkennung gefunden hat.

Lewin war auch als Gutachter ein Gelehrter, der das allerhöchste Ansehen genoß. Er hat einen Band seiner Obergutachten über Unfallvergiftungen erscheinen lassen (Leipzig 1912). Seine Gutachten sind oft provokativ, aber zum Schutz der Menschen gedacht. In seinen Gutachten trat er mit Vorliebe für Menschen ein, denen es schlecht ging, für Arbeiter in Giftbetrieben, für unschuldig Angeklagte und Bedrückte.

Liest man die Bibliographie Lewins, die im Anhang zum vorliegenden Reisetagebuch abgedruckt ist, so findet man auch zahlreiche Arbeiten allgemein-medizinischen, pharmazeutisch-technischen, physiologisch-chemischen, pathologisch-physiologischen Inhalts (z. B. über den aszendierenden Transport von der Blase in die Niere und bis ins Blut), Themen über den Einfluß der Chemie auf die Medizin, über Religion und Wissenschaft, über Furcht und Grauen als Unfallursache, über Apparate für chemische Extraktion oder künstliche Atmung, über Sensibilisierung photographischer Platten, über die Farbstoffe des Harns, des Eigelbs, des Meconiums, der Mitteldarmdrüse des Krebses, über Pflanzen aus Beludschistan, über Pilze aus dem Bergell, über die Technik antiker Bronzen, zur Geschichte der Telegraphie und anderes mehr. Der eingangs für Lewin geprägte Begriff des Polyhistors ist also tatsächlich vollauf gerechtfertigt.

Unsere Darstellung nähert sich nunmehr dem Lebensende Louis Lewins.

Ein erneutes Interesse für die Psychopharmakologie war in Deutschland 1928 erweckt worden. Zu dieser Zeit sind Louis Lewin und andere an den Eigenschaften des südamerikanischen Getränks Banisteria Caapi interessiert.

Am 13. Februar 1929 hielten Louis Lewin und Paul Schuster hierzu einen Vortrag vor dem Berliner Medizinverein. Sie beschrieben die Wirkungen von Banisterin (hergestellt aus Banisteria), und beschrieben später anhand von Versuchen an 18 Fällen von Parkinsonismus, daß die Wirkungen des Harmins am Tier und am Menschen identisch waren. Die immobilisierten Patienten hatten das Gefühl, sie rührten sich unbehindert. Man beobachtete eine abnehmende Muskelträgheit. Merkwürdig ist, daß bei diesen Untersuchungen drei Patienten auf die Behandlung positiv reagierten. Zweifellos ist das der erste Hinweis auf die Wirkung von Monoaminooxidaseinhibitoren. Diese Aussagen Schusters und Lewins weckten ein sehr starkes Interesse, und die Wochenzeitungen beschrieben Banisterin als „das Wundermittel". Louis Lewin, der nun schon alt und krank war, gelang es trotz aller Gebrechen, seine Monographie über **„Banisteria Caapi, ein neues Rauschgift und Heilmittel"** fertigzustellen (1929).

Ende 1929 entwickelte sich bei Louis Lewin eine Sepsis, wahrscheinlich auf dem Boden einer Leukämie. Er setzte seine Vorlesungen trotzdem noch für eine Weile fort, mußte aber später dann doch in die Klinik an der Ziegelstraße — neben seinem Labor — gepflegt werden. Schließlich wurde er nach Hause gebracht, wo er am 1. Dezember 1929 verschied.

Aus Anlaß des 50. Todestages von Louis Lewin schrieb der Schweizer Medizinhistoriker Erwin H. Ackerknecht in einem Würdigungsartikel die bitteren Worte:

„Es ist paradox, aber wer Lewin gekannt, verehrt, geliebt hat, empfindet ein gewisses Gefühl der Erleichterung, daß es einem der größten der vielen großen Juden in der deutschen Medizinfachgeschichte vergönnt war, vor 1933 zu sterben".

Dem ist wohl nichts hinzuzufügen, es sei denn die Hoffnung, daß jetzt das Leben und Wirken von Louis Lewin seinen festen und dauernden Platz in der Medizingeschichte gefunden hat.

Möge der Leser nunmehr in den Reisetagebuchblättern Louis Lewins sich selbst einen unmittelbaren Eindruck vermitteln lassen von dieser außergewöhnlichen Gelehrtenpersönlichkeit und diesem wahrhaft liebenswerten, manchmal etwas skurrilen Menschen mit großer Herzensgüte und scharfem Verstand. Mit diesen Tagebuchnotizen tritt uns aber zugleich auch ein interessantes Stück Kulturgeschichte des Reisens über den Atlantik in der Frühzeit des Tourismus entgegen. Vielleicht sind gerade diese Eindrücke für die Menschen des „Düsenflugzeitalters" besonders reizvoll und auch etwas des Nachdenkens über die Notwendigkeit „schöpferischer Pausen" wert.

Bo Holmstedt
Mitglied der
Königlich-Schwedischen
Akademie der Wissenschaften,
Stockholm

Karlheinz Lohs
Mitglied der Akademie
der Wissenschaften der DDR,
Berlin

Anmerkungen der Herausgeber:

Die uns dankenswerterweise von Frau Sachs überlassene Handschrift des Reisetagebuches von Louis Lewin wurde von Herrn Dr. Nolte, Berlin, in Maschinentext übertragen. Hierfür sei Herrn Dr. Nolte bestens gedankt. Bei der Übertragung sind bewußt keine sprachlichen Korrekturen vorgenommen worden. Die Herausgeber haben nur in einigen wenigen Fällen, wo es die Herstellung von Satzzusammenhängen zwingend erforderlich machte, Worte eingefügt, welche offensichtlich vom Autor in der Eile des Schreibens vergessen worden waren; außerdem haben die Herausgeber die gesamte Kommasetzung eingefügt, für die Lewin anscheinend einen wenig entwickelten Sinn hatte. Nur ganz wenige Stellen des Textes blieben unlesbar bzw. waren im Original trotz größter Mühe nicht zu entziffern. In keinem Falle hat dies jedoch zu Störungen des Textverständnisses geführt.

Für technische Hilfe und Unterstützung beim Vergleichen mit dem Original sowie Lesen der Korrekturen sind wir Frau Brigitte Stenzel sowie Herrn Dr. Hanschmann (beide Leipzig) sehr verbunden.

Der besondere Dank der Herausgeber richtet sich an die Leitende Lektorin im Akademie-Verlag Berlin, Frau Christiane Grunow, für ihr initiativreiches Wirken beim Zustandekommen des vorliegenden Buches und Herrn Karl Abel für die zeichnerische Umsetzung der handschriftlichen Vorlage.

Reisetagebuch

Seiner Geliebten Clara.

„Hammonia"
Capitain Hebich
von **Hamburg** nach **New-York**
am 31. Juli 1887.

Frau Schouda von Hein .. Newyork
Fräulein Skada von Hein . do.
Herr Fritz Hein. von Hein. do.
Herr Paul Tidden .... do.
Herr John Haase .... St. Louis
Herr Louis Wolff .... Chicago
Frau Auguste Wolff...... do.
Fräulein Christine Wolff . do.
Frau Minnie Guntz ...... do.
Frrau Sophie Lange, mit
    Tochter............ do.
Herr John Wolff, mit
    Familie .... do.
Träulein Frieda Witte.... Rostock
Fräulein Johanna Fischer. do.
Herr Friedr. Lahl........ Chicago
Frau Doris Lahl......... do.
Herr Heinrich Lahl....... do.
Herr Ph. Kleeberg, mit
    Familie .... Newyork
Herr Louis Salomon ..... Bridgeport
Herr Gustav Wuerth..... Newyork
Frau Kate Wuerth, mit Sohn do.
Herr John R. Warburg .. Hamburg
Herr Dr. Louis Lewin ... Berlin
Herr Albert Ives, mit Frau. Detroit
Frau Elise Schramm, mit
    Tochter u. Bedienung. Newyork
Herr August Sonnemann.. Buffalo
Frau Amalie Sonnemann.. do.
Fräulein Sophie Sonnemann do.
Herr Chas. F. Johnson,
    mit Familie .... Cincinnati
Herr Clayton Rockhill .. Newyork
Frau Mary Rockhill ..... do.
Herr Hans Jensen .... Chicago
Frau Elise Jensen .... do.
Herr Henry Iden .... Newyork
Frau Christine Iden...... do.
Herr Charles Drugelin ... do.
Frau Dina Drugelin...... do.
Fräulein Dina Torpisch .. do.
Fräul. Johanna Heinemann Hamburg
Frau Minna Moser, mit
    Tochter............ Breslau
Fräulein A. J. Harteastle . Maryland
Herr A. H. Bode .... Cincinnati
Frau Auguste Bode, m. Sohn do.
Herr Oscar Rose......... do.
Frau Auguste Rose ...... do.
Herr Ludwig Beise ...... do.

Herr E. Fernbach .... Chicago
Herr T. F. Carroll....... Boston
Herr F. Hoffmeister...... Cincinnati
Herr August Reinhardt... do.
Herr Henry C. Eibs ..... Newyork
Herr Albert Meyer ...... do.
Fräulein Johanna Sommer. Hamburg
Frau Johanna Maass..... Newyork
Herr John Hynemann.... do.
Frau Catharina Schäfler .. Husum
Herr C. Klinkhammer.... Buffalo
Fräulein Auguste Brauch . Altona
Herr William Wuerz, mit
    Familie .... Newyork
Herr Charles Bong. ..... Boston
Herr Hermann Leckebusch do.
Herr Carl Wagner . .... Newyork
Herr Alfred Goldschmidt .. do.
Fräulein Minnie Hemter Chippeway Falls
Fräulein Madeleine Portener Newyork
Herr Abr. Ober .... do.
Herr Edwin Gecmen ..... Prag
Herr Wm. Baumann..... Maracaibo
Knabe Hugo von Peine . do.
Fräulein Doris Reimers... Helgoland
Herr Hans Manau....... Wayneboro
Herr Geo Freudenberg .. Chicago
Frau Wilhelmine Freudenberg do.
Frau Eva Schlehlein ..... Milwaukee
Herr C. H. Johannsen.... Augusta
Herr Otto Julius Wilde... Omaha
Herr Heinr. Voss .... do.
Frau Emma Anger....... Hamburg
Herr Bernhard Wischer .. Cincinnati
Frau Henriette Wischer .. do.
Frau A. A. Keudall, mit
    Tochter............. Ver. Staaten
Herr Alfred Repennig .... Newyork
Herr Ad. Wieber .... Giessen
Herr August Dolge ...... Leipzig
Herr Louis A. Freyer .... St. Antonio
Herr Henry Zuckermann . Hamburg
Herr Peter Lauer........ Rochester
Herr Georg Stratmann ... Hamburg
Herr Ernst Stratmann.... do.
Herr Conrad Schulz ..... do.
Frau Sophie Schulz.. ... do.
Herr Albert Schulz ...... do.
Herr Julius Regenburg, mit
    Familie .... do.
Herr John Peak Rich .... Toronto

Herr Oscar Nöldechen ...Hamburg
Herr Moritz Herschdörfer.Newyork
Herr Ernst Klimke ...... do.
Herr Dominique Lindenthal Brünn
Herr Vivian F. Gorrissen..Newyork
Frau Victoria Wilhelm...Amsterdam
Herr Sally Abel ....Berlin
Frau Flora Abel......... do.
Herr Hans Hein ......Husum
Frau Wiebke Hein ...... do.
Herr Adolph Hirsch......Prag
Herr Ferd. Kreuler......Newyork
Herr Hermann Held ....Schweiz
Herr E. P. Mowton......Newyork
Frau Dr. Charlotte Löwenthal Hoboken
Herr C. J. Riedel........Hamburg
Frau Kate Perazzo......Newyork
Herr Stephan Dieckmann. do.
Herr John Dieckmann... do.
Fräulein Anna Rose .....Magdeburg
Herr Gustav Sassenberg..Chicago
Herr August Carstens ...Omaha
Fräulein Lidwine Jarisch .Reichenberg
Herr Jacob Röhrer ......San Franzisco
Herr John B. Hoss jr.... do.
Fräulein Pauline Wahl ...Stuttgart
Herr Carl Eschenbach....Cincinnati
Herr Rev. Peter Abromavtys Sauwalk
Fräulein Barbara Strübin .Schweiz
Fräulein Alice Strübin ... do.
Frau Sarah Silberberg....Newyork
Herr Joseph Silberberg... do.
Herr B. Metzger, mit Frau Frankreich
Herr Albert Saft........Galveston
Frau Emilie Winn......Woburn
Herr Moritz Schrier......Newyork
Herr August Starke .....Cincinnati
Frau Johanna Starke..... do.
Frau Louise Ehlerding ... do.
Herr Chas Balmer ....St. Louis
Herr Edward Mortimer... do.
Herr Wm. Litzkendorf ...Newyork
Herr Wilhelm Plath .....Brooklyn
Frau Anna Plath .... do.

Frau Louise Rilling......Newyork
Fräulein Caroline Rilling . do.
Fräulein Anna Rilling ... do.
Herr Chas. Rilling...... do.
Frau Philippine Soeffner..Boston
Herr Louis Süssmilch .... do.
Herr Adolf Schmille .....Herford
Fräulein Anna Schmille .. do.
Frau Marie Schneider, mit
   Familie ....Carlsbad
Frau Rosalie Brasch, mit
   Familie ....Zempelburg
Frau Regina Bry ....Michelstadt
Fräulein Clara Meyer.....Berlin
Herr John Eckel........Mobile
Herr Felix Funger ......Altenburg
Frau Jette Davis........Newyork
Herr David Davis....... do.
Frau Auguste Müller..... do.
Fräulein Octavia Müller.. do.
Frau Hedwig Quensell....Berlin
Fräul. Philippine S. Wiesener Newyork
Frau Emma Dolge.......Leipzig
Fräulein Hedwig Tilltz ..Glogau
Herr Michael Hinger.....Wilmington
Frau Louise Hinger .... do.
Herr Chas. Kuper, mit Sohn Newyork
Herr Willie Katzenberg ..Chicago
Herr Pastor C. F. Schatz .Detroit
Herr Herm. Schneider, mit
   Familie ....Newyork
Herr Otto Merters, mit
   Familie ....Amsterdam
Herr Walther Uellner ....Newyork
Herr Walther Uellner ... do.
Herr Rich. Weyersberg ..Hamburg
Herr Chas. W. Rickerts ..Rochester
Herr Nicolaus Winkelmann St. Louis
Herr Wm. Brüning ......Newyork
Herr Ferdinand Marticnsson do.
Frau Anna Sonne........Milwaukee
Frau Rachel Fraenklin ..Newyork
Herr Arwin von Wigandt.Liegnitz
Fräulein Henriette Rosch .Berlin

Offiziere der „Hammonia":

1. Offizier P. Fröhlich
2.   „   v. Bassewitz
3.   „   von Hoff
4.   „   C. Schaarschmidt

1. Maschinist A. Umann
2.   „   C. Pahl
3.   „   F. Küster
4.   „   A. Peters

Schiffs-Arzt Dr. Mitzlaff
Proviantmeister D. Toosbuy
Ober-Steward C. G. Stark

Ausreise

Sonnenglanz liegt auf dem Meere
Dessen Fläche, leichtbewegt
Von des Westwinds Flügelschlage,
Mich geduldig zielwärts trägt.

Abseits von dem Menschenstrome,
An die Schiffswand angelehnt,
Denke ich, erfüllt von Liebe
Derer, die mein Herz ersehnt.

Denke an die lieben Kleinen
Und mein Weib, die weit zurück
Meergetrennt von mir nun leben —
Fern dem Blick, mein fernes Glück!

Meine Lippen sprechen leise
Was mein ganzes Ich bewegt,
Senden Worte auf zu Jenem,
Der das Menschenschicksal trägt:

Halt, o Gott mir meine Lieben
Immerfort in guter Hut,
Niemals lasse sie entbehren
Der Gesundheit höchstes Gut!

Schütze Du auch meine Pfade
Leite mich zum Heimatherd,
Daß gesund ich wiederfinde
Alle, die mein Herz begehrt!

Sonntag d. 31 Juli 1887

Meine süße, geliebte Cläre!
Mein Bericht beginnt mit dem Augenblicke, wo Du mich mit den Kindern verließest. Wollte ich Dir sagen, was ich alles empfand, ich würde ein noch stärkeres Gefühl der Wehmut in Dir erwecken, als Dich im Augenblicke schon beherrscht. Ich würde die schreckliche Empfindung der Vereinsamung nicht los bis zu dem Augenblicke wo ich Dich wieder in meinen Armen halte, und den süßen Kindern in die Augen blicken könnte. Ist es nicht verzeihlich, wenn ein Mensch bei aller erdenklichen Gottesfurcht, durch Erfolg verwöhnt, sich für etwas besonderes hält? Nach Sonnabend überkam mich eine solche Empfindung, als ich durch die Heydereutergasse in den Tempel gieng. Gerade vor jenem alten baufälligen Hause, in dem wir vor 30 Jahren wohnten, spielte ich so zu jener Zeit wie heute dort jene Schaar von barfüßigen, verschmutzten, unsauberen und rohen Jungen sich vergnügen. Und aus jener Atmosphäre bin ich, gewiß nicht allein durch eigenes Verdienst, herausgekommen, habe mir Wissen verschafft und meine Geisteskräfte benutzt, ein liebes Weib und herzige Kinder nenne ich mein eigen, ich erlebe die Freude, Eltern und Geschwistern mit Rath und That zur Seite stehen zu können und sie über mich glücklich zu sehen und weiß schließlich, daß auch andere — eine jüngere und die ältere ärztliche Generation — mein Wirken gut beurtheilt. Aber ich bin nicht übermüthig und will bescheiden sein. Du weißt, wie schon seit langer Zeit jene innere Zufriedenheit mich erfüllt, die nur eines als Bedingung hat: Gesundheit und Wohlergehen meiner Lieben. Und so will ich hoffen, daß Gott uns alle in seinen Schutz nimmt und wir ein frohes Wiedersehen feiern.
  Es war gut, daß Du nicht mitfuhrst. Es war dort in den unge-

müthlichen Warteräumen ein unangenehmes Gedränge u. Geschiebe von Menschen. Ich preßte mich durch, u. wir gelangten endlich zur Billetcontrole. Billete vorzeigen, **Tickets please!** tönte es von den fettwulstigen Lippen eines echten Hamburger Mundes. Onkel u. ich zeigten die Billets. „Heimathsurkund"! schallte es weiter. Onkel wird ungemüthlich, ich ebenfalls, besonders deswegen, weil man wegen des Gedränges doch nicht seine Brieftasche herauskriegen konnte. Endlich habe ich die meinige herausgezogen, und zeige dem Mann, darin liegend, immer noch mit Gepäck beladen, die halbe in anderen Papieren begrabene Paßkarte. Und als der Cerberus sie nun auch heraushaben wollte, da konnte ich mich nicht mehr halten, sagte, er solle mich nun aber in Ruhe lassen etc. etc. Er aber diente mir in schönstem Hamburgisch — schon als wir fast auf dem Schiff waren, hörten wir noch sein dickmännliches Toben. Ich sagte auf dem Schiff waren! Da hatten wir die Rechnung ohne fünf weitere Controleure, die uns förmlich mit ihrem **Ticket please** von einem zum anderen prellten, gemacht. Endlich auf dem Boot! Ein buntes Menschengewühl! Alt u. Jung, einfach und aufgeputzt. Ein wagenradähnliches Bouquet fiel mir besonders auf. Die Trägerin brauchte ich nicht lange anzusehen, um sie zu erkennen. Es war die schöne Engländerin (mit Vater u. Mutter), die wir in Sylt sahen u. mit der ich auch getanzt habe. Sie erkannte mich sofort u. stieß ihre Mutter an. Nach langem Harren — 8 Uhr 45 m. setzten wir uns in Bewegung. Das war ein Winken und Wehen mit Tüchern von Stegen und Wegen, Fenstern und Booten längs der ganzen Fahrt auf dem frisch belebten Strom! Bis Blankenese und noch weiter darüber hinaus hörte dasselbe nicht auf. Es ist merkwürdig, daß wenn ein Bahnzug nach China gehen würde, es keinem einfiele, Abschied zu nehmen. Mit der Schifffahrt verbindet sich die Vorstellung größerer Gefährlichkeit, während doch das eine kaum minder zu Gefahren Anlaß giebt wie das andere. Der wesentliche Unterschied scheint mir darin zu liegen, daß man auf der weiten Wasserfluth beim Eintreten eines Unglückes weit hülfloser und verlassener als auf dem Lande ist. Es ist ein Stück unbewußter Güte, die sich in diesem Abschiedswinken der Menschen kundgiebt, und berührte mich eigenthümlich angenehm. Das Dahingleiten auf dem geduldigen Strom, der es gemüthlich erträgt, daß die mächtigen Schaufelräder seine Fluthen peitschen, läßt für Minuten das wehmütige Gefühl, fern von Weib u. Kind zu sein, verschwinden. Tausende und abertausende zogen die gleiche Straße hin erfüllt von Sorgen, Kummer und dem bitteren Herzeleid des Mangels. Alle diese, auch wenn sie noch so wenig Sinn für Naturschönheit haben, müssen von diesem fesselnden Bilde eigenartiger Schönheit berührt worden sein. Dieses herrliche Grün des Ufers mit den eingestreuten Häuschen u. Schlössern, das Vorbeigleiten von Schiff an Schiff, das Pfeifen und Tuten derselben und das Sprachengewirr, das von der Schiffsgesellschaft an das Ohr tönt, bewirkte, daß auch ich mich von diesen Eindrücken gefangen nehmen ließ.

Um 11 Uhr langten wir an der „Hammonia" an. Officiere, Stewarts, Matrosen standen in Reihe — dahinter erblickte man eine Schaar zerlumpter Männer u. Weiber — Zwischendeckspassagiere, die durch eine trennende Schnur von der Vermischung mit den das Schiff betretenden Cajütspassagieren gehindert wurden. Beim Betretenwollen des Schiffes abermals Controle. Man zeigt uns den Weg in das Innere des Schiffes. Schiebend und geschoben gelangen wir zum bartcotttelettten Ober-Stewart. Abermals Billetcontrole und endlich befinden wir uns in unserer Cabine. Wir sehen uns um und ich bedaure, bei so viel überflüssigem Platz nicht unsere Koffer bei uns zu haben. Ich fasse unter das Bett — da stehen beide Koffer! Schändlich von den Leuten, uns soviel Mühe gemacht zu haben, zumal noch in Hamburg von Passagieren hunderte von Riesenkoffern mitgebracht wurden.

Wir richten uns etwas ein. Um 1/2 12 Uhr setzt sich der Schiffscoloß in Bewegung. Fast bewegungslos gleiten wir dahin — kein Stampfen, kein Rollen! Neptun, der Bösewicht, hält seinen Dreizack horizontal. Die Sonne sendet ihre Strahlen hernieder, erfrischende Winde lassen die verzehrende Gluth der letzten Tage vergessen — man fühlt sich behaglich. Um 1/2 3 Uhr sind wir bei Cuxhaven. Immer mehr u. mehr verschwindet das Land. Wir haben unterdessen ein opulentes Frühstück eingenommen. Als wir wieder auf Deck sind, schwindet der letzte Streifen von Neuwerk. Eine weite Wasserfläche umgiebt uns. Wir liegen auf unseren Klappstühlen u. sprechen über dies und das. Ich übe an Menschen Kritik, was Du, mein geliebtes Herz, im Ganzen so wenig magst. Wir rühmen Hermanns Aufmerksamkeit, der uns ein freundliches Telegramm an Bord gesandt hat, und die bodenlose Faulheit und Unaufmerksamkeit von John tritt hierzu in scharfen Contrast. Da ertönt wieder die Glocke. Schon wieder Essen. Es ist 4 Uhr.

Natürlich haben wir uns den kleinsten Tisch ausgesucht und dafür auch das Glück, ein paar wunderbare Menschenexemplare daran zu besitzen. Onkel habe ich einen Sophaplatz an meiner Rechten besorgt. An meiner Linken sitzt ein junger Mensch, der entweder ein durchgegangener Postsecretär oder ein davongejagter Schullehrer ist, dem seine Verwandten das Reisegeld geschenkt haben. Er ißt grundsätzlich mit dem Messer. Mit ihm hebt er den Bissen empor, hält ihn eine Secunde an die rüsselartig verlängerte Unterlippe, macht einen kurzen aber tiefen Athemzug, und der Bissen ist verschwunden. Dies wiederholt sich in wenigen Minuten so häufig und mit so typischer Regelmäßigkeit, daß der Kalbsbraten mit Kartoffel etwa in 2 Minuten, Kükenbraten in ca. 1 1/2 Minuten verschlungen ist. Compots werden zum Braten gegeben. Noch ist der Braten nicht da. Er legt sich Compot auf, das Messer tritt auf dem großen Teller in Action und in ca. 1 Minute hat auch dieser (den) Gang sich selbst in jene Tiefe angetreten, von wo eine Wiederkehr nicht — o was sage ich nicht! Die Sonne war vom Horizont verschwunden, graue Regenwolken sandten in Strömen ihren nassen Inhalt auf uns. Es ist kalt geworden. Ich ziehe mir meinen Regenmantel, Onkel seinen Winterpaletot an. Wir promenieren draußen. Neptun hat seinen Dreizack aufgerichtet, der Schiffscoloß fängt zu schwanken und sich zu wiegen an — und des Koches Künste erscheinen zum zweiten Male am Tageslicht, mehr oder minder verändert — recht erkennbar. Ich lache, weil ich eben bemerkt, daß ein Slowake von dem gleichen „mal de mer" erfaßt, ganze Kartoffeln dem Neptun als Libation dargebracht hat, ich lache u. amüsiere mich — da — nein nicht, was Du jetzt wohl denkst — ich wurde schwindlig und bekam ziemlich schnell bohrende Kopfschmerzen. Aha, denke ich — Cocain! Komm heraus prophylactische Phiole, dein Inhalt soll mein kühles, frostiges Innere so erwärmen, wie dich einst die Sonnengluth Perus durchwärmt hat — 0,05 grn Cocain waren verschwunden. Kopfschmerz, Schwindel wichen zauberhaft schnell, und ich lachte wieder, und sog begierig den erfrischenden Seewind ein. Aber wohin auch immer mein Fuß sich windet — überall männliche u. weibliche Opfer neptunischer Laune. Onkel ist wie ein alter Seebär gegen solche Fährlichkeiten gefeit. Schon kommt der Abend. Als gluthrother Ball taucht die Sonne am Horizont in die Salzfluth — eine zweite Cocaindosis vertreibt nicht mehr den überhandnehmenden Schwindel u. das Unbehagen. Onkel ist um 8 Uhr zum Thee resp. Grogk gegangen, ich wollte ihn noch oben erwarten — halte es aber nicht mehr lange aus — ich wanke hinunter, krieche in meine Cabine — wie ein reines und reinliches Glück kommt der Schlaf über mich — Gegenwart, Zukunft, Raum und Zeit schwinden — ich erwache, als Onkel um 1/4 11 Uhr zu Bett gehen will — entschlummere dann wieder u. erwache frisch am frühen sonnigen Morgen.

Montag den 1. August 1887

Und so sitze ich hier, um mich summt es in allen Sprachen und schreibe Dir und denke an Euch alle in unnennbarer Liebe.

Irre ich nicht, so war ich in der Charakteristik unserer Tafelrunde bei meinem Nachbarn zur Linken stehen geblieben. Dessen linker Nachbar, eine kurze gedrungene Gestalt, ist manierlicher und ißt feiner. Er nahm heute früh ein Rundstück, drückte es fest zusammen, stippte es in die große Kaffeetasse, öffnete ruhig, ohne viel mit den Zähnen zu klappern seinen Mund, und schwapp, schwapp war das Backwerk verschwunden. Wir nahmen auch reichlich Speise und Trank zu uns, alles mögliche wird offerirt, Fleisch, Käse, Kartoffel, Eier etc. Mir ist jetzt ganz wohl. Ich denke, wenn wir erst im Kanal sein werden, dem wir uns jetzt nähern, — heute Abend sollen wir in Havre sein — dann wird wohl die bis jetzt unterdrückte Krankheit manifest werden. Dann will ich aber Morphium nehmen.

Onkel ist reizend gemüthlich. Es ist eine Erfrischung, ihn zu sehen. Einzig ist dieser Seelenfriede, diese anmuthende Menschenfreundlichkeit. Er schlief heute Nacht vorzüglich. Etwas habe ich ihm beim Anziehen geholfen. Er besitzt keine zu dem Gummikragen passenden Knöpfe. Ich half ihm mit den meinigen aus. Wir haben keine Bekanntschaften gemacht und wollen es auch nicht. Nur ein biederer Holsteiner, der schon 15 Jahre in **Omaha** lebt, sprach uns an. Er sprach immer davon als etwas besonderem, daß er diese Reise mache. Auf meine Frage, für wie alt er Onkel hielt, meinte er: 65—67 Jahre!

Damit für heute genug, mein süßes Lieb. Küsse die Kinder für mich, grüße Alle, Du herziges Weib, und nimm Gruß u. Kuß
von Deinem Louis

Dienstag d. 2 August 1887
Meine geliebte Cläre!
Ich nehme den gestern abgebrochenen Faden der Erzählung wieder auf. Heute gibt es noch etwas weiteres zu berichten, — ob ich in den nächsten Tagen Stoff finden werde, ist fraglich. Ich sitze neben Onkel, bestrahlt von herrlichstem Sonnenschein, auf Deck, umweht von erfrischenden Winden, ummurmelt in vielen Sprachen u. zahllosen Sprechweisen. Wir, das auserwählte Volk Gottes, auf dem der Fluch wegen seiner, jetzt freilich auch nach römischem Rechte verjährten Sünden ruht, zerstreut unter den Völkern der Erde zu sein, sind auch hier in reicher Zahl und in Musterexemplaren vertreten. Einen von ihnen verfolge ich wie sein Schatten. Als wir an Bord gekommen uns eben in unserer Kajüte bequem zu machen versuchten, wurde die Thür aufgerissen und ein mageres, verschrumpeltes Männchen, mit einem großcarrirten amerikanischen Jäckchen angethan, mit einer finkenförmigen, wie eine Stockkrücke mitten im Gesicht sitzenden Nase, einem zahnlosen Munde, zurückgewichener Oberlippe und mit wie ein Kliff hervorstehendem Kinn, rollte die Augen, und (an) der Stelle, wo einst das liebliche Gehege der Zähne vielleicht vorhanden gewesen war, entströmten in einem unnachahmbaren posenschen Tonfall: **Well it is my cabine Nimmero 126** etc. etc. Wir sollten sofort räumen. Ich mußte laut lachen u. sagte ihm: Mister, well sucht Euch die an 126 fehlenden 100, dann könnt ihr wieder herkommen, das ist hier Nimmero 26. Dieser Mann spricht mit jedem — aber wenn jemals das Wort mauscheln angebracht gewesen ist, so bei diesem englich mauschelnden Kerlchen mit seiner unbeschreiblichen **Suade-döllers** und **marks** und **money maken** sind die schon von weitem hörbaren Schlagworte seiner Rede.

Da giebt es aber auch, „**mans mit the yellow shus**", Frauen mit großen Diamantringen und kirschgroßen Ohrboutons. Interessanter als diese Gesellschaft ist aber die Beobachtung des Lebens und Treibens auf dem Zwischendeck. Schmutz und Verwahrlosung, neben Scheineleganz und Talmikette, Kneifer, Spazierstöckchen aber auch prachtvolle Typen, sauber und adrett angezogene Menschen, sieht man dort in allen Stellungen und Bewegungen, kaleidoskopisch durch einander gewürfelt. Da hockt der zerlumpte polnische Jude neben zwei auf prachtvollen echten Kelims hockenden Türken, dort bewegt sich eine Schaar von Slowaken, dazwischen ein halbwüchsiger Junge, der in langgezogenen Tönen „noch ist Polen nicht verloren" singt. Ihm reißt ein anderer die Fidel aus der Hand, und von ungeübter Hand ertönt nun der **Yankee doodle** der ein paar andere strolchig aussehende Männer zu einem Matrosentanz begeistert — hier spielt einer die Ziehharmonika, und nach den Jammertönen dieses Instruments drehen sich die Paare. Auch Juden? Sind doch so viele polnische Frauen an Bord, die mit anderen Kleidern angethan und in andere Umgebung versetzt, Bewunderung erregen würden! Nein! Diese alle tanzen nicht. Es ist wirklich nicht anders — wenn auch unbewußt, prägt sich in ihrer Bewegung, ihrem Thun u. Treiben, ja sogar in ihren Mienen die Empfindung ihrer Situation aus. In ihrer alten Heimath Bettler u. verachtet, hier auf dem Schiff von jenem rohen empfindungslosen Pöbel, der nichts weiter als die niedrigsten thierischen Triebe kennt, verlacht, stehen sie vor der Pforte einer neuen Zukunft.

Was wird sie ihnen bringen? Werden sie es nicht zu bereuen haben, der alten Welt den Rücken gekehrt zu haben, um vielleicht einen Sonnenstrahl zu erhaschen, der ihnen alle Entbehrungen u. Mühen demgegenüber als leicht erscheinen läßt? Wird jene bildhübsche Frau, die immer wieder das abgemagerte u. nach Nahrung schreiende Kind an den schlaffen Busen legt und es mit ihrem Herzblut nährt, wenigstens den Lohn haben, es groß werden zu sehen? Wird jener graubärtige alte Mann mit dem langen Kaftan, der großen blauen Brille, Halbschuhen und weißen Strümpfen, der getreu dem Verhalten in seiner Jugend sich nur mit Kartoffeln und Häring ernährt und nicht Fleisch und anderes Verbotene genießt, der von Heizern und dem anderen Pöbel stets mit höhnenden Zurufen empfangen wird, den Tag segnen oder fluchen, an dem er den Muth hatte, sich aus vielleicht 65 Jahre währenden Verhältnissen loszulösen? Und wie hoch steht dieser Mann über jenem jungen Lümmel, der mit Pincenez u. Stöckchen nie an einer Scholle haftete, wahrscheinlich in dem Moment, wo er der väterlichen Zuchtruthe entwachsen war, bereits alles von sich warf, was Pietät festzuhalten ihn, wenn er mehr Herzensbildung besessen, nahegelegt hätte! Er ist Kosmopolit geworden. Auch er lacht über den alten Juden u. fühlt sich durch die Intimität mit rohem, ungebildeten aber christlichen Pöbel gehoben. Ich wünsche ihm, daß ihn das Leben so durchschüttelt, daß er eine dritte Metamorphose erlebt, die ihn läutert.

Wenn es Abend wird, musizirt das Zwischendeck. Improvisirte Trommeln und Tuten, Pauke und Triangel ertönen. Dazwischen vernimmt man wohl auch einen melancholischen Sang, wohl aber mehr als Begleitung zu Liebeskosen, als durch innere Bewegung, Heimathsgedanken u. Heimweh veranlaßt. Sehr wenige dieser Menschen scheinen, soweit man nach Haltung und Benehmen urtheilen kann, derartige Empfindungen zu haben. Wohl aber erregt der Anblick des großartigen Meeres ihr sowie unser Staunen. Wir befanden uns gestern Nachmittag vor **Dover**. Das Meer, leicht bewegt, zeigt Lazurfarbe. Wir kamen der englischen Küste so nahe, daß wir die Kreidefelsen, die jäh und abschüssig in das Meer fallen, in ihren Einzelheiten erkennen können, ebenso Wege, Befestigungen, Häuser etc. Auf der anderen Seite schimmern leicht verhüllt Frankreichs Küsten. Diese unendlich scheinende und doch so begrenzte Wasserfläche ist wie belebt durch Segelboote u. Dampfer. Dort schwimmt auch ein großes Torpedoboot. Wollte man aus der Vögel Flug weissagen, welches Schicksal ihm einst beschieden sein wird, man käme sehr in Verlegenheit, denn kaum eine Möve kam uns bis jetzt zu Gesicht. Ebenso sind uns noch keine Geschöpfe der Tiefe begegnet. Kein Fisch flog bis her an uns vorbei — desto mehr uns freilich gebraten in den Mund — keine Seelöwen bemerkt(en) wir — nur einen Decklöwen — einen **Swell** — mit kurzem blauem Jäckchen, hellcarrirten Beinkleidern, einem hohen grauen Hut und breitbeabsatzten Lackschuhen, gelben **dogs gloves** und einem Stöckchen — haben wir. Wenn er geht, ahmt er zu Onkels u. meinem Vergnügen die Tournurentracht der Damen nach. Seine Rückenverlängerung weiß er so geschickt vom Rücken abzubiegen, daß er thatsächlich eine Tournure vortäuscht. Ich möchte aber doch lieber ein wirkliches Seethier als eine solche humanisirte Nachbildung zu Gesichte bekommen!

Unsere Stühle sind sehr bequem. Wir liegen darin, lassen uns von dem erquicklichen Seewind durch- und umwehen, tauschen Gedanken aus — und als Refrain denken wir auch immer an unsere Lieben, die so weit getrennt von uns. Alles in sich schließen, was die Welt nur an Gutem u. Schönen zu geben vermag. Auch das erwartete Ereigniß beschäftigt uns natürlich. Kommt er? Wann? Kriegen sie sich? Wenn nur die Schleifen nicht vergessen werden! Zu gern nähmen wir daran Theil! Da plötzlich: Krach! und Krach! u. Knack! Nein, noch geht das Schiff nicht unter

— aber Onkels gewiß von Schmurrbein gekaufter Stuhl ist so durchgebrochen, daß an ein Sitzen darauf nicht mehr zu denken ist. Hoffentlich kann ihn der Schiffszimmermann repariren. Mittlerweile ist es Abend geworden. Das Schiff geht nur langsam vorwärts. Wunderbar ist der Himmel ausgestirnt, vorn über dem Bug spriet die Venus, das Meer hat leichte Schaumköpfchen, allmählich zeigen sich zu unserer Linken Lichter — es ist **Dieppe**, dann kommen andere: **Havre**, **Trouville** und vorn **Hanfleur**. Es ist 1/2 12 Uhr, als wir uns von dem wunderbaren Bilde trennen. Die ganze Meeresbucht sieht wie illuminirt aus. Leider fahren wir, weil die Compagnie wahrscheinlich zu knausrig ist, nicht in den Hafen hinein. Die Anker rasseln und so liegen wir draußen und sehen die Strahlen der elektrischen Lichter beider auf hohem Gipfel gelegener Leuchtthürme weit über die schwarzen Wassermassen fallen, Leitsterne dem schwankenden Boote, dem schier verlorenen Manne, der durch diese Klippenwüste des Kanals den Weg nicht finden kann.

Müde suchen wir unsere Lagerstätte auf, u. wohl auch etwas ärgerlich darüber, daß wir nicht nach Havre hineinkommen. Unter kaum schaukelnder Bewegung des Schiffes, umduftet von Resedaparfüm, das ich auf unsere Betten u. die Kabinenwände wegen unerträglichen Geruches gießen mußte, entschlummern wir, und unsere letzten Gedanken seid Ihr, meine Geliebten!

Wundervoll war der heutige Morgen, Tausend und unzählbare Millionen funkelnder und glänzender diamantener Wassertropfen erblickte das Auge, wohin es sich wandte. Mast an Mast erhob sich aus dem sicheren Hafen. Eine Fülle von Kirchen, Häusern u. Villen war von dem Meeresufer bis hoch die Hügel hinauf zu verfolgen, und hier u. da huschte über die Wasserfläche ein Fischerboot, ein graues u. ein braunes Segel wie Vogelfittiche ausgespannt, um Verderben da zu bereiten, wo lautloser Krieg fortwährend geführt wird. Wunderbare Einrichtung der Natur! Seiner selbst wegen hat nichts Bestand — alles hart eines Zweckes und erfüllt ihn. Und wenn auch die Wege, die zu demselben führen, noch so gewunden noch so wenig erleuchtet sind, die Zweckerfüllungsstunde schlägt allen Staubgeborenen so gut wie dem Erz und dem Marmor. Kurzsichtige Menschen haben eine Zeit lang über diese Weltentwicklung gelächelt und sie wie eine kindische Anschauung verlacht — Stück für Stück wird ihnen von diesem Unglauben entrissen!

So ist es auch richtig, daß wir für die Schiffsactiengesellschaft u. diese für uns vorhanden ist. Aber den Unglauben können wir nicht bei ihr lassen, daß wir unberührt uns ihr zum Aussaugen übergeben. Wenig Comfort, schlechter Kaffee, schwache Brühe, sehr mäßige Sauberkeit, nicht genießbares Bier und gräulicher Wein sind Übelstände, mit denen wir hier zu kämpfen haben. Einen Raum, in dem man schreiben könnte, giebt es nicht. Der sogenannte Herrensalon ist von 4 Seiten durch offene Fenster u. Thüren so gut ventilirt, daß man sich einer derartigen Abhärtung nicht gern aussetzt. Zudem speien diese Amerikaner u. Deutschamerikaner in einer so unangenehmen Weise auf jeden nicht gerade von einem Menschen eingenommenen Fleck, sie werfen so die Asche ihrer Cigarren, ihre Streichhölzer und ihre Beine so herum, und occupiren jeden Fleck mit einer solchen Breitheit, daß dieser Raum absolut unbenutzbar ist. Eine Bibliothek existirt nicht. Es ist aber, wie ein Plakat der Direction besagt, eine Bibliothek an Bord u. der Leitung des Oberstewart unterstellt. Die Ausgabe der Bücher findet „morgens von 7—9" statt gegen — Erlegung des Ladenpreises. Diese freche Naivität geht doch zu weit! Ganz gerne möchte man wohl auf einer Seekarte die Fahrt verfolgen — etwas derartiges giebt es nicht. Hätte ich mir nicht Dinte u. Feder mitgenommen — ich hätte jedesmal die Güte eines Mitreisenden in Anspruch nehmen müssen. Onkel wird die Leute in Hamburg schon schlecht machen! Eine traurige Figur ist der Doctor! Welche geistige Verkommenheit gehört dazu, noch als Mann so herumzufahren, nichts zu thun und dem lieben Gott so die Tage jahrein, jahraus zu stehlen! Natürlich spreche ich ihn nicht an.

Nachmittag, etwa gegen 2 Uhr, verließen wir den Kanal, u. so werdet ihr wohl in der Zeitung lesen: „Hammonia hat **Cap Lizaro** passirt." Jetzt setzt sich das Schiff erst ordentlich in Bewegung. Der Wind weht stark aus Nordost, so daß man den Wintermantel u. dicke Handschuhe als eine Wohlthat empfindet. Wieder ist der Himmel wunderbar schön ausgestirnt. Bis 10 Uhr genießen wir das herrliche Schauspiel, athmen mit tiefen Zügen die erfrischende Luft in unsere von der Stadtathmosphäre erschlafften Lungen, unsere Gedanken schweifen rückwärts zu Euch und mein stilles Gebet auf meinen Lippen ist, Dich, die geliebten Kinder u. alle diejenigen, die wir sonst lieben, gesund, gekräftigt und heiter wiederzusehen.

Mittwoch d. 3 August

Ich erwachte nach einem festen Schlafe heute um 6 Uhr. Das Schiff schaukelte sehr, so daß das Anziehen nicht ohne verschiedentliche Verbeugungen nach vorn u. hinten, rechts u. links vor sich gieng. Aber spaßig ist doch die hohe Schlafstätte. Man kann von mir sagen, „daß hochderselbe geruht hat". Onkel hat natürlich die untere Coje. Folgendes ist der Plan unserer Cabine:

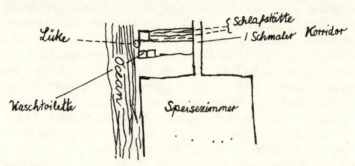

Gegen das Herausfallen schützt mich ein Halter, der an der Cabinenwand befestigt ist. Ungewiegt schläft man hier nie. Mit einem kühnen „Salto mortale" springe ich herunter. Ich bewundere Onkels Geschicklichkeit, mit der er sich anzieht, rasirt und auf dem schwankenden Boden bewegt. Er sieht so frisch und roth wie ein Jüngling aus. Heute wohnte ich in aller Frühe einer Deckreinigung des Zwischendecks bei, die gründlich genug vorgenommen wird. Mächtige Wassermengen ergießen sich aus breiten Schläuchen in alle Ecken u. Winkel des Raumes, während gleichzeitig eine Schaar Matrosen mit Besen verschiedener Form die eigentliche Reinigung bewerkstelligen. Um 1/2 8 Uhr wird Kaffee eingenommen. Fleisch genießen wir nicht. Alsdann raucht Onkel seine Morgencigarre, wir gehen auf Deck herum u. sehen das Sinnbild der Ewigkeit, das ewig wogende, ewig freundliche, ewig grollende und immer entzückende Meer an. Die Zeit geht schnell. Schon sehen wir wieder die elegante Klingelbewegung des schönen Lohengrin-Oberstewart, die Glocke klingt u. läutet wieder das Essen ein. Auch diese Arbeit wird bis etwa um 1/2 1 Uhr beendet. Man geht wieder an Deck, und giebt sich, falls wie heute die Sonne schön warm die durch die Jahresarbeit ermüdeten Glieder bescheint, dem denkbar angenehmsten **dolce far niente** hin.

In den Plaudern und Schwatzen der Umgebung entsteht plötzlich eine Unterbrechung — Ausrufe, abnormer Bewegungstrieb, Verlassen der Plätze — veritable fliegende Fische sind erblickt worden! In der That ist das sich darbietende Bild interessant genug, um die Aufmerksamkeit zu fesseln. Ein solcher Fisch, der etwa 1—1 1/4′ lang ist, schießt plötzlich, wie von einer Federkraft gehoben, aus dem Wasser heraus, etwa 1′ über die Oberfläche des Wassers und taucht sofort wieder unter. Der Hineinsprung sieht genau so aus, als wenn ein Schwimmer einen Kopfsprung macht. Komisch wird der Anblick, wenn viele solcher Fische die Salzfluth verlassen. Unwillkürlich drängt sich das bekannte Bild auf, wie eine Schaar von Jungen in der Schwimmanstalt auf dem Sprungbrett steht u. nun einer nach dem anderen von ihnen, den Kopf nach vorn, in das Wasser springt. Diese Thiere scheinen familienweise zu wohnen. Sie bleiben hinter dem davoneilenden Schiffe, in dessen Gischt sie ihre Kunststücke fortsetzen, zurück.

Zum ersten Male ist heute das Schiffsbulletin angeschlagen worden. Es lautet: Vom 2—3 August
Gelaufene Distanz: 401 Seemeilen
Nördl. Br.: 49° 53′
Westl. Länge: 10° 16′
1 Tag u. 3 Stunden in See

Die Ruhe auf dem Schiff ist so angenehm und erfrischend. Fernab liegt das Alltags- und Berufsleben. Keine Zeitung kann mit ihrem albernen Geplapper Verstimmung erzeugen, und die eigenen, sonst in dem Geleise des Gewöhnlichen sich bewegenden Gedanken gleiten immer mehr u. mehr aus dem gewöhnlichen Leben heraus und erhalten durch die erdrückend großartige Natur ihre neue Richtung. Wohin sie sich aber auch bewegen, und wenn es auch noch so transcendentales, übersinnliches Gebiet ist, umsäumt sind sie stets von der Erinnerung an Euch, Ihr Geliebten. Welches auch immer ihre Bahn war — sie endigen immer bei Euch und klingen stets in jenes Sehnsuchtsgefühl aus, das der Ausdruck meiner Liebe ist. Hoffentlich seid Ihr schon reisefertig u. werdet morgen an Euer Ziel gelangen. Denke nur immer an Dein Versprechen, Dich zu schonen u. zu erfrischen — alle Besuche von Dir fern zu halten und alle darauf hinzuweisen, daß Du nur der Ruhe bedarfst. Schone u. kräftige die süßen Kinder u. küsse sie für mich.

Donnerstag d. 4 August 1887
Wir waren heute schon sehr früh auf. Das Schiff stößt unangenehm. Beim Anziehen wurde ich schwindlig. Trotzdem konnte ich doch bei Onkel noch als Flickschneider seiner Beinkleider thätig sein. Als ich auf Deck gekommen war, schwand der Schwindel. Der Himmel ist bewölkt, grau. Der Horizont ist durch Nebel unsichtbar. Ein unangenehmer Regen stiebt ins Gesicht. Trotzdem wird die nothwendige Deckpromenade gemacht. Der Hut ist befestigt, mein langer Regen- u. Staubmantel dient heute als Regenstaubmantel, der scharfe Südwest bläht ihn auf u. läßt mich für Augenblicke als eine sehr behäbige Person erscheinen. Von meinem Stuhle aus, den ich aufsuchte, sobald der Regen nachgelassen, gucke ich in das schäumende Meer, das merkwürdige Farbenspiele zeigt — vom Tintenschwarz bis zum Dunkelgrün, bis zum Tiefblau und da, wo der eiserne Kiel seine Bahn zieht, erscheint in dem weißen Schaum ein so zartes Hellblau, wie es zu mischen einem Maler wohl schwer fallen sollte. Einsam und verlassen ist man auf der weiten Fläche. Kein Segel zeigt sich, kein lebendes Wesen verräth sich unserem Auge. bis auf jene vereinzelten zierlichen Seeschwalben, die wie ihre Schwestern auf dem Festlande in graciösem Fluge, bald sich hochaufschwingend, bald die Flügel im salzigen Naß badend, dahinschießen. Ewig wechselnd, u. doch ewig unveränderlich schäumt die Fluth heute, wie sie zu Beginn des Erdendaseins gewogt hat — die Wesen, die in ihr leben, über sie fahren, sind vergänglich wie der Sonnenstrahl, der sich gewaltsam soeben durch die schwarzen Regenwolken bricht — sie selbst war immer u. wird dauern, so lange es eine Erde geben wird. Schade, daß man in seinen Gedanken selbst hier auf dem Schiff unterbrochen wird. Ein Leierkasten läßt seine öden Melodien ertönen, und ein paar Weiber — zweifelhafter Provenienz — drehen sich danach im Tanze. Aber trotz aller Anstrengungen, die sie machen, dieses Vergnügen zu popularisiren, trotzdem das Schiff ruhig geht u. sogar die Sonne stetiger scheint, finden sie bei dem feineren Publicum keine Nachahmung. Sie lassen sich — leider sind es Jüdinnen — nicht stören. Wenn sie nur nicht andere dadurch störten! Im Zwischendeck haben sie eine Maskerade veranstaltet. Mit Trommeln, einer Pauke etc. zieht eine mit langen Hosen, Perrücken, bucklig und schief gemachte Gesellschaft unter unsäglicher Heiterkeit des Zwischendeckes musicirend vom Vorder- zum Hintertheil des Schiffes.

Wind u. Dampf treiben das Schiff schnell dahin. Riesige Segelmassen sind ausgespannt. Die Dunkelheit ist hereingebrochen. Die Schiffslichter brennen und beleuchten weithin die Wasserfläche. Der ziemlich volle Mond wirft sein bleiches Licht auf dieselbe, und der Abendstern steht wieder über dem schwankenden Schiffsvordertheil, wo die Schiffswache sich frierend auf eine wahrscheinlich unruhige Nacht einrichtet. Wir gehen in den Speisesaal — Onkel zu seinem Grogk, ich vielleicht zu einem Glas Bier, das hier unter aller Kritik ist. Aber ohne Kunstgenuß sollten wir doch nicht zu Bett gehen. Eine nette Engländerin, der ich übrigens für das Vergnügen nachher persönlich dankte, spielte sehr virtuos Chopin u. anderes Klassische.

Schiffsbulletin:

Vom 3 bis 4ten August:

Gelaufene Distanz: 338 Seemeil.

Nördl. Br. 49° 47′

Westl. L. 19° 1′

In See: 2 Tage und 3 Stunden.

Freitag den 5ten August

Schon im Bett nahmen wir wahr, daß auf der See etwas besonderes vorgehen müsse. Das Schwanken war bisher noch nicht so. Stehen war fast gar nicht mehr möglich. Der Wind, der gar nicht einmal so besonders heftig ist, sprang in der Nacht nach Nordost um. Die See geht hoch, das Schwanken geht nicht nur der Längs — sondern auch der Querachse des Schiffes nach. Man wird schwindlig. Ein Student würde sagen, er hätte den Drehkater. Auf den Corridoren hallte schon aus den Cabinen heraus das Gestöhn u. Ächzen. Im Speisesaal waren zum ersten Male auf den Tischen Rahmen befestigt, in denen Flaschen etc. in entsprechenden Ausschnitten festgehalten wurden. Aber viele Abwesende erblickte man. Auf Deck sah es schrecklich aus, und wenn man noch so fest ist — der Anblick von soviel grauem Elend kann wirklich krankmachend wirken. Ich hielt mich indessen. Ich suchte einen möglichst vor Wind geschützten Platz aus, dahin stellte ich unsere Stühle, u. nun ließen wir uns in diesen schaukeln u. lasen. Wir giengen auch zum Frühstück — ich konnte es aber in dem Raum, der nicht gelüftet war, u. in dem man das Schaukeln viel mehr als auf Deck fühlte, nicht lange aushalten — nahm meine Semmel auf Deck und verzehrte sie dort mit vielem Appetit. Wir rührten uns bis zu Tisch dann wieder nicht von unseren Plätzen, und ich war glücklich, keine Anwandlung zum Kranksein weiter zu verspüren. Der Vorsicht wegen hatte ich freilich Cocain genommen. Gehen war auf den Planken fast unmöglich. In mächtigem Strahl wurde Seewasser von der hochgehenden Seite bis zu unserer herübergespritzt. Solche Wogen habe ich noch nie gesehen. Das Schiffsunterteil mag sich wohl bei jeder Bewegung um 20—30′ u. noch mehr gehoben u. gesenkt haben. Das Meer selbst sieht tiefschwarz, wie ein brodelnder, wellenschlagender ungeheurer Kessel aus. Ueberall weißer Gischt! Dazu heult der Wind unheimlich. Erst fängt das Schiff zu zittern an. Etwa 1/2 Minute wird es geschüttelt, dann schießt es in die Tiefe, bäumt sich — 1/4 Secunde scheinbarer Ruhe, dann wiederholt sich das Spiel mit seitlicher Bewegung.

Kaum 40 Personen waren von über 90 heute zum ersten Mittagstisch. Ich habe es mir gut schmecken lassen. Nach Tisch giengen wir an Deck. Bis spät am Abend sah man hier die Menschen wie Pakete in allen Winkeln bleich herumliegen.

Die empfindliche Kälte machte sich auch durch den Winterpaletot hindurch bemerkbar. Wir ließen uns tüchtig durchfrieren und giengen dann zu Bett. —

Vom 4—5ten August
Gelaufene Distanz: 348 Seemeil.
Nördl. Br.: 49° 8′
Westl. L.: 27° 53′
In See 3 Tage 3 Stunden.

Sonnabend d. 6 August

Die Nacht war herrlich. Sonnenschein weckte am Morgen. Wiederbelebung der Todten! Aus allen Luken kriechen sie heraus, die sich gestern nicht tief genug verbergen konnten; die bleichen Gesichter sind wieder frisch; wo gestern Stöhnen u. Klagen laut wurde, erklingt heute frohes Lachen. Das Schiff schwankt nur wenig. Die Sonne wärmt und belebt. Dabei bestand ziemlich heftig wehender Westwind, der uns am Nachmittag, als die Sonne zeitweilig hinter Wolken verschwand, nöthigte, Winterpaletots

anzuziehen. Wir rührten uns nur zu den Mahlzeiten aus unseren Stühlen heraus. Die Einsamkeit des Oceans wurde am Nachmittag durch das Erscheinen von drei Booten am Horizont unterbrochen. Sonst waren die Vorkommnisse die alltäglichen. Nach Tisch tanzten immer dieselben lauten Damen wiederum. Abends besprachen wir unsere etwaigen Besuche. Da ich erklärt habe, keine solchen machen zu wollen, kamen wir überein, Einladungen gar nicht anzunehmen. Viel dachte ich auch an Euch, meine Geliebten, und habe nur die eine Befürchtung, daß Familiensimpelei es wieder zu Stande brächte, von der schönen Ferienzeit Euch Tage zu rauben. Wenn Du nur standhaft bist u. Dich durch solche albernen Dinge nicht beeinflussen läßt!
5–6 September (August)*
Gelaufene Distanz: 340 Seemeil.
N. Br. 47° 59′
W. L. 36° 10′
In See 4 Tage und 3 Stunden.
Ich hätte noch nachzutragen, daß ich mich mit der schönen Engländerin unterhalten habe. Sie war zwei Jahre in Hamburg bei Verwandten u. geht nun zu ihren Eltern nach **Maryland** zurück. Sie erinnerte sich natürlich meiner. Wie sollte auch ein so charakteristischer Kopf wie der meine nicht auffallen und Eindruck machen! Wer lacht dort!

Sonntag d. 7 August

Heute ist es noch schöner, wärmer wie gestern. Überall wird man aber durch die schlechte, gemischte Gesellschaft gestört. Ein großer Theil kennt bestimmt nicht den Gebrauch der Taschentücher, so daß man in einem weiten Bogen um die Betreffenden herumgehen muß. Fast alle Amerikaner u. Deutsch.Amerikaner speien überall hin in so unangenehmer, widerlicher Weise, daß man sich in die Betelländer versetzt glauben könnte. Und nun gar das Essen! Die beiden von mir bereits geschilderten Nachbarn sind nun auch schon von anderen in Observation genommen. Onkel hat die Meinung ausgesprochen, daß der zu meiner Linken zu den Kannibalen gehe, um ihnen so als abschreckendes Beispiel zu imponiren, daß sie von ihren Leidenschaften dadurch loskommen. Die Qualität u. Quantität des Essens ist bei diesem

Menschen viehisch. Es ist so, als stünde ein Schwein am Troge. So daß er heute zum Lunch: 2 Rumpsteaks, sämmtliche auf den Tisch gekommene, in einen Magen eingefüllte Wurst, ebenso die Leberwurst, den halben Kartoffelsalat, 3 Stücke Aal mit Haut und Haaren, 2 Stück Hering, warme Kartoffel, Butter u. Brod uncontrollirbar, Käse etc.; Knochen eine halbe Stunde lang bewegen sehen zu können, ist etwas gewöhnliches.

Vergnügen wird es Dir auch machen, daß ich das Urbild von Mr. Toots hier auf dem Schiff entdeckt habe. Denke Dir einen jungen Menschen von ca. 20 Jahren mit einem so bodenlos leeren Gesicht, wie man es selten findet. Dasselbe weist hier u. da Furunkeln auf; die Lippen sind dick, gewulstet und um dieselben spielt stets ein selbstgefälliges Lächeln. Er trägt gewöhnlich eine Jockeykappe mit rothen Dreiecken:

oder wenn er sich fein macht, einen weißen Hut mit breitem schwarzem Band. An breitem Bande hängt ein Kneifer mit schwarzen Gläsern. Der Anzug ist stereotyp hell mit kleinen schwarzen Tupfen. Eine breite Busennadel, goldener Fingerring, grüne Drillichschuhe mit gelbem Lederbesatz, coquett aus der Busentasche herausguckendes buntes Taschentuch vervollständigen den homogenen Anblick.

Wir lesen wieder tagsüber, gucken auf das Meer u. erfreuen uns an seiner Farbenpracht. Die seemännische Observation ergab heute:

Von 6—7 August:
Gelauf. Distanz 342 Seemeilen
Nördl. Br. 46° 26′
Westl. L. 44° 12′
In See 5 Tage 3 Stunden.

Ich schlief nach (dem) Frühstück in meiner Koje. Onkel begnügt sich, auf dem Stuhle sitzend, in Intervallen 15 u. mehr Minuten, die Augen zu schließen.

Nach der Schiffsordnung soll man — es ist geradezu lächerlich — keine eigenen Getränke an Bord haben. Cognak u. Danziger Bitter haben deshalb eine heimliche Ecke gefunden, u. so delectiren wir uns von Zeit zu Zeit an diesen Dingen.

Abends spielte eine sehr nette, feine Engländerin, die mit ihrer Mutter an Bord ist, Clavier. Ich habe ihr meinen Beifall kundgegeben u. wir haben uns angefreundet. Ich habe auch Onkel vorgestellt. Sie spielte sehr gut, war 18 Monate in Berlin, wo sie von Scharwenka ausgebildet wurde, u. will nun in Amerika auch ein solches Institut einrichten. Es war ein Vergnügen, mit dieser Person über allerlei zu plaudern — sie spricht schlecht deutsch — u. auch sie spielen zu hören. Ich habe sie eingeladen, uns zu besuchen, wenn sie einmal nach Berlin wiederkommt.

Montag d. 8 August

Ich habe schlecht geschlafen, und war wohl 6 Male wach. Ich warf mich umher und mein Ich wurde vom Schiff auf u. ab gewälzt. Das Anziehen am Morgen gieng mit Schwierigkeit vor sich. Ich mußte an das den süßen Kindern so angenehme, mir hier so unsäglich unangenehme „Schaukeli, Schaukeli" denken. So schnell ich konnte, eilte ich nach oben. Ich eilte? Ich wollte wohl schon gehen, aber es gieng nicht. Die Bewegungen des Schiffes waren so entsetzlich stark, daß man nur streckenweis vorwärts fallen konnte. Auf den Treppen lagen schon überall seekranke Frauen, bleichen Angesichts, apathisch allem gegenüber, was um sie her vorgieng. Mir selbst fieng schon auf dem Wege an, nicht gut zu werden. Nur durch energisches Zusammennehmen gelang es mir, die sehr drohend auftretende Anwandlung zu bekämpfen. Oben bot sich ein schauerlicher Anblick dar. Hatte ich schon neulich Meeresregung gesehen, so war dies doch nichts gegenüber diesem Bilde. Wellen, so hoch fast wie die Schiffswand, stürmten gegen das Schiff an, das überall ächzte u. stöhnte. Dazu ertönte ein Brausen und Heulen des Windes u. der Wogen, daß man sein eigenes Wort nicht vernehmen konnte. Der Himmel war grau, von Zeit zu Zeit fegte ein Regenschauer über Deck, der bis auf die Haut durchnäßte, dann stürzte wieder eine Welle herauf, so daß die eine Schiffsseite, schnell vom schützenden Zeltdache befreit, keinen Aufenthalt mehr darbot. Viel Menschen waren auch nicht oben. Fast alle Frauen, die sichtbar wurden, lagen wie die Waarenbündel, eingehüllt in Decken u. Kissen, auf Bänken und Stühlen.
    Onkel u. ich hatten uns ganz ins Freie gesetzt, trotz des Regens.

Mir war gar nicht gut zu Muthe. Ich hatte keine Brechreizung, wohl aber Kopfschmerz u. beim jeweiligen Schaukeln des Schiffes jenes unbeschreibliche Wehgefühl in der Herzgrube und bis zur Kehle sowie Blutandrang zum Kopfe. Das Schwanken war nun in Permanenz. Da plötzlich erklingt ein tiefer klagender Ton, langgezogen, mehr u. mehr anschwellend, jetzt höher u. immer höher, zuletzt gellend werdend, der schauerlich ist u. durch Mark u. Bein geht. Klagend klingt er aus. Nach kurzer Pause wiederholt er sich in kurzen Zwischenräumen. Das ist das Nebelhorn, der Schrecken der Schiffer u. Passagiere. In der That sitzen wir in einem Nebel, der kaum eine Schiffslänge weit zu sehen gestattet. Du kannst Dir denken, daß die Situation nicht gemüthlich war. Wir befanden uns in der Nähe der berüchtigten Neufundland-Sandbänke. Ich hatte kaum ein wenig Kaffee nehmen können. Onkel war dagegen frisch u. hatte wie immer guten Appetit. Langsam krochen die Minuten dahin — jede erschien eine Ewigkeit. Immer noch **banks**, immer noch **banks**? Sonst sang man immer: „Eins, zwei, drei bei der Bank vorbei" — alles Zählen half hier aber nicht — es wollte u. wollte nicht besser werden. Entsetzlich bewegte sich das Schiff, bald in einen gähnenden Schlund, bald hoch in die Höhe. Gegen 11 Uhr ließ der Regen nach — aber es heulte in allen Tonarten fort. Ich versuchte zum Lunch zu gehen, mußte es aber alsbald aufgeben u. kroch in die Koje. Etwa 1/2 Stunde schlief ich, dann gieng ich wieder oder besser fiel ich wieder nach oben und legte mich in meinen Stuhl. So elend ich mich auch fühlte — mein Kopf war zum Zerplatzen — so konnte ich doch nicht müde werden, dieses majestätische Bild auf mich wirken zu lassen, das die tosende Meeresfluth bot. Brach sich hier eine volle Welle am Bugspriet, so klang es, als wenn eine Kanone abgefeuert würde. Um 1 Uhr erblickten wir in Schaum u. Gischt, wie eine Feder auf u. niedergehend einen Dreimaster, später, als es heller wurde, etwa gegen 3 Uhr u. das Nebelhorn seine Thätigkeit ganz eingestellt hatte, noch einen Dampfer. Der Wind war nach Nordost umgesprungen.
Observation:
7—8 August:
Seemeilen: 337 durchlaufen
Nördl. Br. 44° 48′
Westl. L. 57° 52′
In See 6 Tage 3 Stunden

Ich gieng zu Tisch, vermochte aber, obgleich ich ziemlich bis zum Ende blieb, doch nur etwas Suppe u. etwas Nachtisch zu mir zu nehmen. Ich gieng wieder an Deck u. blieb dort bis 9 Uhr. Dann legte ich mich zu Bett. Aber selbst als Onkel um 1/2 10 Uhr das Licht gelöscht hatte, vermochte ich nicht einzuschlafen, wälzte mich umher u. mag wohl um 11 Uhr erst außerhalb des Bereiches der Empfindung dessen, was um mich vorgieng, gelangt sein. Was während des Tages u. Abends draußen vorgieng, nannte der Seemann nur: „stark bewegte See".

Dienstag den 9 August

Das war eine Nacht, an die ich mein Lebtag denken werde. Von 1 Uhr bis zum Morgengrauen wachte ich, und als ich gegen Morgen einschlummerte, träumte ich so gräßlich, wie nie zuvor. Das Schiff machte Bewegungen so absonderlicher Natur, drehende, bäumende, stampfende, daß mein Kopf zu zerspringen drohte. Ich glaubte, ich müßte geisteskrank werden. Jede halbe Stunde hörte ich mit der Schiffsglocke schlagen. Noch immer nicht Tag! Noch nicht! Ich wende mich auf die rechte, auf die linke Seite — ich halte den Athem an, ich athme tief ein — es nutzt nichts. Ich setze mich aufrecht hin, ich presse meine Schläfen — vergeblich! Immer mehr stampft und windet sich der Schiffscoloß, immer lauter wird draußen das Getöse, immer mehr heult der Wind. Das Wasser in dem Reservoir läuft mit lautem Gurgeln bald auf eine bald auf die andere Seite, die Holztäfelung der Cabine knarrt und ächzt in allen seinen Fugen — es ist zum Verrücktwerden! Und dazu keinen Schlaf. Um 3 Uhr arbeiten schon die Matrosen auf Deck, und dies trug natürlich nicht dazu bei, meinen Schlaf zu fördern. Endlich Morgen und — Sonnenschein. So schreibe ich hier noch unter dem Eindruck der Nacht, die wie ich höre, bei vielen Anderen ähnlich verlief, auf Deck, angesichts eines herrlich blauen Meeres, im Besitz meiner körperlichen Frische, durchwärmt und erfrischt von einer fast tropischen Sonne. Ich sprach vorhin einen alten Herrn, einen hamburgischen, mit Onkel bekannten Kaufmann (Hr. Riedel), der diese Tour so oft gemacht hat, daß er nicht einmal weiß, wie oft. Er meinte, daß er nie um diese Jahreszeit einen solchen Tag erlebt hat und er auch kaum für möglich gehalten hat.

Alles ist wieder an Bord aufgelebt. Noch ist es unbestimmt, wann wir ankommen werden. Die einen meinen Donnerstag Abend, die anderen Donnerstag Nachmittag. Ich möchte wieder Boden unter meinen Füßen haben.
Mittagsobservation:
8—9 August
Durchlaufene Distanz 318 Seemeil.
Nördl. Br. 42° 41′
Westl. L. 58° 33′
7 Tage 3 Stunden in See.
Der Tag verlief so schön, wie er begonnen. Wir waren kaum eine Viertelstunde unten. Eine weiche Luft, die an die Tropen erinnert, umfängt uns. Trotz brennender Sonnenstrahlen leiden wir nicht durch Hitze. Der Abend war über alle Beschreibung schön. Eine Sternenpracht war am Firmament sichtbar, wie ich sie nie zuvor erblickt habe. Die Leuchtkraft der einzelnen Gestirne erschien uns eine stärkere geworden zu sein. Fast lautlos gleitet das Schiff über das Wasser hin. Wir schauen auf die glühende, von tausenden von leuchtenden Punkten erhellte Furche, die der Kiel zieht. Jene Milliarden von Lebewesen, die aus ihrer beschaulichen Ruhe durch den Schiffspflug gerissen werden u. vielleicht ihre Erregung durch Leuchten beantworten, sie gelangen bald wieder zur Ruhe, wenn das schwarze Schiffsungeheuer mit den lachenden, plaudernden, für den Augenblick frohen Menschen vorüber gezogen ist. Wiederholt sich doch hier ein mikroskopisches Treiben der Welt, was in ähnlicher Weise vor 24 Stunden, makroskopisch an den Herren der Schöpfung zu sehen war! Wie klein und dehmüthig vor der elementaren Naturgewalt, und wie brutal in der Freude, wenn kein äußerer Feind droht! Wohl dem, der nur äußere Feinde fürchtet — oder besser — wehe dem, der nur solche zu besitzen glaubt. Leben heißt nicht nur gegen äußere Schädlichkeiten kämpfen, sondern in weit weithöherem Grade sich selbst bekämpfen. Ein würdiges Streben! Ich kann von mir sagen, daß ich wachsam mich selbst belaure u. tapfer gegen mich angehe! Ich hoffe, daß es schon viel genützt hat — Du mein geliebter Schatz weist es am besten.

Mittwoch d. 10 August

Frisch u. gekräftigt erwachte ich heute. Wie sieht der große Weltocean aus! Kaum ein Lüftchen regt sich. Oft gebraucht man das Wort spiegelglatt, wo doch noch Bewegung ist. Aber hier ist keine Bewegung. Die Spur von Wind, die vorhanden ist, vermag nur das Meer leicht netzartig zu kräuseln. Soweit das Auge reicht, nichts wie Himmels- und Meeresbläue! Und wie vermag diese scheinbar träge Masse des Wassers zu wüthen! Die hohen Schornsteine lassen sprechend dessen wüthige Wirkung der vergangenen zwei schlimmen Tage erkennen. Bis zu ihrem obersten Rande sind sie mit einer Salzkruste bedeckt. So hoch spritzte das Meer seine Fluth herauf! Heute, Meeresstille, und man kann wohl sagen: Glückliche Fahrt! Gegen acht Uhr entstand an Bord Bewegung. Einige gute Fernrohre wollten fern am äußersten Horizont ein Segelboot — das ein Lootsenboot sein konnte — entdecken. Bald konnte man einen allmählich sich vergrößernden Punkt am Horizont auch mit bloßem Auge bemerken. Wir hatten einen guten Platz zum Ausguck gewählt. **Pilot boot! Pilot boot!** so tönte es rechts, links — **uueell** rechts — **yeezees** links. Man wettete auf die Zahl, die der Lootsenschoner führte. Ich wettete mit Onkel auf die Zeit, die es zum Herankommen brauchen würde — und verlor. **I bet you, I bet you** — schließlich sogar darauf, ob der **Pilot** unbebartet oder bebartet und wie bebartet er sei. Die Schiffstreppe war heruntergelassen, er ist da! Er vertheilt die **News** und verschwindet auf der Commandobrücke. Nun winkt der sichere Hafen. Wir haben 23° R., ohne die Hitze zu spüren. Die Leute machen uns vor der Hitze in **New York** Angst. Es wird schon gehen. Unterdessen entdeckten wir, daß Faßbier ausgeschenkt wird. Gewöhnliches Flaschenbier ist kaum zu genießen. Daran scheinen die Leute aber am meisten zu verdienen u. geben deswegen nur selten frisches Bier vom Faß, bei dem naturgemäß ihr Verdienst geringer ist.

Ich habe eine unnennbare Unruhe seit zwei Tagen, (einen) Brief von Dir zu erhalten. Wenn nur alle gesund sind! Schreibe nur fleißig nach Berlin. Ich küsse Euch, Ihr guten, herzigen geliebten Wesen!

Der Tag verlief harmonisch, wie er angefangen. Auf Euer Wohl trinken wir ein Glas schäumenden Weines zu Tisch. Wir sprechen es aus, wie vernüftige Frauen wir haben, die sich unserem Vor-

haben nicht widersetzten. Sollte auch morgen noch diese Ansicht bei mir vorherrschen, so gelobe ich, werden wir dies abermals in Wein bekräftigen. Vielleicht klingen Euch die Ohren.
Observation: 9—10 August
Durchlaufene Distanz: 342 Seemeil.
Nördl. Br. 41° 5′
Westl. L. 65° 54′
In See 8 Tage 3 Stunden.

Donnerstag d. 11 August

Wieder ein herrlicher Tag. Alles ist an Bord festlich geschmückt. Die besten Kleider sind angelegt. Ueberall hat der Putzlappen an Eisen u. Messing Glanz erzeugt. Voraussichtlich kommen wir um ca. 4 Uhr an. Das erste soll sein, daß wir nach Briefen von Euch forschen werden. Das Meer ist wieder herrlich, bestrahlt vom Sonnenglanz und in tiefster Bläue schillernd. Wir fühlen uns sehr wohl. Hoffentlich bekommt Ihr die Nachricht von unserer glücklichen Ankunft sehr schnell. So schließe ich für heute und küsse Euch tausend Mal, Ihr Geliebten!
Observation 10—11 August Nachm. 3 Uhr
Durchlaufene Distanz: 384 Seemeilen
Nördl. Br. — —
Westl. L. — —
In See 9 Tage 3 Stunden.

New York

Um 1 Uhr sahen wir zuerst Land, immer mehr und mehr condensiren sich die schattigen Umrisse, endlich erkennen wir die breite **Hudsonbay**. Nach vielem Warten und Revidiren — jetzt um 1/2 7 Uhr — die Toilette im fünften Stockwerk des **Fifth avenue Hotels** beendet. Es hat uns Niemand erwartet, und wir lassen die Eindrücke in ihrer ganzen Massigkeit auf uns einwirken.

New York 11 August

Meine geliebte Cläre! Es ist noch keine Stunde vergangen, daß ich Dir zwei schwere Briefe — ich glaube einige dreißig Seiten lang — zugesandt habe. Schon wieder greife ich zur Feder, es ist Abend, um mich dem allergrößten Genuß, mit Dir mich unterhalten zu können, hinzugeben. Ich will weitererzählen:

Die Aufregung der Schiffsgesellschaft wuchs, je mehr die Sonne ihrem Meeresheim zueilte. Wir lunchten noch — freilich weil die Schiffsgesellschaft knausrig ist — sehr schnell u. harrten dann an Deck der Dinge, die da kommen sollten. Schon gestern verrieth sich die Nähe des Landes durch Heranschwimmen von Seetang und einzelnen schön violett gefärbten Seeanemonen. Plötzlich erhob ein Spaßvogel ein lautes Geschrei, indem er mit dem Finger nach rechts wies. Das ganze Zwischendeck u. auch viele Cajütspassagiere fielen in den Ruf „Land, Land!" ein. Es war aber nur ein Scherz gewesen. Aber es kam doch. Ganz ganz allmählich erschienen rechterseits die Schatten von zuerst dem Leuchtturm von **Fire-Island**, dem unser Schiffsname zum Depeschiren signalisirt wurde. Alsbald wurden auch die Umrisse von **Long Beach**, dann von **Rockaway Beach** sichtbar. Auch links kam Land in Sicht — trotz ganz leichten Nebels doch als bewaldete Höhen erkennbar.

Das Wasser erschien intensiv grün, während es in den Tagen vorher im herrlichsten Blau geprangt hatte. Immer mehr u. mehr treten die Ufer zusammen. Im herrlichsten Grün liegen die Villen, in den merkwürdigsten Stilen erbaut. Wir sind in der Bai von **New York** oder besser in der **Lower New York Bay**. Von **Staten Island** kann man jedes Haus deutlich erkennen, ebenso rechts von **Coney Island**. Wunderbar belebt ist das Wasser. Alle möglichen Fahrzeuge gleiten an uns vorbei. Langsam dampfen wir vorwärts, vorbei an dem **Quarantän Island** mit seinen barackenartigen, für ansteckende Krankheiten bestimmten Gebäuden. Jetzt sieht man das Land fast von rechts u. links zusammentreten. Rechts u. links bewachen zwei Forts (**The Narrows**) den eigentlichen Hafeneingang. Das Schiff stoppt. Ein Boot mit gelber Flagge erscheint. Der Hafendoctor will sich von dem Fehlen von ansteckenden Krankheiten überzeugen. Befriedigt dampft er, unzufrieden wir über den Zeitverlust weiter. Wieder ertönt die Pfeife — das Schiff steht still. Ein kleiner Zolldampfer legt bei —

Zollbeamte entsteigen ihm. Zur vorläufigen Abfertigung stürzen die Menschen in den Speisesaal, der zu fünf Abfertigungsbureaus hergerichtet ist. Wir bleiben auf Deck, um das Schauspiel weiter zu genießen. Jetzt an bevorzugter Stelle, dicht am Fahrwasser aller Schiffe, weit weit hin sichtbar, liegt das kleine **Bedloe Island** mit der Statue der „**Liberty enlightening the world**". Nur erschien das Postament zu hoch zu sein. Auch daran vorbei und bei sehr vielen kleinen u. großen Schiffen! Einige, die Fähren sind thatsächlich 1 1/2 bis zweistöckige Häuser, deren Fahrt einen merkwürdigen Anblick gewährt. Linkerseits riesige 7—9 Stockwerke hohe Elevatoren zur Ein- und Ausladung von Getreide. Endlich erscheint vor uns der Pier der Hamburg Am. Packetfahrt Gesellschaft. Wehen von Tüchern, Drängen, Schieben, unglaubliche Unruhe. Onkel wird ärgerlich, u. mit gutem Gewissen beschließen wir die Entwicklung der Dinge in Ruhe abzuwarten. Nachdem alle Leute von den Zollbeamten abgefertigt waren, gingen wir herunter, unterschrieben die Versicherung, nichts Zollpflichtiges zu haben, u. sahen nun von Deck zu, wie hunderte von Koffern in wilder Jagd die lange Holzbrücke in die Abfertigungshalle hinein geschoben wurden. Endlich verließen wir das Schiff. In der mächtigen schwimmenden Halle sollten wir nun unsere Gepäckstücke herausfinden. Das dauerte wohl 1 Stunde, ehe wir dieselben zusammengelesen hatten. Nun sollte es zur eigentlichen Revision gehen. Dann standen aber die Menschen in so langer Reihe aufgepflanzt, daß wir — zumal wir beide besonders vor Durst litten — Essen hatte es auch aus Knauserei der Gesellschaft nicht gegeben — schwach geworden waren. Wir gingen nach **Hoboken** hinein u. ergötzten uns an **Ale**. Dann zur Revision. Wie genau revidirt wurde, läßt sich gar nicht sagen. Onkels Kopiebuch, Rasierzeug, Schlips rissen sie in der Hoffnung auf Beute heraus. Bei mir fuhren sie in den Riemen etc. Endlich saßen wir in einem Wagen. Mit einer Fähre ging es nun über den **Hudson**, nach **Fifth Avenue Hotel** auf dem **Madison Square**. Hier logirten wir uns im fünften Stockwerk ein. Ein erfrischender starker Regen kühlte die Luft ab. Uns erfrischte geeistes Wasser.

Leider war es zu spät, zu Sallenbach Eurer Briefe wegen zu gehen. Die Sehnsucht danach war eine außerordentliche. Früh begaben wir uns in unser Zimmer, wo ich diese Zeilen an Dich schreibe.

Freitag den 12 August

Wir standen heute früh auf, u. gingen um 7 Uhr zum Kaffee. Es würde zu viel Raum fortnehmen, wollte ich die Räume dieses Hotels auch nur annähernd schildern. Die Treppen und Flure sind mit den geschmackvollsten Teppichen, die ihrerseits wieder auf einer Polsterung liegen, bedeckt, so daß man thatsächlich beim Gehen einsinkt. Die Speiseräume, drei an der Zahl, haben ein riesiges, mit wundervollen Teppichen belegtes Foyer und davor zwei Erholungsräume, die mit königlichem Luxus ausgestattet sind. Der mittelste der Speisesäle, eine riesige Ellipse darstellend mit schönem Plafond, wird in seiner ganzen Peripherie von dunkelbraunen Granitsäulen mit schönen Kapitälen geziert. An der Thür stehen zwei Introductoren, die den Gast zu einem von seinem Willen unabhängigen Tisch hinführen. Für zwei Gäste ist ein Diener bestimmt, der — lästig genug — immer dicht am Tisch steht, um Befehle in Empfang zu nehmen. Ja, was befiehlt man? Onkel macht den Dolmetscher. Aber unter etwa 12—14 Gängen, die man insgesamt nehmen darf, ist schwer zu wählen. Wir nehmen nicht wie Andere Melonen, die mit Pfeffer bestreut gegessen werden, nicht Fisch, Fleisch, etc. etc., sondern nur Kaffee und Eier. Noch ist es zu früh, nach Briefen zu gehen. Wir schauen uns um. Eine merkwürdige, geradezu erdrückende Empfindung erregen diese Straßen mit ihren 7—9 Stockwerk hohen Häusern. Es gibt natürlich auch viele niedrigere. Aber wo man diese hohen erblickt, da sind sie geradezu gigantisch. Die Facaden, stellenweis schön, lassen meistens den Zweck, für den das Haus bestimmt ist, errathen. Neben speicherartigem Aussehen gewähren auch manche in den ersten Etagen einen freundlichen Anblick; später wird die Höheneintheilung eine so unregelmäßige, daß man ebenso wie über die Großartigkeit über die Geschmacklosigkeit erstaunen muß. Da wechseln oft Räume mit Ochsenaugen, mit zwei und 3 Mansarden, Bogenfenster folgen auf winklige Einfassungen u. s. w. Begiebt man sich weiter in die Stadt, aber auch ins Centrum, so fällt in Dutzenden von Straßen, meist neuren Datums die Gleichmäßigkeit in dem Aufbau ein (auf). Es wäre wirklich für mich unmöglich, eine Differenz in diesen, immer nur für eine Familie bestimmten Häusern herauszufinden. Sie sind durchweg trotz dieser Uniformität zierlicher u. gediegener wie die Pöseldorfer Häuser. Alle bestehen sie aus braunem, schön abgetöntem

Sandstein, und zu allen führen unabsehbare Straßen lang, sämtlich in einem Hofe liegend — ebenfalls aus Sandstein — hohe Treppen in dieser Form:

Eigenthümlich sieht es aus. Man erkennt diese in einer Linie liegenden 100—300 Treppenbogen gar nicht als solche. Die Fenster, Thüren, Beschläge sind reizend aus bestem Material dargestellt. Fast durchweg findet man Kristallscheiben, die an den Rändern geschliffen sind. Gärtchen sieht man nirgends.

In Geschäftsstraßen findet man, ebenso wie in der **Hudsongegend**, viele oft auch ganz uniform gebaute rothe Backsteinbauten. Erstaunen erregen aber die ungeheuren Massen von Sandstein, Granit und Marmor, die in allen erdenklichen Formen überall angebracht sind. Eigenartig sieht es aus, daß vielfach von Etage zu Etage Eisenbalcone angebracht sind, die durch eiserne Leitern mit einander verbunden sind, so daß man von dem ersten Stockwerk bis zum 7. oder 8. in Feuernoth gelangen kann. Soll ich nun noch von den Reclame-Annoncen schreiben? Das übertrifft alles, was man sich in Europa davon vorstellt. Sehe ich aus unserem Fenster, so fällt mein Blick auf eine die ganze Seitenwand eines Hauses einnehmende Ankündigung von „**Robertsons M. D. Electric Corsets**". Onkel hat mir versprochen, in dieses Geschäft zu gehen u. sich nach Preis etc. zu erkundigen — ich glaube, ich lache mich, derweilen er frägt, schief. Er hat sogar die geheime Absicht geäußert, für Euch alle als Geschenk je ein „**Electric Corset**" mitzubringen. Diese Bemerkung könnt Ihr als „**ballon d' essai**" betrachten. Dafür will ich ihm „**Richardsons Electric Cigarettes**" schenken. Daß in den Straßen Schwarze und Weiße mit langen, bis zur Erde reichenden, mit großen Annoncen bedruckten Mänteln langsam hin und her wandeln, ist vielleicht nichts besonderes — daß aber **Levi u. Goldstein** quer über die Straße Stricke gezogen u. daran bedruckte Regen- u. Sonnenschirme zu 10—20 Stück a 50 Fuß über dem Straßenniveau hängen lassen, erregt schon größeres Erstaunen — das überwältigendste ist aber, daß wohl kein Pfahl, keine Wand, kein Schornstein, kein Baum frei ist von: „**Pitchards Castorian**" einem Kinderheilmittel, oder „**Pear-line**", einem Waschmittel, das wir an anderer Stelle sieben Male dicht nebeneinander angezeigt sahen, oder „**Hoods Parsa gorilla**" mit einem reizenden Mädchenkopf, oder „**Tuts liver pils**" oder neulich „**S.S.S. for the Blood**". Wohin das Auge auch fällt, diesen Anzeigen begegnet es immer.

Viel Schwarze in allen Schaatierungen — das Wort kommt hier ganz zu seinem Rechte — sieht man in den Straßen. Manche von ihnen (gleichen) Othellos an Gliederbau! Frau Dr. A. würde ihre Freude daran haben! Dagegen sieht man unter den schwarzen Weibern wenige in ihrer Art hübsche Gestalten. Sie sind gewöhnlich sehr geputzt u. scheinen grelle Farben zu lieben.

Um 9 Uhr gingen wir zu **Sallenbach**. Wir mußten 3/4 Stunden warten, ehe Hr. **Schlesinger** kam. Briefe? Nicht vorhanden! Die „Eider" ist schon angekommen. Wir sollten, während daß zur Post geschickt wird, wiederkommen. Ich hatte so sehr auf Briefe gerechnet, daß das Nichtvorhandensein mir mehr als nur arge Enttäuschung war. Nur Onkels Gleichmuth ließ mich etwas ruhiger sein oder besser erscheinen.

Wir benutzten die Zeit, um die **Elevated Rail-Road** zu befahren, von der ein Stationsgebäude dicht neben **Sallenbach, Grand Street 68** sich befindet. Man weiß nicht, was man zu dieser frechen Einfachheit sagen soll. Luftig schweben auch in den schmalsten Straßen auf etwa 1 1/2′ dicken eisernen Säulen, die sich in etwa 15′ Entfernung von einander befinden, Schienen — an der rechten Seite der Straße ein Geleise u. an der linken, stellenweise durch Quereisen verbunden, aber ganze Straßenzüge auch frei neben einander laufend. Schmale eiserne Treppen mit Bedachung führen zu einem kleinen, eben straßenbreiten Perron — man löst ein Billet, einen Schritt weiter sitzt ein Mann an einem Glaskasten, man wirft sein Billet hinein, ein Hebeldruck läßt es verschwinden, der Zug kommt immer bald, Du setzt Dich auf Deinen aus Rohr geflochtenen Platz u. fährst soweit Du willst — unbehindert, uncontrolirt. Die Station wird kurz vor der Station — die Stationen folgen sich alle paar Minuten — ausgerufen, ebenso beim Halten, u. sobald sich der Zug wieder in Bewegung setzt, ruft es den Namen der nächsten. Alle Menschen, groß u. klein, männlich u. weiblich, weiß u. schwarz lesen immer die Zeitungen.

Es scheint dies ein Nationalübel zu sein. In der Bahn u. auf der Straße, auf Ruheplätzen u. im Dampfschiff ist jeder mit solcher Lectüre beschäftigt. Was für Zeit geht dadurch verloren und wie viel thörichtes, falsches u. oberflächliches Zeug wird so aufgenommen!

Wir wollten den **Central Park** sehen. Die Sonne brannte u. wir transpirirten — aber nur, weil wir immer in der Sonne gehen mußten. Die Hitze war nicht größer als in Berlin. Der **Centralpark** ist eine sehr große thiergartenähnliche — aber nicht im entferntesten an den Thiergarten heranreichende, sehr dem Brüsseler Gehege gleichende Anlage, die zwischen Bäumen, Sträuchern und großen Grasflächen Fußwege, aber auch einzelne Fahrwege aufweist. Gärtnerische Zierden fehlen ihm nicht. Die amerikanische Massigkeit tritt auch hier in Kleinigkeiten hervor: **„Keep off the grass"** u. **„Please keep off the grass"** mit großen Lettern auf hölzernen Tafeln geschrieben, liest man stellenweis in drei Fuß 5—6mal. Nach vielem Umherirren trafen wir endlich den dritten nach Europa geführten Obelisken, der ungefähr zu Moses Zeiten fertiggestellt wurde. So steht er nun in der neuen Welt und blickt auf Zeiten und Menschen, die der nie ahnen konnte. Vieles weiß er, was ihm nicht zu entreißen ist — denn er sah Alexander u. Napoleon — sah den Fall von Königreichen u. das Verschwinden von herrlichen Culturen, das Hereinbrechen des Wüstensandes und das Aufbrechen seines Landes, um den Meeresfluthen eine neue Bahn zu geben — aber die Hand dessen, der ihm Zeichen eingegraben in jener durch Menschenkunst enträthselten Schrift, ist erkannt und wir lesen seine Geschichte, wie sie Millionen u. Milliarden Menschen in grauer Vorzeit lasen. Armer Granit! Nicht ägyptische Priester wandeln an Dir vorbei — der amerikanische **Policeman** mit seiner lederdurchzogenen breiten Keule hält jetzt bei Dir Wache, — und Dein Blick schweift nicht auf die von den Strahlen der Orientsonne erleuchteten, von Dich verehrenden Menschen belebte Gegenden, sondern auf das geschmacklose **Metropolitan Museum**, u. auf kleine Menschen wie wir, die kritisiren. Dich kritisiren! Könnten wir sein Lachen hören! Aber auch wir lachen, freilich über die Amerikaner, die, um die Verbindung zwischen Obelisk und Postament herzustellen, als fehlende Eckstücke Krebs- oder Hummerscheren aus Bronze angebracht haben, auf welchen griechisch die Geschichte der Herschaffung verzeichnet ist.

Also derart:

Ihm schräg gegenüber befindet sich das genannte Museum, äußerlich, obgleich neu u. verschwenderisch ausgestattet, doch in den Stilen von zusammen gewiß fünfzehn Jahrhunderten erbaut. Manches schöne findet sich darin besonders unter den modernen Bildern und Sculpturen. So das Bild von **Rosa Boufeux**, ein Brozik, eine marmorne Medea von Latona u. A. m. Daneben sind aber auch Schwerter u. assyrische Masken, Gewebe u. Teller zu finden — es ist eben amerikanisch!

Sehr müde begaben wir uns wieder zu **Sallenbach** — nichts! Dies war hart, aber nicht zu ändern. Wir konnten es nicht begreifen, trösteten uns aber, morgen früh bestimmt Nachrichten in den Händen zu haben.

Unsere Hotelfrühstückszeit war vorüber. Wir ließen uns eine gewöhnliche Kneipe zeigen und zahlten für ein kleines rundes Glas Bier, etwa 2 Weingläser voll — eine Mark! Wie theuer hier alles ist, läßt sich gar nicht sagen. Man kann sagen, daß ein Zehnpfennigstück genau soviel bei uns werth ist wie 10 cents (40 Pf). Nur Bohnen sind billig.

Zu Hause entkleideten wir uns und schliefen. Dann gingen wir herunter, und ich überredete Onkel, mich zu einem Barbier zu bringen. Es war zu komisch! Ich, wie es in Amerika üblich ist, wie auf einem Operationsstuhl hingestreckt, Onkel dabei sitzend u. lesend. Neben mir saß jemand, der sich während des Frisirens die Stiefel putzen ließ.

Um 7 Uhr Dinner! Es ist unglaublich, was man nach Wahl von Allem auf der Karte stehendem und Alles darauf befindliche nehmen kann. Wir haben uns vorgenommen, denkbar mäßig zu sein. Interessant war es — wir haben es spaßig aufgefaßt, daß, als wir eine halbe Flasche Wein verlangten, wir von unseren Plätzen aufstehen und und abseits setzen mußten, um durch den Genuß alkoholischer Getränke keinen Anstoß zu erregen. Wir hätten es ja diesem scheinheiligen Volke nicht concidiren sollen — aber besser lachen als sich ärgern. Nur geeistes Wasser sieht man trinken. Und dabei consumiren sie heimlich den Spiritus in allen erdenklichen Formen!

Ihr Frauen hättet nicht mit uns reisen können, selbst wenn wir es hätten ermöglichen wollen. Allein für Eure Ausstattung in Brillanten, ohne die auch die einfachste Frau sich nicht auf der Straße blicken lassen darf, hätten ca. 10000 Dollar ausgegeben werden müssen — ohne Kostüme. Ich machte Onkel auf diese Eigenthümlichkeit aufmerksam, und seither taxiren wir jede Dame auf ihren Brillantenwerth. Viele brilliren nur dadurch, manche nebenbei auch durch Schönheit. Die Frauen scheinen hier durchweg höher geschätzt zu werden als Herren. Sie haben sogar im Hotel eine besondere „**entrance**".

Um 1/2 9 Uhr gingen wir in das **Madison Square Theater**. Ich habe Dir eine Ansicht des Theaters schon geschickt. Es ist ein Schmuckkästchen, wie ich ähnliches noch nie gesehen habe. Keine Seitenbogen sind vorhanden. Keinen Schritt hört man, weil überall dicke Teppiche liegen. Das Theater öffnet sich mit drei Ausgängen direct auf die Straße. Der Vorhang ist in Seide nach japanischer Manier gestickt. Ein Storch steht am blauen Weiher, rings von hohem Schilf umgeben, darüber blauer Himmel. Die Wände des Theaters von rechts u. links werden von Spiegeln eingenommen, so daß man, im Parkett sitzend, rechts oder links sehend, die Personen in dem ersten Rang deutlich erkennen kann. Es wurde, wenngleich das Stück dumm ist — ich konnte, obgleich nicht verstehend, doch sehr gut folgen — vorzüglich gespielt. Zuletzt bekamen sie sich natürlich alle insgesamt. Wir gingen befriedigt heim.

Sonnabend d. 13 August

Wir standen, obgleich die Betten ganz vorzüglich sind, heute schon um ca. 5 Uhr auf, begaben uns frühzeitig auf unser Lieblingsbeförderungsmittel, die Hochbahn, u. fuhren nach der **Battery**, dem südlichsten Ende des **Manhattan Islands**, auf dem **New York** steht. Nach der einen Seite geht hier der **East river**, nach der anderen der **Hudson** herauf. Wir sahen **Castle Garden**, den Ort, wo sämtliche Zwischendeckspassagiere landen müssen, um entweder von hier aus Beschäftigung zu finden oder nach dem Inneren befördert zu werden. Es war herrliches Wetter.

Der frische Seewind rief uns unsere Seefahrt wieder in Erinnerung. Wir verspürten nichts von Hitze und lachten derer, die uns vor der **New Yorker** Tropengluth Angst gemacht hatten. Um die Zeit bis 10 Uhr, wo wir wieder nach Briefen fragen sollten, zu verbringen, fuhren wir mit einem der riesigen Boote nach **Staten Island**, vorbei an der Statue der Freiheit. Wir sahen uns die fast insgesamt aus Holz gebauten Villen an, die schön im Grünen hoch über der Straße mit einem entzückenden Blick auf die **Bai von New York** u. **New York** selbst liegen, u. fuhren dann wieder zurück. Auf diesen Booten ist immer ein Trio vorhanden, entweder zwei Violinen u. eine Harfe oder 1 Violine, 1 Flöte u. 1 Harfe. Einer von dieser Gesellschaft sammelt dann von denen, die etwas geben wollen, ein. Auf dem Boote, wie auch in den Straßen, sehen wir viele Damen ganz in Weiß mit schönen gestickten Volants. Es macht sich ganz nett.

Endlich sind wir erwartungsvoll wieder bei **Sallenbach** — kein Brief. Hr. **Schlesinger**, der ein reizender Mensch zu sein scheint — der aber, wie ich glaube, schon die ersten Zeichen einer Gehirnaffection besitzt — ging mit uns zur Post. Der Kasten der Firma war leer. Unbegreiflich! Ich war und bin sehr verstimmt. Onkel hielt mich vom Depeschiren ab. Selbst wenn Ihr vergessen hättet, daß die „Eider" ging u. die Briefe über England gesandt hättet, müßten dieselben hier sein! Natürlich reisen wir nicht früher, als Briefe eingetroffen sind. Mit Herrn S. gingen wir zu dem Reisebureau von **Cook** u. ließen uns unsere Route zusammenstellen. Ich schicke Dir Landkarten, auf denen Du dieselbe verfolgen kannst. Sie geht:

N. York—Buffalo—Niagara Falls
Suspension Bridge—Port Dalhousie
P. Dalhousie—Toronto
Toronto-North Bay
North Bay—Port Arthur
P. Arthur—Vancouver
Vancouver—St. Franzisco mit Steamer

Von **Niag. Falls** werden wir einen Seitenabstecher nach **Montreal** u. dann nach der anderen Seite vielleicht und auch nach **Detroit** machen. Die Rückfahrt geschieht wahrscheinlich, wie ich es aufgezeichnet habe, mit der **„Atlantic Pacific"**.

Herr **S.** gab mir den Schlüssel zu seinem Kasten auf der Post, damit ich selbst heute u. morgen noch nachsehen könnte.

Zu Hause studirte ich Pläne — weil ich zum Schreiben nicht aufgelegt war. Auf dem Nachmittagsgange zur Post giengen wir in eine Bierstube (Hoffmann), deren Glanz uns schon gestern aufgefallen war, um sie uns zu besehen. Wir nahmen ein Glas Bier, um die Berechtigung hierzu zu haben. Im einzelnen läßt sich die Einrichtung nicht beschreiben. Es mag genügen anzugeben, daß neben einem echten Corregio, der unter Glas sich befindet u. wie alle anderen Originale electrisch auch bei Tage von oben erleuchtet wird, eine lebensgroße Bacchantin aus echter Bronze, daneben die kostbarsten Gemälde moderner Meister, Statuen in Marmor, kleine Bronzen etc. sich befinden. Schätzen läßt sich der Werth der Einrichtung nicht — aber zum zweiten Male findet sich etwas derartiges nicht in der Welt. Auf der Post waren viele Briefe an S., aber keiner an uns. Ich will Dich mit der Wiedergabe meiner Empfindungen verschonen — —.

Wir fuhren mit der Hochbahn nach der **Suspension Bridge**! Der Eindruck ist ein mächtiger. Man faßt es nicht, wie es möglich ist, solche ungeheuren Massen von Stein u. Eisen in der Schwebe zu erhalten. Indes die Kabelthaue, die mit die Last tragen helfen, sind beweglich. Die Brücke schwankt beim Herüberfahren der Bahn — aber sie hält. Wir fuhren mit der Bahn ca. 4 Minuten herüber u. giengen ca. 3/4 Stunden in mäßigem Schritt von einem Ende zum anderen. Es ist ein Wunderwerk und ein Triumph menschlichen Verstandes und mathematischen Kalcüls.

In meinem Unmuthe schrieb ich eine Postkarte an Dich. Bitte sei mit den Briefen aufmerksam, denn Du weißt, daß ich nicht ohne Nachricht von Euch leben kann.

Wir giengen schon um 9 Uhr zu Bett.

Sonntag d. 14 August

Heute früh waren wir auf der Post. **Heureka!** Endlich, endlich! Ihr seid gesund! Wie habe ich mich gefreut! Gott sei Dank, daß Alles gut geht! Frauen haben natürlich mehr zu reden als zu denken. **Via England**, wo Ihr wußtet, daß die „Eider" am 2ten oder 3ten gieng! Nun, ich will zufrieden sein, daß ich die Briefe habe, und nicht weiter rechten. Mit Gottes Hülfe bleibt Ihr weiter gesund, daß ist die Hauptsache.

Elise begreife ich nicht. Es ist lächerlich von ihr, sich so zu benehmen! Ich will mit der Geschichte nichts mehr zu thun haben. Sie konnte doch, wenn sie es zehnmal gemerkt hat, mit dem Herrn so freundlich sein, wie sie es mit Studenten war. Ich bitte Dich inständigst nichts mehr über die Geschichte zu sprechen u. Dich nicht im Geiste damit zu beschäftigen.

Ebenso, mein liebes großes Herz, bitte ich Dich, das Besuchemachen zu unterlassen u. Besuche nicht anzunehmen. Die alten Tanten warten ja doch nicht auf Deine Ankunft! Es thut mir schon mehr wie Leid, daß Ihr eine halbe Woche verloren habt. Sei egoistisch! Denke an Dich u. Deine Pflichten! **Mens sana in corpore sano!** Kräftige Dich, um widerstandsfähig zu sein. Laß Andere schwatzen — sie haben sonst nicht zu thun. Wie sehne ich mich nach Dir! O, hätte ich Dich nur jetzt hier, Du herziges, geliebtes Wesen! Ich wollte Dich küssen —!

Zur Feier des Tages gehen wir zu dem feinsten Seebade **Long Branch**. Auf dem Boote befanden sich etwa 1000 Menschen. Wir mußten unwillkürlich daran denken, wie schrecklich es sein müsse, wenn hier ein Unglück passirte. Zu solchen Gedanken fordern hier die Inschriften: **Life preservers**, die sich überall da, wo (sich) Rettungsgürtel befinden, angebracht sind, heraus.

In der Hochbahn fanden sich Anschläge von den Unfallversicherungen, in denen angegeben wird, wie viel man für eine Hand, ein Bein etc. erhält, wenn sie verloren gehen. Gerade auf dieser Bahn haben solche Ankündigungen Berechtigung, weil nur die Gewohnheit die Menschen so abstumpfen kann, dieses scheinbar gefährlichste aller Beförderungsmittel sorglos zu benutzen. Man kann einem anderen schwer einen Begriff von der Kühnheit des Baues u. der Art des Fahrens beibringen.

Auf diesen großen Dampfschiffen geht die Fahrt wohl sicherer. Alle Menschen haben bequem Platz — und alle freuen sich, Meeresluft zu athmen. Außerhalb der Bai kreisten um unser Schiff zwei Segler, die alle Segel mit Riesenlettern bemalt hatten und zwar von beiden Seiten: **Use Dr. Scotts Electric Corsets u. Liver Pils.** Es sieht zu komisch aus.

Wir staunten die wundervolle Küste an, die an Schönheit der Anhöhen der Bewaldung und Bebauung den schönsten Rheingegenden gleichkommt, an Großartigkeit sie weit weit übertrifft. Hier das gigantische Meer, dort idyllische Landhäuser hoch hinauf und am Strande gebaut — und das Weltmeer sendet seine Wogen in stetem Wechsel zu diesen Gebilden von Menschenhand. Heute ist es zahm. Tief athmen wir die erquickende Luft. Von **Sandy Hook** an ist der Strand flach, weiß, u. nun folgen Ortschaften nach Ortschaften. Überall sieht man luftige Holzgebäude, Badekarren, Menschen.

Nach zweistündiger Fahrt legten wir an einem schönen aus Eisen construirten, weit in das Meer hinausgehenden Pier an. Etwa 1/2 Stunde dauerte die Entladung der Menschen. Weder Ostende noch Sylt läßt sich mit diesem Bade vergleichen. Herren u. Damen baden in abscheulich häßlichen Kostümen zusammen. Ich bekam Lust, mich in die Salzfluth zu tauchen. Für **25 cents** bekam ich eine Marke u. einen blauen lumpigen Badeanzug und eine schmutzige in so roher, unappetitlicher Form nie von mir gesehene Badezelle. Onkel verwahrte Uhr u. Portemonnaie auf Anrathen des Billeteurs. Schnell entkleidet stürzte ich mich in die Wogen. Das Bad war gut, die Wogen so wie in Sylt, aber das Baden im Kostüm ist nur halbes Vergnügen. Ein buntes Leben herrscht am Strande und im Orte — es sind eigentlich mehrere, die sich etwa eine Meile weit am Strande erstrecken. Hart an der See liegt ein großes Restaurant aber — nicht für uns **„Temperance Restaurant"** — milchtrinkende Männer — Citronenlimonade trinkende Weiber! Wir hatten auf Bier Durst. Eine deutsche Bierstube winkt uns. Hinein! Bier u. Hummersalat! Die Schüssel kommt, Onkel nimmt einen Bissen — brr! Faul, modrig! Wenn schon Onkel degoutirt ist, dann muß es gewiß schlimm sein! Wir gaben es zurück, mußten aber diesem schuftigen deutschen Lumpen ca. 3 Mark dafür bezahlen, trotz Remonstrirens. Wir wanderten ziemlich durch den ganzen sehr weit sich ausdehnenden Ort. Die Häuser liegen alle im Grünen. Erst um 5 Uhr konnten wir heimkehren, d. h. wir kamen erst, trotzdem wir beim Landen ziemlich die ersten waren und uns weidlich quetschen ließen, doch erst um 8 1/4 Uhr im Hotel an u. bekamen natürlich — bezahlen müssen wir es doch — kein Mittagessen mehr, wohl aber Thee u. kaltes Fleisch. Dann giengen wir herauf u. schrieben.

Wir haben beschlossen, da unser Boot nach **Albany** schon um 9 Uhr geht, wir aber noch zu **S.** müssen, erst Dienstag zu fahren. Wir hatten einige Besuche u. auch eine Einladung von **Hr. Corn**, haben aber für jetzt refüsirt, für die Rückkehr aber angenommen. Der **Glovesmann** u. liebliche Gemahlin ignoriren uns u. wir sie.—

Gute Nacht mein süßer Schatz! **Good bye! Good bye!** Ich liebe

Dich ewig! Küsse unsere herzigen Kinder, unsere lieben, geliebten Kinder!

Montag d. 15 August

Wir nahmen heute Plätze auf dem „**Wieland**", giengen dann zu Hr. S., der unseren Koffer nach **Washington** expediren soll, während wir nur unsere Handtaschen nehmen, packten dann und machten uns reisefertig. Also morgen früh um 9 Uhr! Auf in die Wildniß! Vielleicht gehen wir noch heute Abends in das Theater.

Dienstag den 16 August

Wir unternahmen gestern nichts mehr. Onkel war matt, hatte schon Sonntag nicht ordentlich gegessen und hatte gar keinen Appetit, während er auf der See in dieser Beziehung so normal wie denkbar war. Er schrieb ca. 2 Stunden an seinem Tagebuche, nachher machten wir einen Spaziergang, brachten zurückgekehrt definitiv unser Gepäck in Ordnung, ich verstaute ein kleines englisches Lexikon, das ich mir, um Onkel nicht immer fragen zu müssen, gekauft hatte, giengen zu Tisch, wo Onkel nur etwas Suppe zu sich nahm, u. giengen früh zu Bett. Seine Abendcigarre rauchte er auch nicht.

Wir standen um 5 Uhr auf. Er hustete viel — auf dem Schiff (Hammonia) fast gar nicht — u. war heute noch matter wie gestern.

Um 8 Uhr fuhren wir an das Boot, um 9 Uhr dampfte dasselbe ab. Man kommt aus dem Erstaunen nicht heraus. Glaubte ich schon die größten Schiffsdimensionen gesehen zu haben, so wurde ich hier eines besseren belehrt. Aber nicht nur die Dimensionen sind colossal — auch die innere Einrichtung ist so, daß man sich in einen Palast versetzt glaubt.

Wo man auch immer hinsehen mag, überall befindet sich helles, wundervoll gemasertes Holz (Citronenholz), wie wir es einmal in einer Schlafstubeneinrichtung gesehen haben. Damit sind Treppen u. Gänge bekleidet. In allen drei Etagen sowie auf den Treppen befinden sich dicke Teppiche, die den Schritt lautlos

machen, den Fuß tief einsinken lassen und auch für das Auge eine Annehmlichkeit sind. Es sind durchweg prachtvoll ornamentirte Smyrnaer Teppiche. In der ersten Etage befinden sich breite u. tiefe elegante Strohsessel, hochlehnige, ledergepolsterte Stühle und bequeme, mit den feinsten Seidenplüschstoffen bezogene, den sich Setzenden ganz versinken lassende Fauteuils. Zu Füßen der breiten Treppe, die in das Parterregeschoß führt, stehen zwei breite, mit gemasertem Holz bekleidete und mit Porcellanbecken u. Wasserleitung versehene Brunnen, an versilberten Ketten ebensolche Becher tragend. Überall befinden sich Marmorwaschbecken. Ein großer, luxurios ausgestatteter Speisesaal, Extrazimmer, die gegen besondere Bezahlung zum alleinigen Gebrauch geöffnet werden,

und eine uniformirte Capelle, die Tänze, Märsche aufspielt, vervollständigen das Ensemble. Die Reinlichkeit von dem Maschienenhaus an bis zu unnennbaren Räumen ist eine geradezu in Erstaunen setzende. Das Publicum besteht fast nur aus Engländern. Die meisten Menschen sind, wie dies uns bisher immer auffiel, gut angezogen, wenn sie nicht gerade in Hemdsärmeln und ohne Weste herumlaufen. Auf dem Schiff sahen wir aber elegante Damen, meist in matte Seide gekleidet, kecke Hütchen auf dem Kopfe und in den Händen solche Stöcke tragend:

Es sind Badegäste für **Saratoga**, dem feinsten Landbade Amerikas.

Und nun soll ich die Scenerie schildern, die sich dem staunenden Auge darbietet? Ich habe die Schweiz, den Rhein, die Elbe etc. gesehen. Nichts kommt den Ufern des **Hudson** gleich. Der majestätische, breite, durch zahlreiche Fahrzeuge belebte Fluß ergießt vielleicht das doppelte Quantum von Wasser in den Ocean wie die Elbe. Soweit das Auge die Ufer zu verfolgen vermag, sieht man nichts als die herrlichsten Laubwaldungen. Meilen u. meilenweit bieten diese grünen Waldeslinien dem Auge angenehme Ruhepunkte. Versucht man, wo das Schiff nicht nahe genug dem Ufer hinfährt, diese grünen Flächen durch das Glas aufzulösen, so sieht man fortlaufende Gebirgszüge, (die) dem Fuße wohl meistens schwer oder gar nicht zugänglich sind. Diese sind der nährende Boden für die herrlichen Laubbäume und Sträucher. Hoch oben auf den Felsplateaus — dies gilt besonders von der linken Seite — stehen in kurzen Distanzen Villen. Ich sage in kurzen Distanzen! Es läßt sich dies schwer schätzen, da wir mit einer Geschwindigkeit fahren, die für Dampfschiffe einzig ist. Es ist ein Dahinjagen. Rechterseits ist die Ansicht nicht so wild. Hier finden sich die Landhäuser viel reichlicher, die Felsmassen sind nicht so gigantisch angeordnet u. steigen auch nicht zu solcher Höhe an. Indessen giebt es auch hiervon Ausnahmen, u. man erblickt auch hier jäh zum Wasserspiegel abfallende, zum Theil nur mit Laub bewachsene Granit- u. Sandsteinfelsen. Wo der Strand es einigermaßen gestattet, d. h. die Felsen nicht das Wasser berühren, liegen Villen, Häuser, Städte. Manche wie **Yonkers**, ähnlich auf der Höhe aufgebaut wie Blankenese — aber viel großartiger und vielleicht durch die starke Bebauung lieblicher. Wo das Auge das Gestein übersehen kann, erblickt man in weiter Ferne, von leichtem blauen Dunst schwach verhüllt, in wundervollen Färbungen weit geschwungene hohe Berglinien, wie man sie sonst nur in der Schweiz zu Gesicht bekommt. Beiderseits läuft hart am Wasser, oft nicht mehr als in drei Armbreiten Weite, die Eisenbahn, hier über Brücken sausend, dort die Felsen durchjagend. Linkerseits bekommt man sie erst spät zu Gesicht, rechts sieht man sie mit kurzen Unterbrechungen fast immer. Der **Hudson** und seine Ufer wirken durch sich selbst. Keine Sage, keine Überlieferung knüpfen sich an diese Felsen. Keine Loreley mit ihrem Sirenengesang gab zur Mythenbildung Anlaß — und doch mag manche rothhäutige Sirene das ewige Lied, das Lied der Liebe auf diesem Felsen haben erklingen lassen — keine zerfallenen Raubritterburgen schauen von den Höhen hernieder — und doch sitzt mehr wie ein moderner Raubritter hier hoch oben und steigt am Montag, wenn die Ruhe von Sonnabend Mittag um 1 Uhr bis Montag früh ihn zu neuen Thaten gekräftigt hat, herab in seinen Laden und schindet das **Publicum a la Marsyas**. Der Rhein ist wunderschön, aber überall muß man sich etwas erzählen lassen. Der Nimbus der grauen Vorzeit, die sich in Sage und Geschichte verkörpert hat, gehört so zu diesem Strome wie die jungen Städte, die Dampfschornsteine, die Fabriken, die neuen Villen zum **Hudson**. Herrlich sind die Augenblicke, die man bei Windungen des letzteren hat. Die stärkste Laufänderung ist bei **Westpoint**, der berühmten amerikanischen Kriegsschule. Hier sind auch Forts, die den **Hudson** vertheidigen. Auch Inseln, schön bewachsen, herrlicher wie die Pfalz gelegen — aber ohne Geschichte — trifft man vielfach. Je höher man herauf kommt, um so weniger gigantisch werden die Felsen, hier u. da versuchen sie noch sich an die Ufer heranzudrängen — meist sind sie weiter in das Land zurückgetreten oder sind in kleine Hügel allmählig übergegangen. Aber Fels u. Stein ist der Boden trotzdem überall. Ich wunderte mich in **New York** über den großen Steinverbrauch. Tausend Städte wie **New York** könnten nicht genug gebrauchen, um eine Abnahme des Gesteins sichtbar werden zu lassen! Die Gegend vor u. nach **Newburg** ist besonders anmuthig. Hinter **Poughkeepsie** steigen noch einmal die Felsen in die Höhe, um bald wieder zu verschwinden. Dann folgt ein Schweizer Landschaftsbild mit Holzhäusern, massiven Gebäuden, grünen Matten dem anderen. Ich gebe aber Gegenden, in denen der Strom Biegungen macht und man sich mit einem Male von allen Seiten von steilen, wilden Felsen umgeben sieht, den Vorzug. Das sind Eindrücke, die man im Leben nie vergißt! Sie sind eben unübertroffen!

So wundervoll der Anblick an jeder Stelle auch war, und so unmittelbar Alles auch auf mich einwirkte — so recht freuen konnte ich mich den ganzen Tag nicht, weil Onkels Verhalten mich beängstigte. Gleich nachdem wir auf dem Boot Platz genommen, fieng er zu schlummern an, wachte wieder auf, nickte wieder ein. Ich suchte ihm, um es ihm bequem zu machen, einen Stuhl im Schiff aus. Er schlief hier wieder gleich ein. Ich blieb bei ihm und merkte, daß er auffällig blaß wurde, u. seine Hände kalt waren. Ich entdeckte die Extrazimmer u. nahm trotz der horrenden Preise das letzte der vorhandenen — ein herrliches Gemach mit Chaiselongue, Fauteuils, drei Fenstern, die es gestatten, die Scenerie zu genießen. Hier bettete ich ihn, ließ ihn den Rock ausziehen. Er schlummerte sofort ein, u. schlief — ich fliegenwedelnd dabei sitzend oder auch schreibend — von 1/2 12 bis 2 Uhr. Er fühlte sich selbst schlecht, gab an, in der vergangenen Nacht Frostschauer gehabt zu haben — kurz meine Stimmung war nicht die beste. Dabei war er vollkommen willenlos, was doch sonst nicht seine Art ist. Ich quälte ihn, bis er nur Suppe und 2 Glas **Ale** zu sich nahm. Er schlummerte dann im Zimmer wieder bis ca. 1/4 6 Uhr. Ich beschloß, von **Albany** nicht weiter zu fahren — er war einverstanden. Ich gab ihm Pillen ein. In der Nähe von **Albany** fühlte er sich zwar noch matt in den Beinen, aber die

Schlummersucht war ziemlich vorbei und er zeigte sich etwas willenskräftiger.

Um 6 Uhr waren wir in **Albany**. Eine Schaar von unbeschreiblich einander überschreienden Negern empfing uns. Einer schob uns in einen Hotelomnibus, wir rasselten über das holprige Pflaster zum Hotel. Eine Schaar von vielleicht zwanzig Negern empfing uns. Wir hatten zum Essen nicht Appetit. Onkel fühlte sich aber zum Gehen aufgelegt. Er wollte nun doch noch heute weiter fahren, und dieses Wiedererwachen der Energie zeigte mir, daß sein Unwohlbefinden im Schwinden begriffen sei. Ein Gang zum **Hudsonufer** zeigte uns eine Eisenbahnbrücke, zugleich aber auch den unglaublichen Schmutz, der in den Straßen amerikanischer Städte herrscht. Wir hatten schon in **New York** in dieser Beziehung manches gesehen. Ganz ähnlich verhält sich die Reinlichkeit an diesem Regierungssitze. Derselbe ist verkörpert durch ein wundervolles, übermäßige Ausdehnung besitzendes, ganz in Stein erbautes Haus. Dasselbe sieht harmonisch in allen seinen Stockwerken aus. Wir besitzen in Berlin keines, was ihm gleichzustellen wäre. Eine Pferdebahn führt einen steilen Berg hinan zu ihm. Bei electrischer Beleuchtung legten wir den Weg von da zum Bahnhof zu Fuß zurück. Diese, wie andere Städte, die wir bisher sahen, sind durchweg electrisch erhellt, wenngleich das Licht viel zu wünschen übrig läßt. Am Bahnhof belegten wir einen Platz im Schlafwagen — alle Leute fahren hier so — nahmen dann im Hotel Thee, wobei wir in unaussprechlicher Weise geprellt wurden, und fuhren um 10 Uhr nach den **Niagara** Fällen.

Erwähnenswerth ist, daß ich in **Albany** die ersten Mosquitos sah. Sie belästigten mich nicht. Viel unangenehmer und widerwärtiger ist die Fliegenplage, die überall grassirt. Die Leute thuen nirgends etwas dagegen. Weder in **New York** noch anderwärts haben wir Fliegenfänger oder ähnliches gesehen. Sie „kleben" am Menschen und bedecken gewöhnlich die Speisen auf den Büffets u. den Tischen. In **Albany** hat ein erfindungsreicher Wirth sowohl als Ventilations- als auch Fliegenverscheuchungsmittel einen durch einen Motor getriebenen Fächerapparat in Bewegung gesetzt. In der Mitte der Decke läuft eine Welle, an der sich 5—6 Räder befinden. Von diesen gehen Schnurtransmissionen zu seitlichen Rädern, die bewegliche Flügel tragen.

Von oben gesehen macht sich die Sache also so:

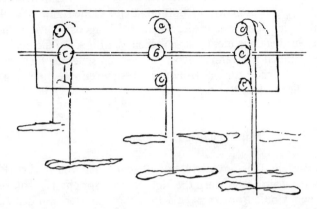

Ich war glücklich, Onkel frischer zu sehen. Wir kamen in den Schlafwagen und trauten unseren Augen nicht, mit noch vielleicht 20 Menschen in einem Waggon zusammen schlafen zu müssen. Keine Abtheilungen sind vorhanden. Eine Section ist ein oberes und ein unteres Bett. Diese beiden Lagerstätten sind durch eine vorziehbare Gardine vor profanen Blicken geschützt. Gefiel uns das schon nicht, so sahen wir bald, daß auch Frauen in diesem Raume schliefen, und um unser Erstaunen voll zu machen, stellte sich heraus, daß Onkel u. ich je ein oberes Bett in zwei verschiedenen Sectionen hatten. Mir war dies, weil Onkel die Höhe nicht heraufklettern kann, sehr unangenehm, umsomehr, als die Pillenwirkung, die ich für nothwendig hielt, in dieser Nacht zu erwarten war. Als ich mich anschickte, unsere gegenseitigen Lagergenossen aufzusuchen, kam schon ein Engländer, der mich irgend etwas fragte. Ich war verdrießlich u. achtete nicht darauf. Schließlich stellte sich heraus, daß Mann u. Frau in derselben Weise getrennt werden sollten wie Onkel u. ich. Da aber weder Onkel noch ich Lust hatten, die Ladie als Sectionsgenossin zu haben und die Geheimnisse ihrer Toilette zu erkunden, so gieng der Tausch vor sich. Ich spielte Kammerdiener bei Onkel, der sich in Kleidern hinlegen wollte. Ich entkleidete ihn etwas **forcé** u. kroch selbst in mein Lager. Es war entsetzlich heiß u. selbst adamitisch bekleidet, fühlte ich die Hitze. Aber das Lager war sehr breit und bequem. Diese Wagen haben außen keine Korridore u. dieser gewonnene Raum ist, da alle Lagerstätten in der

Längsachse des Wagens angeordnet sind, den Schlafstätten zu Gute gekommen. Wir schliefen beide vorzüglich. Morgens um 1/2 7 Uhr waren wir in **Buffalo**. Beim Gehen zum Waschraum durch den Korridor in der Mitte des Wagens fällt natürlich, da die Gardienen ja nicht fest schließen, der Blick auf die noch ruhenden Frauen u. Männer. Aber die Frauen scheinen hier zu Lande nicht zu prüde zu sein, trotz der scheinbaren Abschließung durch „**Ladies parlours**".

Mittwoch den 17 August

In **Buffalo** dauerte der Aufenthalt sehr lange. Ich studirte Physiognomeniëen, besonders die der Neger. Spricht ein solcher mit seinem Couleurbruder, so macht er meist Gesten, mit den Händen oder Armen und fletscht stets **à la manière Duboisienne** die Zähne, was bei den ganz dunklen einen unheimlichen Eindruck macht. Zeitungen, das „α u. ω" amerikanischen Daseins, wurden natürlich ausgerufen. Auch **shine! shine!** der Stiefelputzer fehlte nicht. Zwei solche sprangen auf den Zug, u. der eine sprang merkwürdig geschickte herunter, als der Zug bereits in vollem Jagen war.

Etwa um 9 Uhr zogen wir in **Niagara**, einem großen Orte, ein. Onkel sah den Ort, als er einige dreißig Häuser besaß, heute reiht sich bereits Gasthaus an Gasthaus, Villa an Villa — große Läden, electrische Beleuchtung und andere Requisiten einer aufblühenden Stadt, wozu besonders noch Fuhrwerke, **cabs**, und **carriages** gehören. In großen Lettern verkündet einer **Cataract Ice**, ein schönes Haus trägt die Firma „**Cataract Bank**" — ich möchte **nomen est omen** kein Geld dahin geben — **Parline u. Tutts liver pils** leuchten von jedem Zaune, jeder Hauswand hernieder, und **Barnum**, der große **Barnum**, verkündet in riesigen überlebensgroßen Bildern seine Thätigkeit. In der Mitte dieser riesigen Bilder dessen, was er bietet, ist sein Portrait mit der Unterschrift: **I am coming! Wait!** Wir stiegen im **Niagara House ab**, weil Onkel in dieselben, wie er meinte vor 40 Jahren gewohnt hatte. Alt u. verkommen genug sieht freilich dieser Holzbau aus, um Onkel als Herberge gediehnt haben zu können. Wir erhielten ein Zimmer, das eben verlassen war, tranken schlechten Kaffee u. machten uns auf den Weg zu den Fällen!

NIAGARA FALLS

THE GREAT CATARACT

The Falls of Niagara probably receive, annually, more visitors than any other pleasure resort on the American Continent. The reasons for this are, doubtless, first, the wonderful, attractiveness of the Falls as an Object of interest, and, secondly, their ease of access, and the consequent facility with which they may be visited. Situared upon the main thoroughfare between the East and the West, over which such a constant tide of travel is surging throughout the entire year, it requires but little sacrifice of time on the part of many ot to pay them a visit. But these are merely the casual visitors, in addition to whom thousands annually come from all parts of the land, and from over the ocean to gaze upon this far-famed cataract.

Niagara River is the outlet of Lake Erie, connecting it with Ontario, the lowest in the chain of lakes, which unitedly are the largest inland reservoirs in the world. The river is only 33 miles in length, and the total descent in the distance is 334 feet, Lake Ontario being that much lower than Erie, which is 565 feet above sea lavel. About a mile above the Falls the waters commence to descent with great velocity, constituting what is known as the Rapids, second in interest only to the Falls themselves, and adding to the interest of the latter by giving such an increased velocity to the water in its plunge over the precipice. The total descent in this mile is 52 feet, and the waters come rushing and tumbling along the rocky bed of the stream, which is here considerably narrower than its general channal above.

Just above the Falls are several small islands, connected by a system of bridges with one another and the American shore, and affording a magnificent view of the Rapids. Standing on one of the bridges, or the upper shore of an island, and looking up the stream, the view presented is grand and impressive, as the resistless torrent seems ready to overwhelm all in its course.

These islands, combined with a sharp curve in the course of the stream, widen the channel to about, 4,750 feet, one-fourth of which is occupied by Goat Island, the largest of the group, which here extends to the extreme verge of the precipice, and divides the stream and the Falls into two distinct parts. The American Fall ist about, 1,100 feet wide, and the remainder, or Canada Fall, about double the width, although from its curved or horseshoe shape the line of the brink is considerably longer than the direct breadth.

The waters of the American Fall make a sheer descent of 164 feet, while the height of the Canadian Fall is from 12 to 14 feet less, owing to the lengthening of the Rapids and the curve of the stream.

The volume of water in the Canada Fall is much greater, however, than that of the American, and the impetus given by the Rapids carries the water over the precipice with great velocity, and it forms a grand curve in the descent, falling clear of the rocky wall into the bed of the river below. The lower strata of this wall of aloose, shaly character, the action of the spray has hollowed it out, so that between the wall of rock and the descending wall of water, a cavernous space exists, into which the tourist may venture by a rocky and somewhat perilous path from the Canada side. It ist needless to add that water-proof suit adds materially to the comfort of those who thus venture. Similar trips may be made under the American Fall.

Below the Falls, on the American side, is a stairway and inclined-plane railway, leading to the water's edge, and connecting with a ferry which here crosses to the Canada shore by means of small boats, amid the spray and over the turbulent waters, not yet at rest from their mighty plunge.

The banks below the Falls are very high and precipitous, and the channal contracts to less than a thousend feet, varying in the descent to Lake Ontario, from 200 to 400 yards.

The entire river, from its source to its mouth, is an interesting geological study. The changes that have taken place in the formation of its banks, and the topography of the country through which it pases, furnish much food conjecture, upon which several theories have been constructed, one of which seems to be quite universally adopted, viz., that the Falls have gradually receded from a point below their present location, some say as far as the high bluff at Lewiston, seven miles from Lake Ontario.

This recession is due to the action of the water upon the sections of the rocky bed which have successively formed the verge of the cataract, and which have doubtless varied in character along the course of the river. The action of the spray and the violence of the rebounding waters, combiened perhaps with other causes, wore away the softer, shaly substractum, until the harder but thinner upper stratum could no longer support the massive weight and resist the velocity of waters, and fell into the channel below. This theory is abundantly supported, not only by the appearance of the Falls and the channel, but by several occurrences of exactly this character. In 1818, massive fragments fell from the American Fall, and in 1828 a like occurrence took place in the Horseshoe Fall, in each instance producing a concussion like an earthquake. A view of the Falls by Father Hennepin, made in the year 1678, presents the feature of a distinct Fall on the Canadian side, somewhat like that on the American side, or nearly at right angles with the main Fall.

This was occasioned by a great rock, which divided the current and turned a protion of it in that direction, and which has evidentlysince fallen. (See engraving)

How long a time would be required for the Falls to recede to Lake Erie, is of course conjectural, as no data of sufficient reliability can be established from which to make a calculation. Indeed, it is believed by some geologists that higher up the river the formation of the bed ist of such a character as to succesful resist the further encroachments of the water in that direction, the hard formation being of greater depth and firmness.

But to the present generation Niagara Falls will remain an object of great interest, and will doubtless continue to receive, as in the past, the visits of great multitudes of tourists, either on account of their real attractiveness, or because it is the fashion.

The recent creation of a public park along the American shore of Niagara, above and below the Falls, thus throwing open to the public what was formerly only accessible by the payment of fees ons tolls, entitles of the State of New York to the profound gratitude of the civilized world. Previous to this moment, the annoyance of being met at every turn with the modified form of „bicksheesh", detracted much from the pleasure of a visit to this resort. There are still abundant opportunities to expend money for privileges not included in this grant, but it is indeed a matter of rejoicing that an unobstructed view of America's great cataract can now be had from American soil, without a payment of a fee at some toll-gate.

The Canadian Government is pefmorming a like duty by the puplic on the other side of the river, by laying out an International park, extending along the bank of the river from above the Falls to Clifton. The Canadian shore was formerly the only point of observation from which a free view of the Falls could be obtained. There is one thing, however, which no tourist is prepared to meet with composure, and which he will need to guard against here, nemaly, extortion, or an unexpected or unreasonable demand for money in payment for services not contracted for nor supposed to be in the market. Much has been said and written about the extortions of Niagara hackmen, until their practices have become a byword. In justice to some of these individuals it should be said that there are among them honorable men, who will do by you just as they agree, and will make no effort to defraud. It is always safe, however, to make an agreement with your driver as to the service he is to render you, and just what you are to pay him in return. When the terms of your contract are met, *accept no further service without understanding its cost.*

The limits of this work forbid an extended description of the many points of interst around Niagara Falls. A brief mention of the leading attractions must therefore suffice.

TABLE ROCK is an overhanging cliff, extending along the Canadian shore to the very verge of the Horseshoe Fall. It fermerly overhung the river much further than at present, several masses having fallen from it at different times.

NEW SUSPENSION BRIDGE, so called to distinguish it from its elder brother, two miles below. This stucture is swung across the river in frint of the Falls, giving a majnificient view of the Cataract at a single glance, as well as of the gorge below. Although light and airy, it its very strong and secure.

PROSPECT PARK. — A solid wall at the verge of the American Fall, extending down the river bank, forms the river boundary of a beautiful park, from which fine views of the river and Cataract are to be had. From here a trip may be made down the inclined railway to the foot of the Falls, and, if desired, an excursion behind the Cataract, as well.

MAID OF THE MIST. — This little craft makes trips on the river below the Falls, venturing so near the Cataract itselfs as to receive a baptism of spray from its falling waters, and affording a grand view of the majestic down-pour as the passenger, clad in a suit of waterproof, gazes upward at the rushing torrent.

GOAT ISLAND. — This devides the American from the Horseshoe Fall and is a very attrictive resort, now a part of the free park. There is in reality, a group of islands, seventeen in all. Many of them are connected by bridges, that from the main land to, the larger island affording a fine view of the Rapids.

Luna Island divides the American Fall into two sections.

THE CAVE OF THE WINDS. — Descending the cliff by the spiral staircase known as ,,Biddle's Stairs", the visitor, clad in waterproof garb, may pass behind the Centre Fall, into the ,,Cave of Winds". This cavernous recess is one hundred feet high by one hundred feet deep and one hundred and sixty feet long, and the visit is one of great and novelty.

TERRAPIN BRIDGE leads to the rock near the verge of the Horseshoe Fall from wich a near view of the latter is obtained.

THREE SISTER ISLANDS. — These are connected with Goat Island and with one other by three pretty bridges, and afford a fine view of the Rapids, deemed by many to equal in interest the great Cataract itself.

Other islands in the river above the falls, are of interest, historically and otherwise. Grand Island is the largest, being twelfe miles long by from two te seven miles wide. Navy, Buckhorn, and several smaller islands complete the list.

THE BURNING SPRING. — On the Canadian shore above the Falls are several islands, also connected by bridges. On one of these islands is a spring, charged with "natural gas", affording a spectacle of interest, burning with a pale blue flame.

WHIRLPOOL RAPIDS. — Below the Falls the channel of the river narrows to about three hundred feet, which greatly accelerates the current, and throws the water into violent commotion. From the railroad Suspension Bridge to the Whirlpool, the stream is very rapid, and the view from either bank is one of much interest. It was in these rapids that the intrepid swimmer, Capt. Webb, lost his life, although they have since been navigated, first, by a man alone, and afterward by a man and woman in a huge cask. The journey was accomplished however, with some peril and not a little terror to the foolhardy voyagers.

At the Whirlpool the river makes a sharp turn, almost at a right angle, and circles round in a basin, apparently of its own excavation, then makes its exit through a narrow gorge on its way to Lake Ontario.

SUSPENSION BRIDGE. — This marvel of engineering skill is an object of great interest to the visitor. The erection of piers in the river bed being an impossibility, owing to its great depth and the rapidity of the current, the structure is suspended from cables, passing over towers of solid masonry. The following figures will be of interest to lovers of stastics:

Length of span from center to center of towers....	822 feet.
Height of tower above rock on the American side .	88 feet.
Height of tower above rock on the Canada side ...	78 feet.
Height of tower above floor of railway...........	60 feet.
Height of track above water	258 feet.
Number of wire cables	4 feet.
Diameter of each cable	$10^1/_2$ in.
Number of No. 9 wires in each cable	3,659
Ultimate aggregate strength of wires	12,400 tons.
Weight of superstructure........................	800 tons.
Weight of superstructure and maximum loads	1,250 tons.
Maximum weight the cable and stays will support .	7,309 tons.

Wir mietheten uns einen Wagen, weil ich Onkel nicht die großen Anstrengungen eines Marsches nach allen sehenswerthen Orten **Niagaras** aussetzen wollte. Der Hotelkellner, der gebrochen deutsch sprach, setzte uns auseinander, daß nach **Niagara** nur Leute mit Geld kommen sollten u. daß es diesen eben nicht darauf ankommen dürfe, wenn sie zum Vergnügen reisten, einen Wagen für eine Tour von 4—5 Stunden zu nehmen. Wir fuhren zuerst zu dem **Whirlpool**. Schon von hier hört man das Rauschen. Ein unternehmender Amerikaner hat von oben herab in die grausige Tiefe, weit über 100 Fuß, einen von allen Seiten mit Brettern verschlossenen nur an einer Seite die glatte ausgemauerte Felswand zeigenden Holzschacht gebaut, in dem sich zwei durch Maschienenkraft getriebene Elevatoren bewegen. Dahinein stiegen wir. Ich habe darin angstvolle Minuten verbracht. Das Menschenleben hängt hier in Amerika mehr wie anderswo an einem Haare — zur Empfindung kommt es aber, wenn man nicht gar zu leichtsinnig ist, doch besonders erst in solchen Vorrichtungen. Wir kamen endlich nach einigen Minuten unten an. Der Eindruck, den dieser gewaltige kochende Kessel macht, ist nicht gut mit Worten wiederzugeben. Wie viele Menschen haben schon diese Wunderwirkung des **Niagara** an sich erfahren, und doch vermochte keiner sprachlich die erregte Empfindung auszudrücken. Das Gefälle des **Niagara** ist ein ganz außerordentliches. Mit großer Geschwindigkeit kommt er eben noch erregt von dem Absturz aus großer Höhe in dieses felsige Bett hinein und trifft hier allenthalben auf steinige Hindernisse für seinen weiteren Verlauf. Da schäumt und wirbelt er hoch auf; noch ist die erste Woge nicht über die Hindernisse, da rückt schon die zweite heran, eine dritte eine vierte kommt, hoch auf spritzt der weiße Schaum, das anfangs leise Geräusch des Aufeinanderschlagens vervielfältigt sich tausend- und tausendfach, es braust, tost, lärmt, brüllt, so daß man kaum das eigene Wort vernimmt, und immer wieder und wieder prallt die Woge auf den Fels und Woge auf Woge, und so mag es schon tausende von Jahren andauern, und tausende von Jahren wird sich, bewundert von Myriaden von Menschen, das gleiche Schauspiel in der gleichen gigantischen Art zwischen diesen hohen, zerklüfteten, nur spärlich im Ganzen bewachsenen Felswänden wiederholen. Wie häßlich profanisiren doch die Menschen Eindrücke, die in ihrer Erhabenheit sich ihnen still ins Gemüth einprägen sollten, durch alberne Äußerlichkeiten. Sich am **Niagara** photographiren lassen ist eine Profanation, und ich bin der Meinung, daß derjenige, der dies thut, nicht die wahre Empfindung für diese einzige Naturscenerie besitzt.

Unangenehm war noch die Auffahrt im Elevator. Glücklich kamen wir aber oben an u. fuhren nun nach **Goat Island**, sahen uns dort die **Rapids** an und von oben den Absturz des Wassers in die Tiefe. Der Eindruck ist ein ebenso mächtiger wie der vorhin geschilderte. Da wo die Wassermassen über den Gesteinsrand stürzen, erglänzen sie wunderbar schön hellgrün, bald ist alles ein weißer Gischt, und das Tosen in der Tiefe giebt über den Verbleib Kunde. Es war ein wunderschöner Tag, die Sonne beschien diese Naturscenerie und ließ in unmittelbarer Nähe voneinander, da wo in der Tiefe zwei der mächtigen Wasserstrahlen sich in feinste Wassernebel auflösten, zwei Regenbogen erscheinen. Mit uns genossen viele Menschen den Anblick. Es erschien uns als eine kleine Völkerwanderung. Onkel kletterte natürlich innerhalb der Einfriedung, von der aus die Ansicht genossen wird, über Stock u. Stein. Auf dem alsdann besichtigten **Luna Island**, wo man den **Niagara** in kleinen Wirbeln u. Fällen in seiner mächtigen Breite verfolgen kann, pflückte ich ein paar rothe Blätter, indem ich an Dich dachte. Noch mehrere andere solcher Aussichtspunkte sahen wir u. fuhren dann über die **New Suspension bridge** für einen Dollar Wegezoll nach der canadischen Seite hinüber. Hier sahen wir von dem Dache eines Hotels den viel mächtigeren canadischen Fall u. auch den amerikanischen. Die Großartigkeit des Eindrucks ließ uns schweigen, aber unauslöschlich prägt sich derselbe dem Gedächtnisse ein. Um unterhalb des Falles gehen zu können, wurden wir in einen Anzug aus Segeltuch gekleidet — Beinkleid, Rock oder Mantel, Halstuch u. Kappe u. Gummischuhe. Wie komisch wir aussahen, kannst Du Dir denken. So mußten wir zudem noch eine befahrene Straße bis zu dem Treppenbau gehen, der ca. 150′ in die Tiefe führt. Kaum aus dem Treppenhaus herausgekommen, drang schon ein feiner Wassernebel auf uns ein. Ungleich dem amerikanischen Fall, unterhalb dem eine Holzbrücke gelegt ist, findet sich hier nur Steingeröll, anfangs noch drei Armbreiten breit, allmählig sich aber so verengend, daß knapp beide Füße Platz haben. Der Führer gieng voran, dann folgte Onkel u. dann ich. Wir bildeten eine Kette. Unter dem ersten und zweiten Fall waren

wir schon durch, wir waren vollkommen naß, u. der Führer wollte noch weiter. Da überkam mich, als wir uns umdrehen wollten, den Rücken gegen die Felswand gelegt, um die Wassermassen von oben herabstürzen zu sehen, ein solcher Schwindel u. solche

Angst, daß ich laut schrie, der Führer solle umkehren. Vor allem war es die Verantwortlichkeit in Bezug auf Onkels Nichtgefährdung. Ein noch so leichtes Ausgleiten auf diesem nassen Gestein mit den gummibeschuhten Füßen mußte den Fallenden augenblicklich zerschmettern lassen. Onkel amüsirte sich über meine Angst; nichtsdestoweniger veranlaßte ich den Führer vorbeizuklimmen, u. schrittweis giengen wir zurück. Ich war froh, wieder breiteren Boden unter den Füßen zu haben. In Schweiß gebadet kamen wir oben an. Zurück über die Hängebrücke, ein ebenso leicht wie kühn über den Strom geschwungenes Bauwerk, durch hübsche Laubwaldung mit zahlreichen Sumachsträuchern gelangten wir wieder in unser Hotel, stärkten uns, schrieben an Euch und fuhren Abends 8 Uhr — Onkel war am Nachmittag allein ausgegangen u. hatte Billette besorgt — nach **Montreal**. Nach unzähligem Vorzeigen u. Couchiren der Billette kamen wir in unseren Schlafwagen u. erhielten ein besonderes Cabinet — den **State-room**. Wir freuten uns dieser Isolirung, waren beide in billanter Stimmung u. Onkel gab dieser durch Vorsingen von „**Le Senateur**" und „**Le roi d'Yvetot**" Ausdruck. Es war 11 Uhr geworden, überall schliefen schon die Leute — ich hole mir einen Schwarzen, damit er die Betten machen soll. Er sei, meinte er, nicht dazu verpflichtet. Der Porter dieses Wagens sei betrunken und er brauchte nicht dessen Arbeit zu thun. Er bequemte sich aber doch dazu u. machte ein Bett auf. Aber ein zweites? Sei nicht vorhanden. In diesem sollten zwei schlafen. Ich machte deutschen Lärm — aber trotz allen Hin- und Herredens, trotzdem in Folge meines Lärmens alle Beamte des Zuges herbeikamen, erhielt ich kein Bett. Die Spitzbuben hatten es unter der Hand verkauft — dies sah man aus der großen Verlegenheit, die in ihren Mienen lag. Onkel hatte ich veranlaßt, sich hinzulegen. Ich ließ mir von ihm sagen, wie sich beklagen heißt: „**I complaint about this**" wiederholten wir beide in allen Tonarten — wenn kein Bett vorhanden ist, kann sogar ein Neger keines schaffen — ich legte mich auf die Erde und schlief auch, u. wie Onkel fand, so fest, daß er, um aus dem Raum hinauszugelangen, meine an der Thür befindlichen Beine gewaltsam entfernen mußte, ohne daß ich aufwachte. Ich hörte wohl aber am Morgen Klopfen u. Abfordern der Billete, entsprach dieser Aufforderung u. erfuhr, daß es **Clayton** sei, wo wir aussteigen mußten — das Dampfschiff wartete. Onkel, noch entkleidet im Bett, unser Handgepäck zerstreut im Raum! Aber wir brachten es doch fertig — freilich mit Verlust der Tasche, die mir Tante geschenkt hatte, unserer beiden Operngläser u. meiner Cigarren, die sich darin befanden. Wir ließen sie hängen u. werden sie wohl nicht wieder sehen. Es war etwa 6 Uhr, als wir an Bord kamen. Ein leichter Regen fiel, der aber nicht die Aussicht hinderte. Diese war in der That so eigenartig, wie man sie eben nur in Amerika treffen kann.

Donnerstag den 18ten August

Nie findet man hier ein ermüdendes Allerlei. Eben noch nimmt man einen eigenartigen Eindruck in sich auf, und schon wieder wird er durch einen anderen, vollkommen anders gearteten, ersetzt. Das Boot sollte uns nach **Clayton** führen. Wir trauten unseren Augen nicht, als wir eine oceanartige Fläche erblickten, die hundertfach von schön bewaldeten und ebenso schön, meist nur mit einer Villa bebauten Inseln unterbrochen wurde. Wir befanden uns in der Nähe vom **Ontariosee** und steuerten nun auf die beckenartige Erweiterung zu, die unmittelbar auf den Beginn des **Lorenzstromes**, Onkels Sehnsucht, stößt:

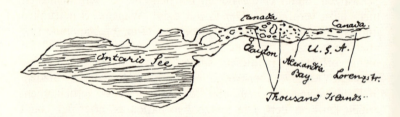

Dieser **Lake of the thousand Islands** mit der **Alexandria Bay** ist, wie vieles hier in Amerika, wieder erdrückend durch die großartige Massigkeit und landschaftliche Schönheit. Es sind im Ganzen 1692 Inseln, die hier zerstreut liegen, bald enge Buchten zwischen einander bildend, bald weit von einander getrennt liegend wie die Halligen in der Nordsee. Eine erquickende Ruhe lagert über allen. Wüßte man nicht, daß, wo Menschen sind, auch Qual in mannigfacher Gestalt herrscht, man müßte diese Inseln für paradiesische Zufluchtsstätten halten. Einige derselben besitzen riesengroße hölzerne Hotels und Sommerpensionen mit Balkons u. Gallerieen. Zierliche Boote vermitteln den Verkehr zwischen ihnen und dem Festlande. Von **Clayton** bis **Alexandria Bay** sahen wir wenig unbewohnte derartige Erdflecke. Wenn gerade nur soviel Platz vorhanden ist, daß ein Holzhaus stehen kann, wird man ein solches, meist in Schweizerstil mit Giebel und Gallerie, nicht vermissen. Nur die ganz kleinen sind unbewohnt. Die beiliegenden Bilder geben eine schwache Vorstellung von diesen Eilanden und ihrer Anordnung.

Etwa gegen 1/2 9 Uhr kamen wir in **Alexandria Bay** an u. hatten hier etwa 1 Stunde Aufenthalt, ehe der Steamer kam, der uns den **Lorenzstrom** herabführen sollte. Ich mußte über Onkel herzlich lachen, der mir eingestand, daß er, wenn er nicht befürchtete, ausgelacht zu werden, sich wegen ihrer besonderen Schönheit Schiffsruder kaufen würde, die dort in einem Laden standen. Ich erstand einen Eiweiß-Schaumschläger für Deine Küche und für mich einen Schraubenzieher. Hier lernten wir einen neuen Stand kennen — den Hotelreisenden. Ein sehr fein aussehender Herr schlängelte sich an uns heran u. überreichte uns einen Prospect des **Windsor Hotels** in **Montreal**. Es war dies dasjenige, das uns als das größte empfohlen war. Wir sagten zu, und waren auch sofort in seinem Notizbuch von Quartformat verzeichnet, und ein paar Minuten später wußte man schon in **Montreal**, daß zwei so berühmte Reisende dort erscheinen würden. Es dauerte gar nicht lange, so erschien ein zweiter mit der gleichen Anfrage, u. ich kann hier gleich sagen, daß dieser Mensch während der ganzen Reise uns nicht in Ruhe ließ. Er witterte in uns gute Bissen, und doch waren wir weder appetitlich noch fett. Endlich kam der Steamer, in der Art der **Hudsonboote** gebaut, aber wie man schon beim Hereintreten sehen konnte, zu diesen sich etwa wie eine nicht ganz saubere Dorfstube zu einem Königspalaste verhaltend. Auf demselben war schon eine zahlreiche Gesellschaft versammelt, die die besten Plätze besetzt hielt. Wir fanden auch noch zwei und fuhren nun wirklich an tausend und viel mehr Inseln vorbei in den **Lorenzstrom** hinein. Es war herrliches Wetter, und wir genossen die Scenerie in vollem Maße. Der erste Hotelreisende störte uns zwar indirect insofern er sich mitten unter die Gesellschaft stellte und scheinbar eine humoristische, monoton fortlaufende Erklärung der sichtbaren Inselwelt gab. Seine Zuhörerschaft lachte u. klatschte nach jedem größeren Abschnitte Beifall. Bald darauf präsentirte er aber den Klatschenden sein Notizbuch, dessen Seiten sich zusehends füllten. So geht man in

Amerika seinem Erwerbe nach. Dieser Mann macht nun Tag für Tag die gleiche Reise, hält immer unaufgefordert dieselbe Rede, und erhält für jedes gekaperte Hotelopfer seine Provision.

Unter den Passagieren fielen uns eine ganze Reihe von Männern auf, die je einen mächtigen Orden an der Brust hängen hatten. An einer Schnalle war ein blaues oder violettes breites Band befestigt, das wieder in einer Schnalle endigte, dann folgte ein Ring und darauf ein Kreuz von ca. 8—10 ctm Länge mit und ohne Emaille, bei einem sogar mit 12 Brillanten (wahrscheinlich gläsernen). Onkel erfuhr auf seine Fragen, daß dies die „**Foresters**" seien, anderweitige Auskunft ergab, daß diese närrischen Waldbrüder eine Art von Freimaurerorden bildeten. Wir theilten sie natürlich nunmehr je nach ihrer Größe, Dicke, Alter sofort in Forstgehülfen, Jäger, Oberjäger etc. ein. Alle waren sie — Obernarren. Das schönste Schauspiel blieb uns aber vorbehalten. Als das Schiff abends 1/2 Stunde vor **Montreal** war, zogen sich diese **Foresters** Bäcker, Schuster, Schneider Uniform an — einen breiten rothen Säbelgurt mit schönem Wehrgehänge, quer über die Schulter Patronentasche u. was der Lächerlichkeit die Spitze aufsetzte, einen Generalsfederhut mit hochrother, hahnenschweifähnlich hinten herabwallender Feder; bei einigen war neben der rothen noch eine violette und weiße Feder. Auf dem Schiff sangen sie gemeinsam öfter Lieder, indem sie sich gegenseitig die Hände reichten u. eine Kette bildeten.

Eine Dame saß am Klavier begleitend und chorführend. Wie viel Narren giebt es doch auf der Welt u. wie verschiedenartig zeigt sich dieser Besitz!

Schon in **Albany** erregte es unsere Lachmuskeln, als wir viele spreitzbeinig auf dem Trottoir herumlaufende ganz abscheulich gekleidete Männer sahen. Ich hielt sie für herrschaftliche Kutscher. Sie hatten einen blauen Frack mit gelben Aufschlägen u. gelbem Futter an. Ein Stück des Schoßes war umgeschlagen, so wie es Parforcereiter thun. Eine gelbe Weste und gekräuseltes Jabot sowie ein kleiner kecker Dreimaster vollendeten die Bekleidung der oberen Körperhälfte, während sie unten in gelblich-weißen Reithosen u. Reitstiefeln mit gelbem Schaft erglänzte. Hier erhielt Onkel die Antwort, daß er eine Abtheilung der „**Bongenets**" (es kann auch anders heißen) vor sich habe. Auch dies waren ehrsame Handwerker, die als Bürgermiliz den fehlenden Militärstaat repräsentiren, wahrscheinlich einem speculativen jüdischen

Kleiderhändler in die Hände gefallen waren, der solchen unmöglichen abgelegten Kram ihnen aufschwatzte. Nun lassen sich natürlich die Epigonen dieselbe Kleidung neu anfertigen.

Um die Charakteristiken für dieses Mal zu beenden, will ich nur noch die Beobachtung anführen, die ich öfter gemacht habe, daß nämlich die Amerikanerinnen eine merkwürdige Vorliebe für Citronen zu haben scheinen. Neben mir saß auf dem Boot eine hübsche junge Frau, die sich nicht damit begnügte, die Citrone auszusaugen, sondern wirklich bis auf die Kerne aufzuessen. Das Aussaugen der Citronen sahen wir auf der „Hammonia" schon von kleinen Mädchen üben.

Die Fahrt war herrlich. Je weiter wir den **Lorenzstrom** herunterkamen, um so größer wurden einige der Inseln. Auf kleineren sahen wir immer nur 1—2 Zelte. Hier gehen Amerikaner hin u. führen den Sommer über ein Indianerleben, indem sie hauptsächlich dem Fischfang obliegen. Welch mächtiger Strom! Selbst der **Hudson** kommt dagegen nicht an. Von einer solchen Strombreite kann man sich keine Vorstellung machen. Wir sahen eine Stelle, die nach der canadischen und schräg dazu nach der amerikanischen Seite den Eindruck des Wattenmeeres machte. Kaum angedeutet kann man hier als leichten Nebel Land erkennen. Hierbei mußt Du bedenken, daß wir noch 1 1/2 Tage von der Mündung entfernt sind. In solcher Höhe ist der **Hudson** schon schmal. Aber ich ziehe den **Hudson** wegen der imponirenden Schönheit seiner Ufer vor. Die Ufer des **St. Lorenz** sind meistens flach — so wenigstens schien es mit überall da zu sein, wo das Boot anlegte. Dafür wirkt er aber durch die gewaltigen Wassermassen, die er dem Meere zuführt, u. durch die Inseln, von denen einige 3—4mal so groß wie Helgoland sind. Bis **Brockville** ziehen sich die „**Thousand Islands**" hin. Die nachher kommenden zählen nicht zu dieser Gruppe. Trotz der Flachheit ist gerade hinter **Brockville** manche mit Villen besetzte Uferstelle schön, an die der **Lorenz** seine grünen Fluthen wirft. Nur an 3 oder 4 Stellen sahen wir im Strom lange, mit Schilf bewachsene Stellen. Bald unterhalb der **Alexanderbay** konnte man übrigens auf der amerikanischen Seite lange, bewaldete Berglehnen sehen.

Mit unserem Billet mitbezahlt war eine Mahlzeit an Bord des Schiffes. Sie war erbärmlich. Aber wie überall stärkten wir uns auch hier durch **Ale**, setzten uns am Hintertheil des Schiffes hin u. genossen nun plaudernd den Wechsel der Erscheinungen.

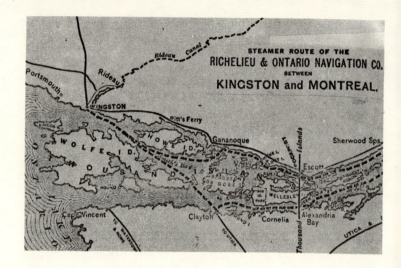

Manches Interessante kam noch. Vor allen Dingen die „**Rapids**", die berühmten **Lorenzstrudel**. Die folgende Zeichnung zeigt Dir, wo sie liegen und wie sie fließen.

Besser als ich es Dir beschreiben kann, findest Du ferner in dem folgenden die thatsächlichen Angaben, die sich auf diese für kleine Schiffe gewiß sehr gefährliche Strudel beziehen. Auch größere Schiffe, besonders so elende morsche, wenn auch große Holzkasten wie der, mit dem wir fahren, kann, wenn er gegen die Gesteinsmassen fährt, welche die Strudel anzeigen, leicht in Stücke gehen. Sobald das Schiffsvordertheil den Strudel berührt, legt sich das Schiff ganz auf die Seite, die Maschiene arbeitet weniger, das Wasser schäumt und kocht, — aber was ist das gegen Meereswogen! Immerhin schwankt und ächzt das Schiff während der ganzen Durchfahrt bedeutend. Die Stromgeschwindigkeit ist nach den **Rapids** so bedeutend, daß das Schiff ohne Schraubenbewegung jagt.

Vor **Montreal** passirten wir zwei Brücken, die über den **Lorenz** geschlagen sind, nicht bemerkenswerth durch die Kühnheit ihrer Bogen, sondern durch ihre enorme Höhe und Länge — die **Canadian Pacific** u. die **Victoria Bridge**, letztere dicht vor **Montreal**. Onkel wurde noch, kurz bevor wie landeten von einem Herrn angesprochen, der sich schließlich als Doctor entpuppte, viel sprach, uns immer näher und näher auf den Leib rückte, so

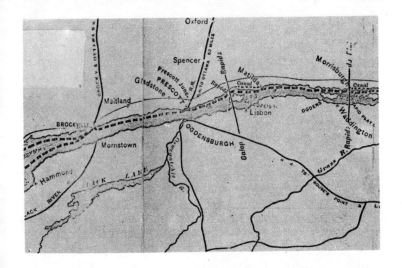

daß wir ihn trotz seines Abzeichens als „Waldbruder", das er aber in der Tasche trug, als **Pick-pocket** ansahen und unsere Taschen zuhielten. Mir drückte er als einem in Amerika durch die „**Untoward effects of drugs**" wohlbekannten Mann die Hand u. freute sich, mich in **Washington** zu sehen. Endlich um 1/2 9 Uhr landeten wir. Wir waren froh, von dem gefährlichen Seelenverkäufer herunter zu sein, der **Commis d'hotel** placirte uns in einem Hotelwagen, mit uns u. in vielen anderen Wagen die heutigen „Gekaperten" und „**-nous voila à l'hotel de Windsor**". Es war nicht angenehm, daß ich mit Migräne in das Hotel gelangte. Dies ist ein mächtiger Bau, mit Säulenhalle, sehr breiten Corridoren, Foyer, einer Flucht von **Ladies room**, überladen mit Sandstein und Stuck. Man sieht das Bestreben, das **Fifth avenue Hotel** nachzuahmen, auch in der Art der Bedienung etc., aber das Vorbild ist nicht von fern erreicht. Wir hatten ein Zimmer im Parterregeschoß mit zwei für je eine Familie berechneten Betten. Trotzdem schlief ich nicht gut, weil ich nicht wohl war. Ich träumte viel von Dir.

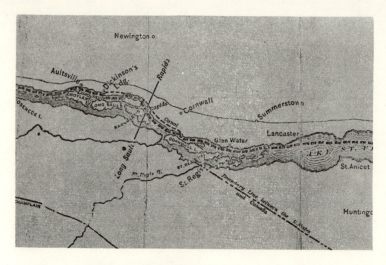

Freitag d. 19 August

Ich wachte früh u. wohl auf u. fragte zuerst nach Briefen — wieder nichts! Ich kann mir nur denken, daß Du selten geschrieben hast u. die Briefe schlecht expedirtest. — Wir machten uns zur Besichtigung der Sehenswürdigkeiten auf den Weg. Ich füge eine Ansicht der **Victoria Bridge** bei, obwohl dieselbe in keiner Weise eine richtige Vorstellung von dem gewaltigen Bau giebt.

Victoria Bridge, which crosses the river from the southern shore, is a massive and costly structure. One of the best views of it is that to be had in coming down the river, the boat under the central span. It is tubular in shape. built of iron, and rest of twenty-four piers of solid masonry, the central span being 330 feet long, and the remaining ones 242 feet. It cost $ 6,300,000, is the property of the Grand Trunk Railway Company, and is used exclusively for railway purposes.

Besser vermagst Du die räumliche Ausdehnung unseres Hotels in den folgenden Bildchen zu ermessen:

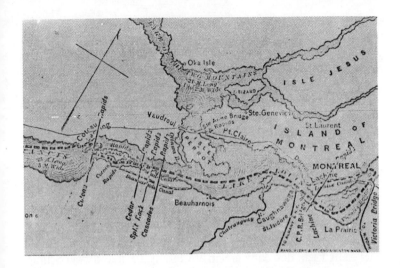

Einige thatsächliche Angaben über die Stadt erfährst Du durch den kleinen Ausschnitt und die größere Beschreibung.

City of Montreal is the largest and most popolous city in British North America. It was founded by M. de Maisonneuve in 1642, on the site of an Indian village named Hochelaga, and dedicated to the Virgin Mary as its patroness and its protectress, and for a long time bore the name Ville Marie. It is laid in the form of a parallelogram, and contains some 300 streets, with a population of over 190,000. The traveler, in approching the city from the river, buildings which front the majestic river, resembling in their solid masonry and elegance the buildings of European cities. It would be useless to undertake an enumeration of all the places of interest in and about Montreal, for we believe that there are but few places on the American continent where can be found so much of interest to the traveller, Whether in pursuit of health or pleasure, as in this city.

Wir hatten von dem Vorhandensein eines **Colleg** gehört — **Mc Gill Colleg** — und dahin beschlossen wir, unsere ersten Schritte zu lenken. Nach vielen Fragen standen wir vor einem großen, prachtvoll mit Bäumen bestandenen Park, giengen aufs Geradewohl hinein, fanden vor einem Gebäude den Custoden. Dieser führte uns herum, zeigte uns ein schlecht eingerichtetes chemisches Laboratorium, einfache, aber zweckmäßige Hörräume, eine niedliche Bibliothek, deren Bestand nicht besonders groß ist. sprach sehr viel, wovon ich natürlich nichts verstand, u. entließ uns, indem er uns an ein benachbartes Gebäude, als dem **Medical Colleg**, wies. Hier trafen wir den Hauswart, einen reducirt aussehenden, viel sprechenden, aber freundlichen Hauswart, der in der Hand eine große Zahl von Kunstschlüsseln hielt. Er begann sofort die Demonstration. Zuerst das anatomische Cabinet: zwei nur mit wenigen Schränken ausstaffirte Zimmer. In diesen Schränken ein paar Knochen, einige Spirituspräparate, eine Gliederpuppe, frei stehend ein paar Modelle vom menschlichen Gehirn, die mir nicht übel zu sein schienen, und in Glaskästen durch Glycerin, wie mir schien, conservirte Gehirne verschiedener Thiere. Dann folgte auf meinen Wunsch das pharmakologische Laboratorium — ein mit einem Fenster erleuchtetes, hohes Zimmer mit mehreren Bänken und dreibeinigen Schemeln, vielleicht 12 an der Zahl, einem Vorlesungstisch und zwei Schränken für die „Sammlung". Das ist das elendste, was man sich in dieser Beziehung vorstellen kann. Die wenigen Präparate, die dort standen, sahen verschmutzt aus. Den größten Luxus bildeten einige gefüllte, grüne Flaschen von **Parke, Davis et Co**. Im Hintergrunde entdeckte ich in ganz kleinen Phiolen einige traurige Reste von einigen Alkaloiden. In demselben Schrank standen ungefähr 10 Medicinflaschen, mit allerlei Mixturen gefüllt. Unser Cicerone erläuterte dieselben als aus dem vergangenen Semester herstammend — Studenten hätten sie zur Uebung dargestellt. Von Apparaten, einer Arbeitsstätte für den Professor etc. war nichts vorhanden. Verhältnismäßig noch schlechter ausgestattet ist das physiologische Laboratorium. Diese Disciplin kann man nur lesen und sie verständlich machen, wenn man wenigstens die fundamentalsten Sachen zeigt. In den Instrumentenschränken sah ich hier aber nur ein Kymographion und einige kleinere Spielereien. Ein großer Raum für Arbeitsplätze ist vorhanden. Relativ groß u. ebenso eingerichtet ist das chemische Laboratorium mit sehr vielen Arbeitsplätzen. Mir machten einige nothwendige Requisiten, z. B. der Verbrennungsofen, den Eindruck, als seien sie sehr lange nicht in Gebrauch gewesen. Auch ein Raum für Histologie mit zahlreichen guten Mikroskopen u. eine Anatomie findet sich in diesem Hause — letztere, obgleich etwas primitiv, ist doch dazu angethan, ihren Zweck zu erfüllen, zumal Sectionsmaterial im Überflusse vorhanden sein soll. Auch die Kellerräume, Bibliothek etc. sahen wir uns an. Zuletzt erhielten wir den letztjährigen Bericht des **Colleg**, der in der That hinsichtlich des Examens, dem sich die Eintretenden unterwerfen müssen, der elementaren Dinge, die dort verlangt werden, den Fragen, die bei den einzelnen jährlichen Prüfungen gestellt werden, ein eigenthümliches Licht auf die Bildung amerikanischer Ärzte zu werfen geeignet ist. Amüsirt hat es mich, daß in dem Bericht der Pharmakologen die Wichtigkeit der Kenntniß der „**untoward effects of drugs**" betont wird.

Dies soll noch ein vorzügliches **Colleg** sein, wie erst die weniger berühmten!

Von hier fuhren wir zu Herrn **B.**, der verreist war — sein Schwager machte viel Worte von wenig Inhalt u. wie mir schien, dazu berechnet, seinen Schwager als einen geschäftlichen Heros darzustellen. Wir verließen ihn sehr bald und nahmen uns für eine Rundtour einen Wagen, versahen uns zuerst mit einigen französischen Romanen, da man deutsche in ganz **Canada** nicht auftreiben kann, besichtigten dann „**Notre Dame de Lourdes**", eine dreischiffige, innen mit viel Gold ausgeschmückte, aber auch sehr schönes Schnitzwerk besitzende Kirche, dann die Jesukirche mit mehreren großen Heiligenbildern — es wurde gerade Orgel gespielt — stärkten uns darauf in einer Taverne mit **Ale**, fuhren bei den Prachtbauten der Stadt vorbei zum **Mount royal Park**. Dreiviertelwegs dahin sahen wir ein großes Gebäude, das uns als französisches Krankenhaus bezeichnet wurde. Ich wollte mir dasselbe genau ansehen. Eine fromme Schwester, der ich meinen Wunsch französisch radebrechte, empfing uns, nahm meine Karte u. nach einiger Zeit kam ein junger Arzt, der schnell sprach u. mit dem ich natürlich zweiradebrechte. Die Krankensäle sind nach Nationalitäten — Engländer, Franzosen, Irländer — und nach Geschlechtern getrennt. Sie sind noch altmodisch, aber durchaus sauber. Jedes Bett ist durch geblümte Cattunvorhänge von allen Seiten verschließbar und besitzt oberhalb eine ebenso bezogene himmelbettartige Decke. Der Kranke liegt auf einem guten Federboden. Der Fußboden ist schneeweiß. Es schienen mit hauptsächlich an chronischen Gebrechen Leidende dort zu liegen. Infectionskrankheiten haben sie nicht in diesem Hospital. Die Kranken haben in allen Sälen genug Gelegenheit für ihre Erbauung. Bei vielen sah ich große Kreuze u. Rosenkränze. Die Apotheke versehen die Schwestern. Dieselbe sieht musterhaft aus, die Gefäße blitzsauber, ebenso die Gerätschaften. In einem Saale sah ich die Schwestern die Medicamente verabfolgen — eine Methode, die ich sehr zweckmäßig finde. Die Kranken, die gehen können, kommen an einen Tisch, auf dem die betreffenden Flaschen stehen — die Schwester füllt ein, die Kranken nehmen die Dose und gehen fort. Im Operationssaal, der hell, sauber u. gut mit Instrumenten versehen ist, bemerkte ich amphitheatralisch aufgebaute Sitzplätze u. erfuhr, daß dieses Krankenhaus ebenfalls ein **Colleg** nebenbei darstelle u. neben dem von uns besichtigten und noch zwei anderen selbständige Körperschaften darstelle mit der Berechtigung, Ärzte practisch auszubilden! Solcher Anstalten giebt es in **Canada** sehr viele! Nach Franzosenart war mein Führer — es gesellte sich später noch ein anderer hinzu — außerordentlich freundlich und hatte viele Fragen, die ich ihm wegen meiner mangelhaften Sprachkenntnisse nur mehr wie fragmentär beantworten konnte. Wie schade ist es, daß man auf der Schule Sprachen so vernachlässigt! Erst wenn man im fremden Lande reist, sieht man ein, wie hülflos man ist, selbst wenn man nothdürftig seine Wünsche durch allerhand Sprachbrocken kund geben kann. Ich habe mir vorgenommen, diese Lücken jetzt bei mir auszufüllen.

Nach diesem Besuche fuhren wir durch einen herrlichen Park, in dessen einem Theile sämtliche Kirchhöfe — auch der jüdische — von **Montreal** liegen, immer höher u. höher hinauf auf den **Mount royal**, zu einem sehr schönen Aussichtspunkt, der gestattet, die ganze Stadt, herrlich von der Sonne bestrahlt, zu unseren Füßen und soweit der Blick reicht, eine schöne vom **Lorenz** durchstömte Ebene zu erblicken. Man genießt selten einen solchen Blick aus der Vogelperspective — dazu eine wohlthuende Ruhe, während dort unten wie in der ganzen übrigen Welt der Kampf der Gotteskinder unter und gegeneinander wüthet! Alte oder neue Welt — menschliches Begehren, Wollen ist überall das Gleiche!

Im Hotel trafen wir wieder den Schwager von Herrn **B.**, den wir zum Frühstück einluden. Am Nachmittag schrieben wir, aßen zu Mittag — mittlerweile war es aber so spät geworden, daß wir etwas von unserem Mahl im Stich lassen mußten u. eiligst der **Canadian Pacific** zueilten. Die Debitoren von **R.D.W.** empfingen uns. Wir installirten uns, und lautlos, ohne die Abfahrt durch Klingeln anzuzeigen, setzte sich der Zug in Bewegung, der uns für 6 Tage und 7 Nächte beherbergen sollte.

Meine süße Cläre! Trotz der Aufregung, in der ich mich in Bezug auf die Sehenswürdigkeiten, denen wir entgegengiengen, befand, mußte ich doch immer an Euch denken, und daß es nun fast Mitte September werden wird, ehe ich von Euch ein Wort der Liebe zu hören bekomme. Ich will so sprechen, wie Onkel öfters einen Satz beginnt: „Sollte ich wieder diese Reise machen", so werde ich bei meiner Abreise Dich anders instruiren.

Jetzt half nun kein Raisonnement. Section Nr. 8, mitten im Wagen gelegen, nahm uns auf. Es ist auf obiger Zeichnung linkerseits der am besten gezeichnete Platz. Einer der zweisitzigen Canapees gehört mir, der andere Onkel. Dazwischen haben wir das Fenster. Unterhalb dessen kann leicht ein Tisch befestigt werden. Jetzt liegen unsere Bücher darauf. Schreiben kann man wegen der meist jähen Geschwindigkeit nur frei, die feste Unterlage auf dem linken Unterarm ruhen lassend. Als Bettstätte für Onkel dienen beide untere, durch eine Mittelpolsterung zu verbindenden Canapees, mein Bett wird durch Federdruck aus der schräg ansteigenden Täfelung herabgelassen. Das ist ein wirklicher **Pull-**

manns Car, der nach übereinstimmender Angabe der Beamten 20—25 000 Doll = ca. 100 000 Mark kostet. Waschvorrichtungen etc. sind meisterhaft und so praktisch wie denkbar eingerichtet. Rauchzimmer, **Ladies-Room**, reiche Spiegelzahl vervollständigen die Einrichtung. Es sind, um dem Staub den Eingang zu wehren, doppelte Fenster und zur Abblendung der Sonne gepreßteLedervorhänge angebracht. Jeder mögliche und ausführbare Wunsch der Reisenden ist geahnt und im Voraus durch stabile Einrichtungen erfüllt worden.

Wir bekamen bald Durst — wir hatten zu Tisch nur geeistes Wasser getrunken, das uns unangenehm im Magen lag — aber ein **Dining Room** wird immer nur des Morgens um 8 Uhr angehängt, läuft mit dem Zuge 12 Stunden und wird durch einen anderen, auf den betreffenden Stationen bereitstehenden ersetzt. Unser Porter, der sehr jüdisch aussieht, aber ein Neger mit sehr heller, wahrscheinlich schon aus mehrfacher Rassenmischung resultirender Hautfarbe ist, der sogar etwas deutsch radebrechte, winkte mir freundlich in den **State-Room** und offerirte mir **Gin**. Schnell holte ich Onkel — wir wurden beide durch dieses Getränk belebt, ließen uns noch einen kleinen Vorrath geben und giengen zu Bett.

Sonnabend den 20 August

Ich schlief die Nacht mit vielen Unterbrechungen, besonders auch deswegen, weil ich trotz dicker wollener Decke, u. selbst nachdem ich mir mit dem Morgengrauen mein Unterzeug angezogen hatte, stark fror. Onkel schlief so fest, daß ich ihn um 1/2 8 Uhr wecken mußte. Früher als ich war schon ein Pater aufgestanden, der nebst mehreren anderen im Zuge war. Ein wirkliches Theaterpfaffengesicht, etwas behäbig, aber mit Augen, deren Blicke durchbohrend auf diejenigen wirken müssen, die sich in der Machtbreite derselben finden. Er hatte eine lange anschließende, violettroth paspoilirte und mit ebenso gefärbten Knöpfen versehene lange Soutane, violettrothe Strümpfe u. Halbschuhe an. Auf der Brust erglänzte an mehrfacher goldener Kette ein großes, goldenes Kreuz, den Kopf bedeckte ein Seidenfilzhut mit umschlungener meergrüner u. orangefarbener Schnur und ebensolcher Troddel. Er stieg bald aus.

Aber was bot sich draußen dem Auge dar! Schon seit Stunden fahren wir durch Wälder. Wohin das Auge schweift, nichts als herrliche Laubwälder — keine düsteren, trüben Föhren, sondern hell in der Sonne erglänzende Birken und zwischen ihnen urwaldliches Laubdickicht. Und doch kann man traurig gestimmt werden, weil überall in der Nähe der Bahn sowie ferner, soweit der Blick zu unterscheiden vermag, angebrannte, halb und ganz verkohlte Stämme zu tausenden und Millionen im Boden stehen oder wirr wie Kraut am Boden liegen. Die mannigfachsten Zerstörungen zeigen sie. Hier heben hunderte, rindenbefreit ihre kahlen Äste und Zweige trauernd gen Himmel, dort ist bei ebenso vielen bis zur Mannshöhe alles bis zum Kien verkohlt, weiter sieht man nur unregelmäßig ausgezackte, traurige Kohlereste von einstiger Baumpracht. Wo man hier und da bestelltes Feld erblickt, da schauen noch hunderte und tausende solcher Stümpfe heraus. Man glaubt anfangs, man habe einen Kirchhof vor sich. Dabei muß man bedenken, daß die so niedergebrannten Bäume relativ jung sind. Jene alten Riesen, die in diesen meilenweiten Regionen einst gestanden, sie sind längst als canadisches Bauholz auf allen möglichen Wegen in die Welt gegangen. Millionen von Stämmen hat die **Canadian Pacific Railway** — oder wie die Leute hier sagen, die **Cipiar** — für den Bahnkörper, die Telegraphenstangen sowie für die zahllosen Stationsgebäude verbraucht. Sie hatte es im Anfange bequem, diese Bahn, die an Großartigkeit einzig dasteht, herzustellen. Sie erhielt 25 Millionen **Acres** Land von der Regierung, abgesehen von Subventionen, geschenkt. Das ist soviel Erde, daß Preußen wahrscheinlich zwei Mal darauf placirt werden kann. Die herrlichsten Waldungen waren und sind z. Th. noch auf diesem Gebiete. Von rechts und links wurden Bäume zu Bahnschwellen geschlagen. Diese Schwellen haben nur zwei parallele Flächen, alles übrige ist roh geblieben. Auf dem planirten Boden sind sie ziemlich nahe aneinander gelegt, darauf liegt die Schiene in einer ganz leichten Vertiefung, während sie durch flach in ihre Rinde greifende, in die Holzschwellen tief eingeschlagene Hakennägel festgehalten wird. Meilenlange Waldungen müssen verbraucht sein, um dieses, zwei Meere verbindende, Bauwerk herzustellen.

Da wo der Farmer die reinigende Hand an die Wildniß legte, konnte er natürlich nicht jeden Stamm umhauen. Viel wurde ausgebrannt, u. dabei griff gewiß oft genug der Brand weit über in die Forsten und vernichtete alles, bis ihm Einhalt gethan wurde. Wie oft aber mögen Bahnarbeiter, um eine Mahlzeit zuzurichten, einen und viele Bäume angezündet haben! Obschon ohne Beihülfe der Menschen auf diesem fruchtbaren Lande ihnen alles wieder zuwächst, und aus dem aschegedüngten Boden sich neue Wälder erheben, so werden auch diese, sobald ihr Erreichen nicht zu viel Mühe macht, nicht geschont. Manchen kahlen Höhenzug sahen wir heute im Laufe des Tages, der, heute von der Sonne ausgedörrt, vor gar nicht so langer Zeit noch Schatten spendete, und manche wasserarme Ebene, die diesen Verlust der Baumvernichtung zuzuschreiben haben.

Immerhin sahen wir schon nur auf der von uns befahrenen Route die größten und herrlichsten Laubwaldungen, die es vielleicht auf der Welt giebt. Wie muß es nun gar erst früher hier ausgesehen haben, als die Menschen noch nicht mit Feuer wütheten?

An manchen Farmen kamen wir vorbei, resp. hielten wir. Ein, zwei oder drei Gebäude, ein Teich, aus dem ebenfalls noch verbrannte Steine herausgucken u. auf dem sich Enten tummeln, und eine Schenke, das sind die Baulichkeiten, die aber in diesem Zustande schon ordentliche Wohlhabenheit voraussetzen; besonders wenn, wie bei den ersten, die wir sahen, Garbe an Garbe die Felder bedeckt. Warum nur diese Leute ihre Felder von den Baumresten nicht reinigen? Freilich zum Verbrennen haben sie vorläufig noch genug anderes. Das Holz hat hier keinen Werth. Werden doch hier die Locomotiven bis fast zu 3/4 der ganzen sechstägigen Fahrt mit gutem Nutzholz geheizt!

In schöner Unterbrechung liegt ein See nach dem anderen in diesen waldigen Berggegenden, meist eingerahmt von herrlichem Laubwald, den vielleicht nur des Indianers Fuß beschritten hat. Die Größe dieser Seen ist enorm. Solche wie der Starnberger finden sich gewiß zehntweise. Dann wieder erscheinen stille Weiher, und im Fluge daran vorbei befinden wir uns wieder im rauschenden Birkenwald. Soweit die Bahn das Territorium berührt und weiter hinaus ist auch hier die Erde wie in der alten Welt vertheilt — auch hier erscheinen Zäune und andere Einfriedungen als Zeichen der Besitzer.

Auch kleine Niederlassungen haben ihre Kirchen und natürlich auch ihre Prediger, die sie versorgen. In **Mattawa**, wo ich Dir wieder ein paar Blätter pflückte, stiegen drei Langröcke ab. Das ist aber schon heutigen Begriffen nach ein großer Platz. In **Rockliffe**, das vielleicht nur 8 Häuser besitzt, ragt aber auch eine Holzkirche über die Wohnstätten der Menschen empor.

Um 11 Uhr waren wir in **North Bay**. Trotz Sonnenscheins war die Temperatur herbstlich. In dem herrlichen Wald, der diesem Zweigpunkt der Bahn folgt, erblickten wir schon herbstlich gefärbtes Laub — gelb und schön braunroth gefärbte Blätter zwischen hellgrünen. Bald erschien der **Lake Nipissing** mit großen baumbestandenen Inseln — aber ohne sichtbare Zeichen, daß Menschen auf ihm ihren Vergnügen oder Erwerbe nachgehen. Soweit wir auch an ihm entlang fuhren — kein **Canoe**, keinen Menschen sahen wir. Und so gieng es im rasenden Jagen weiter und weiter — immer dasselbe Bild: Wald und Wald, Erdhütten, Blockhäuser, verlassen — vielleicht nur für ein paar Tage erbaut! Sie sind alle gleichmäßig errichtet. Der Boden ist nothdürftig geebnet. Stamm wird auf Stamm gelegt. An den Ecken bietet ein runder Ausschnitt jedem oberen Balken den festen Stützpunkt. Halbmannshoch ist ein solches Bauwerk — weniger hoch ist der Eingang. Für längeren Aufenthalt berechnete sind zwischen den einzelnen Stämmen mit Lehm verschmiert. Diese letzteren haben auch einen

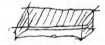

gewissen Schutz gegen den von oben eindringenden Regen. Die zur Bedeckung dienenden Baumstämme sind halbirt und rinnenartig ausgehauen. So liegen sie einer neben dem anderen, und damit das Wasser nicht an der Berührungsstelle zweier Balken eindringt, ist über jeden solchen ein ebenso ausgehölter Balken gestülpt worden.

Also etwa so:

Armseliges, schweres Dasein, das diese Hüttenbewohner — meist auf der betreffenden Bahnstrecke beschäftigte Arbeiter — haben! Wofür? Für Essen u. Kleidung. Diese verzehren wirklich ihr Brod im Schweiße ihres Angesichts — fern von Allem, was sonst den Menschen, auch den ärmsten, erfrischt und vergnügt. Waldeinsamkeit jahraus jahrein, wieder und wieder vorüberfahrende Bahnzüge — das ist alles, was diese Menschen zu sehen bekommen. Vielleicht sind auch sie zufrieden!

Wir sind in gebirgiges Terrain gekomen. Die Dunkelheit ist hereingebrochen — wir gehen früh zu Bett, da das anhaltende Sehen ermüdet.

Sonntag d. 21 August

Ich stand um 7 Uhr auf, und fand Onkel schon angekleidet. Es ist erstaunlich, welche Kraft ihm innewohnt; ich habe ihm heute gesagt, daß er so gut bewundert werden könne wie das, was die Natur hier an Großartigem darbietet. Welche körperliche und geistige Frische! Er genießt ruhiger wie ich — phlegmatisch, und ich sanguinisch. Die Eindrücke auf uns beide sind aber gleich mächtig, und wahrlich geeignet, sämtliche Sinne gefangen zu nehmen. Nichts ist zu erblicken, was Menschenspuren verrathen könnte. Eine wildige, felsige Gegend durcheilen wir, in der durch Dynamit von den Gesteinsmassen ein Durchgang erzwungen ist. Hinter **Perinsula**, wo wir um 7 Uhr 15 M. waren, und von dort weiter bietet sich immer wieder das gleiche Bild. Schroffe Felswände, kühne Überbrückungen von Schluchten! Dazu erscheint sonst immer zu unserer Linken, nur zeitweise durch Felsen verdeckt, der größte amerikanische See, der **Lake Superior** von einer Ausdehnung, für die ich keinen adäquaten Vergleich finde. Ich bin überzeugt, daß der Genfer- u. Bodensee und mancher Schweizer See dazu in diesem bequem Quadrille tanzen können. Mächtige Inseln unterbrechen seine Wasserfläche — alle belaubtstille Zufluchtsorte für die große Thierwelt, die bis vor kurzem noch in den canadischen Wäldern ziemlich sicher lebte, heute von waidlustigen Engländern, die man vielfach in kühnen Sportanzügen auf den Stationen seiht, unerbittlich bei Tag u. Nacht, wahrscheinlich bis zur Vernichtung verfolgt wird.

Man weiß nicht, welchem Eindruck man den Vorzug geben soll — ob jener himbeerbewachsenen Anhöhe, von der ich schnell, so lange der Zug bei **Gravel River** hält, eine Handvoll Früchte pflücke, oder jenen hinter **Mazokama** besonders gewaltigen zerrissenen Granitmassen, in dessen Spalten hohe Bäume wurzeln, oder dem Menschenwerke des Bahnbaues, oder jenem großen blauen See den Vorzug geben soll. Kaleidoskopisch wechseln die Bilder. In stummem Staunen stehe ich auf der Plattform unseres Wagens. Andacht erfüllt mich vor Gottes Schöpfung!

Auf der Station **Nepigon** sah ich die ersten Indianer, die verkommen aussahen und zerlumpt gekleidet waren. Beinahe hätte ich hier zurückbleiben müssen. Ich mußte wohl 50 Schritt nachlaufen, um auf den ziemlich hohen Tritt der Plattform zu gelangen.

Immer noch jagen wir durch Felsenthore hindurch, die für diese Bahn geschlagen sind. Manches Felsstück liegt locker überhängend, zum Absturz drohend rechts und links über uns. Wehe uns, wenn ein solches wankt! Zum Befestigen haben die Werkleute bei der unglaublichen Ausdehnung dieses Werkes keine Zeit gehabt. Block thürmt sich auf Block, gigantisch durch ihre Eigenschwere sich haltend. Man hat aber zum Fürchten kaum Zeit; denn eben erblickt man noch aus dem alten Gefüge gerissenen Granit u. schon ist eine glatte Felswand da, thurmhoch ansteigend, scheinbar glatt wie die Handfläche. Die stampfende Maschiene, die nachrollenden Wagen wecken ein solches Echo zwischen diesen merkwürdige Farbennüancirungen zeigenden Gesteinsmassen. So sah ich etwa 1/4 Stunde hinter **Nepigon** Granitfelsen, die so eigenthümlich gefärbt waren, daß man hätte glauben können, sie seien von der Abendsonne beschienen.

Schöne Waldportionen wechselten nunmehr im Laufe des Tages mit ausgebrannten, traurig verkohlten Gegenden und Felsen ab. Knurrend und ächzend dulden die leichten Holzbrücken, die über Schlünde hinweggeleiten, die schwere Last — ein unheimliches Gefühl überkommt mich, wenn ich in diese Tiefen hinabsehe. Selten ist auf dem Grunde derselben ein Mauerwerk, das einen festen Stützpunkt für das mehrstöckige Balkenwerk abgiebt. Gewöhnlich stehen die Holzpfeiler direct auf dem Grunde

auf — eigenthümlich angeordnet, um die Last zu vertheilen. Am Nachmittag um 1/4 4 Uhr sind wir in **Port Arthur**, einem großen Platz — Stadt kann man nicht sagen. Wir sind hungrig. Der **Dining Car**, der heute morgen eingestellt ist — sie wechseln ja alle Tage, hatte uns für einen Dollar ein so miserables, ungenießbares Essen geliefert, daß wir beschlossen, lieber zu hungern als diesem Manager noch das Geld für das Mittagbrod zukommen zu lassen. Einige Biscuitreste helfen uns, das schlimmste Hungergefühl zu unterdrücken.

In der nächsten Station, dem **Fort William**, einem früheren, gegen die Indianer befestigten Platze mit einem hohen, granitenen Fort in Gestalt einer Felskuppel, um die sich ein Plateau herumschlingt:

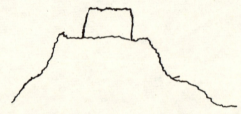

war ein langer Aufenthalt wegen einer Reparatur an einem Rade. Die Gelegenheit benutzte ich, um mir durch einen kleinen Jungen vom Bäcker Biscuits — eigenthümlich mit Mus gearbeitete dünne, trockene Mehlmassen und zwei Flaschen Bier holen zu lassen. Das verzehrten wir als Mittagbrod.

Noch immer sahen wir zwischen **Port Arthur** u. **Fort William** den **Lake Superior**. Von letzterem Orte an entschwand er unseren Augen. Die Scenerie wurde nun etwas anders, weniger wild, flacher, cultivierter. Wir sahen größere Grasflächen — freilich nicht lange, dann kamen wieder Felsen, u. Wälder mit dem üblichen Aussehen. Um 3/4 8 Uhr sah ich einen Indianerstamm in Zelten auf einer Ebene. Sie hatten Feuer entzündet, und wir waren dicht genug, um **2 Canoes** mit jener eigenthümlichen Zuspitzung nach vorn erkennen zu können:

Um 9 Uhr gieng ich durch den Wagen auf die Plattform. Es war ein eigenthümliches Bild, das sich mir darbot. Am Horizont erschienen tiefrothe breite Streifen, in einem dämmrigen Tiefblau. Davon heben sich die Bäume als schwarze Schatten ab, während im Vordergrunde ein weiter See seine silbergraue Oberfläche in harmonischer Farbabtönung dem Gesamtbilde einverbleibte. Die unabsehbare Ebene rings umher ist in Nacht gehüllt. Schweigen herrscht überall — selbst die nimmermüden Cicaden ruhen. Ein scharfer kühler Wind zieht über die **Prairie**. Ich suche mein Lager auf, indem ich an Dich, meine geliebten Kinder und meine fernen Eltern denke.

Montag den 22 August 1887

Eine frühe Morgenstunde sah mich bereits fertig angekleidet. Ich hatte in der Nacht sehr gefroren, trotz meiner zweiten Decke, die mir der aufmerksame Porter besorgt hatte. Wir waren etwa zwei Stunden vor **Winnipeg**, dem Hauptort von **Manitoba**. Dieses **Manitoba** ist ein besonders empfohlenes und besonders in **Canada** benutztes Ansiedlungsgebiet. Soweit der Blick reicht, sieht man hier weite, weite **Prairien** mit schönem Graswuchs, duftenden Kräutern, schönen Blumen. Die Farmen mehren sich; man sieht Vieh weiden, sieht große Heumieten neben den Häusern, die freilich, soweit ich beurtheilen konnte, noch sehr primitiv erbaut sind, sieht Garben auf den Feldern und hübsche Pferde sich auf dem Graslande gütlich thun. In **Birds Hill** standen zwei Indianer in alter europäischer Kleidung, die ihnen nicht paßte, gehüllt auf dem Bahnhofe. Ich hatte mit ihnen Mitleid und schenkte dem einen ein paar **Cents**, ebenso Onkel. Das eigenthümliche braune Colorit, die straffen schwarzen Haare und die hervorstehenden Backenknochen sind die Kriterien, woran man sie sofort erkennt.

Die schöne Gegend legte Onkel den Plan nahe, John hierher zu schicken und Landwirtschaft zu treiben. Wir spannen in Wechselrede diesen Plan aus und kamen schließlich dahin einzusehen, daß dies zugleich den einzigen äußerlichen Anlaß geben könne, **Canada** wiederzusehen, für den Fall nämlich, daß sich John hier verheirathe und wir zur Hochzeit reisten. Ich halte die Idee, diesen Jungen mit seinen Bärenknochen hierherzusenden, für wirklich nicht schlecht. Die Faulheit würde er hier verliren und ein selbständiger Mensch werden, während er in Europa doch immer ein Muttersöhnchen bleibt und nie ein ordentlicher Kaufmann werden wird. —

Um 1/2 10 Uhr liefen wir in **Winnipeg** ein. Hier sollten 40 Minuten Aufenthalt sein. Ich hatte mir vorgenommen, meiner geliebten Frau ein paar Gegenstände, die in dieser Stadt zu haben sein sollten, zu besorgen. In einem Wagen eilten wir zu dem bezeichneten Geschäft, fanden aber leider nicht das Gewünschte. Immerhin hatten wir so die Gelegenheit, diese Stadt zu sehen, die auf dieser Route bis zum Stillen Ocean die größte, ja unseren Begriffen nach sogar die einzige ist. Die Straßen, durch welche wir fuhren — es sind die Hauptstraßen — machen einen merkwürdigen Eindruck. Die meisten Häuser bestehen aus Holz und sind fast durchweg vierstöckig. Mehr als sie selbst fallen die riesigen Firmenschilder und die überall angebrachten Reclameplacate — natürlich fehlen auch hier nicht **Tutts Liver pils** — in die Augen. Die Straßen sind mächtig breit u. lebhafter Verkehr herrscht auf ihnen. Fast jedes dritte Haus enthält ein „**Land office**". Viele, viele Menschen, man könnte sagen der größere Theil dieser Stadtbevölkerung giebt sich mit dem An- u. Verkauf von Lots ab, nicht nur solchen in unmittelbarer Nähe der Stadt, sondern weit nach **Manitoba** hinein. Auf dem Bahnhof sah ich einen Menschen nur mit rother Blouse und Beinkleid bekleidet, der mitten an der Brust die Leuchtbuchstaben S.A., das ist „**Salvatory Army**", gestickt trug. Auch er diente als Reclame. In Eile nahmen wir nun unser Frühstück ein, besorgten uns **Brandy**vorrath für die Reise, ich riskirte es, von hier einen fertigen, langen Brief an Dich zu senden, den Du hoffentlich bekommen hast, hatte noch Gelegenheit, eine eigenthümliche Haartracht bei Frauen und Männern zu bewundern, die darin besteht, daß hinten die Haare nach Männerart bis zum Scheitel gespalten, vorn aber ponyartig oder auch gescheitelt angeordnet sind, und fort gieng es in die eigentliche **Prairie**. Meilen und meilenweit ist diese in der schönsten Cultur. Mir scheinen auch die gewöhnlichen Leute sich einer gewissen Wohlhabenheit zu erfreuen. Sie verdienen hier alle unverhältnißmäßig viel mehr als in entsprechender Thätigkeit in Europa, aber es ist auch alles hier viel viel theurer als z. B. bei uns in Deutschland. Ich habe schon einsehen gelernt, daß wir in einem wahren gelobten Lande leben.

Welche Genüsse können wir uns nicht für weniger verschaffen! Nachdem was ich bisher gesehen habe, spüre ich keine Lust, hier zu leben, und will lieber preußischen Büreauknotenzopf und preußischen Drill mit in Kauf nehmen als amerikanische Lebensverhältnisse, amerikanische Ungeschliffenheit und Naturwüchsigkeit zu ertragen. Frei ist das Individuum, wo es sich selbst frei macht. Wird man auch oft durch Unvernunft, Eitelkeit, das Aufgeblasensein eingebildeter Narren und Hohlköpfe belästigt, so muß ich doch sagen, daß unsere ganze Erziehung der amerikanischen widerspricht, und daß das Fehlen von bezopften Geheimräthen, perruquirten Professoren mir nicht die Vorzüge ersetzt, die Deutschland in materieller und geistiger Beziehung unzweifelhaft besitzt. Im Grunde haben diese so freien Amerikaner und Canadier alle dieselben decorativen Gelüste und dieselbe Herrschsucht, die sich auch anderswo bemerkbar macht. Es sind eben den Wilden so wie den Civilisirten gewisse Eigenschaften angeboren, die nur der Gelegenheit zu ihrer Activirung bedürfen. Bietet sich diese dar, so decorirt sich der Europäer mit einem Orden, der ihm indirect durch einen Mann von Gottes Gnaden verliehen ist, der freie Canadier formt sich diesen Orden nach seinem eigenen Geschmack und hängt sich an bunten Bändern mehrere Zoll lange Kreuze an farbigen Bändern an, und der Wilde findet eine seltene Feder und steckt sich diese als äußere — **par droit de conquete** — ihm zugefallene Auszeichnung in seine Haare. So ist es überall, so wird es immer sein! Angebetet wird hier wie da mancher Ochs, und hier vielleicht noch mehr wie dort das goldene Kalb! Wahres Menschenthum ist in der Welt gleich gestaltet und gleich selten — denkende Menschen wissen aber, was wahres Menschenthum heißt, und bessern u. bessern an sich herum, um immer vollkommener darin zu werden — diese kennen aber keine Landes- u. Meeresgrenzen, und sie können, wenn sie etwas in dieser Beziehung an sich erreicht haben, ermessen, in welchem Sklaventhum sie mit allen anderen gemeinsam früher gelebt haben!

Solche Gedanken kommen mir oft während dieser Reise. Ich kann sie leider nicht alle fixiren, will es auch nicht, weil sie in mir leben, und ich für die langen Winterabende noch für meine geliebte, süße Cläre etwas nicht Gesagtes übrig behalten will. —

Der Nachmittag brachte uns vereinzelt Felsunterbrechung in der Gleichförmigkeit des **Prairie**anblicks. Ein leichter Regen verhinderte für eine kurze Zeit die Aussicht, bald indeß von Sonnenschein gefolgt, der die Blumenfülle der **Prairie** zur Geltung kommen ließ. Das sprießt u. blüht u. duftet ohne Menschenarbeit. An jeder Station springe ich von der Plattform ab, um mir hier und da etwas zu pflücken. Jene Menthaart, die ich für Tante in List gepflückt und die sie weiter gezogen hat, erfüllt hier überall die Luft mit ihrem Wohlgeruche. An der Plattform haben wir rechter- u. linkerseits zwei Sträuße angebracht, die uns erfrischen.

Um 1/2 5 Uhr sind wir in **Brandon**, und sehen mit Erstaunen die elegante Kleidung der Kinder und Frauen in diesem Provinzneste, und die Anzüge von **Gentlemens**, die sich so auf Pariser Boulevards sehen lassen könnten. Ein Holzhotel hat an der Seitenfront die Inschrift: **Farmen Home $ 1 per day, Meals 25 ct.** Was muß ein solcher Farmer verdienen, um 4 Mark nur für Wohnung bezahlen zu können! In jedem dieser sogenannten Orte sind derartige Hotels mit hochtrabenden Namen, am häufigsten „**Queen-Hotel**", weithin durch ihre Aufschriften sichtbar. Um 1/4 8 Uhr sind wir in **Elkhorn**, wo ich schiefergedeckte Häuser sah. In **Regina** kam die **Mounted Police** in Gestalt eines hübschen sporenklirrenden jungen Mannes in unseren Wagen. In Berlin würde man denselben für einen närrischen Corpsstudenten halten. Ein schwarzes Cereviskäppchen mit unter dem Hinterkopfe befestigten Gummibande, eine rothe Husarenjacke, Reithosen und Reitstiefel, um den Leib einen mit etwa 50 Patronen versehenen Gurt und in einer gelben Ledertasche an der linken Seite eine Pistole, so stattete derselbe dem Handgepäck einen Besuch ab, hob jede Tasche hoch u. schüttelte sie — wie wir nachher erfuhren, um auf Alkohol zu fahnden. Unsere Brandyflasche stand aber hinter meinem Kissen, so daß sie nicht bemerkt wurde. Damit man auf dem Polstersopha sich gut anlehnen kann, legt der Porter eines der Nachtkissen an Jedermanns Platz. Kissen und Decke werden für jede Nacht neu bezogen, und auch ein neues Laken wird gespendet.

Unsere Reisegesellschaft wechselt jetzt etwas mehr. Der eiserne Bestand, den wir zum größten Theil noch aus **Montreal** mitnahmen, besteht aus einem unglaublich viel sprechenden und nach jedem dritten Wort, auch da wo keine Antwort zu erwarten ist, „wie" sagenden, posenerisch sprechenden, und englisch mauschelnden Herrn aus **Yokohama** nebst seinem Neffen „Guggenheim", einem dicken tiefroth aussehenden, viel essenden und viel trinkenden englischen **Captain**, der bisher die „**Alaska**" geführt und nun von **Vancouver** ein Schiff nach **Yokohama** führen muß, einem lahmen jungen Mann aus St. **Franzisco**, der 17 Monate seiner Gesundheit wegen auf allen Meeren herum gefahren ist, und der an Emil Warburg sehr erinnert, und einem anderen jungen netten Amerikaner, der im **North Western Territorium** sein Glück als Farmer versuchen will. Seit gestern fährt ein behäbiger, jedes Wort wie eine kostbare Perle langsam von sich gebender **Reverend** mit uns. Die Engländer sprechen laut, so daß man es von einem Ende des Wagens bis zum anderen hört, und speien, selbst wenn der Speinapf vor ihnen steht, doch noch geschickt vorbei auf den Teppich. Andere haben eine wunderbare Zielfertigkeit darin erlangt und treffen aus weiter Entfernung die tellerförmige Oeffnung des metallenen Speichelbehältnisses. Will es der Zufall, daß es einmal, wie es mir gegangen ist, das Wurfgeschoß den Überrock des Nachbarn trifft, nun so macht dies nicht viel aus. Onkel raucht, meist ohne an der Unterhaltung Theil zu nehmen, im **Smooking room** seine Cigarre — ich genieße die Kühle, oder besser die kühle Abendluft, und suche dann meine Lagerstätte auf.

Dienstag d. 23 August

Ich habe schlecht geschlafen. Wüste Träume quälten und ängstigten mich die ganze Nacht hindurch, so daß ich sehnsüchtig den Morgen erwartete. Ich zog mich an und sah die Sonne wirklich rosenfingrig, mit jenen eigenthümlichen, fingerförmig, ausgebreiteten, rothen, mächtigen Strahlen als blutrothe Kugel im Osten auf der **Prairie** aufgehen. Erst um 10 Uhr bekamen wir Kaffee zu trinken, der hier mit sehr wenigen Ausnahmen sehr schlecht ist. Man ist aber auch ganz ausschließlich auf die Mahlzeiten in dem **Dining Car** angewiesen, oder anders ausgedrückt: man ist vollkommen auf der ganzen Route auf das, was die Direction der **Canadian Pacific** darbietet, angewiesen. Sämtliche Stationsgebäude stellen elende Holzhäuser dar, in dem außer einem Bureau und einem Warteraum mit einer Bank nichts vorhanden ist. Keine Erfrischung, keine Nahrungsmittel, keine Cigarre ist hier zu haben. Man muß bei der **Canadian Pacific** speisen. Sie hat alles monopolisirt. Ihr gehört Land u. Wald, Wagen u. Einrichtung. Jede Kaffeekanne, jede Butterbüchse trägt ihr Monogramm — wo der Blick hinfällt, herrscht **Cipiar**. In **Swift Current** sahen wir nicht weit von der Haltestelle Indianerzelte und eine beträchtliche Zahl von Pferden dabei. Einer trabte, an Stricken die anderen mit sich führend, über eine Anhöhe. Der Zug hatte hier einen etwas längeren Aufenthalt, u. bald sahen wir um die Wagen Indianer herumschleichen. In Tracht sah ich (sie) so zum ersten Male. Alle waren in Decken gehüllt, die blau u. roth gestreift, den ganzen Körper von oben bis unten bedeckten. Eine Frau trug ihr Kind, das durchaus nicht nach einer Rothaut aussah und schönes dunkles Haar hatte, in einer großen Tuchfalte auf dem Rücken. Es lutschte ganz reizend den Daumen und erinnerte mich an meine beiden süßen Daumenlutscher daheim. Fast jeder der Indianer trug ein paar Büffelhörner, die sie zum Kauf anboten. Eine alte Megäre wollte mir für einen Dollar das Paar nicht lassen u. verlangte das Doppelte. Allerlei Zierrathen hatten sie sich angesteckt. Auf unserem Wagen saß ein junges Weib, das eine Kette von Glasperlen um den Hals geschlungen und vorn, gleichsam als Brosche, ein Perle durch ein annähernd kreisrundes Stück harten weißen Papiers gesteckt hatte. In den Ohren sah ich bei Männern 6—8 verschieden große metallene Reifen. Einer war unter der Wolldecke ganz nackt, andere hatten sich das Gesicht mit einer gelben Farbe, vielleicht **Curcuma**, eingerieben, die Frauen hatten rothgefärbte Backen. Es war dies der Stamm der **Cree-Indianer**, die hier in der Nähe ihre Reservation haben. Auf den **Prairie** sammeln sie die Köpfe der von ihren Vorfahren bis zur Vernichtung verfolgten Büffel, die sowohl in diesen Territorien als in den vereinigten Staaten ganz ausgestorben sind. Wir sahen selbst an manchen Stationen große Haufen solcher gebleichter Knochen liegen. Die rohen Hörner putzen sie mit Sand und Oel, bis sie ein glattes, elegantes Aussehen haben. Ich erstand schließlich noch ein paar, während unser Porter 12 Stück kaufte. Sie haben in **Montreal** einen festen Werth von 5—6 Dollar. Das meinige kostet nur 1 Dollar. Ich gieng noch ein wenig auf der **Prairie** umher, umhüpft von tausenden von zirpenden, glucksenden Cicaden. Märchenhafte Ruhe herrschte auf der sonnenbeschienen Ebene — soweit der Blick streift — nirgends ein Haus, nirgends ein Mensch!

Zum **Lunch** erschien im **Dining Car** ein Mädchen von vielleicht

23 Jahren. Sie war in ein blaues Tuchkleid gekleidet, das glatt bis zum Halse war u. dort fest anschloß. Um den Hals sowie um die Aermel liefen doppelte rothe Litzen. Da wo der Gefreite in der preußischen Armee den Knopf am Halse sitzen hat, trug sie ein neusilbernes S. Sie war eine Apostolin der **Salvatory Army**. Ich veranlaßte Onkel, sie ein bischen auszufragen. Sie reiste zur Bekehrung Andersgläubiger. Nicht Predigt, sondern nur Belehrung ließen sie den Menschen zu Theil werden. Einen Tisch von ihr entfernt saß ein Tonsurirter, ein blaßer, junger Mann in langer Soutane. Ich hätte diese beiden wohl im Meinungsaustausch hören mögen!

Lesend, schlummernd, schreibend, ausschauend brachten wir die Zeit bis zum Nachmittage hin. Hier und da kamen niedrige wellige Erhebungen des Bodens zum Vorschein, wie große Hünengräber aussehend. Der bisher ebene, flache Boden zeigt hier und da Steigerung — schwache Zeichen einer erscheinenden Gebirgsgegend.

Um 4 Uhr 45 M. sind wir in **Medecine Hat**, einem für hiesige Verhältnisse schon großen Ort, oder wie der deutsch-posensche-japanische Mann stets sagt: **place**, oder **good place**. Auch hier war so viel Minuten Aufenthalt, daß ich die aus einer Häuserreihe am Stationsgebäude bestehende Stadt besichtigen konnte. „**General Stores**", „**Drug Stores**", **Bakery** etc. etc. sind in jedem der Holzbuden vertreten. Auf der anderen Seite der Bahn leuchten ein paar sehr schöne mit Gärtchen versehene Häuser herüber. Unter den auf Nebengleisen stehenden Wagen wühlten ein paar schwarze Schweine das Erdreich auf. Wendet man den Blick westwärts, so liest man an einem großen Holzschuppen auf riesigen Placaten: „**Wilbers Lyceum Co.**" Über die Häuser ragen 2 Holzkirchen — eine vollendet, die andere im Bau, hervor — u. etwas seitwärts von der vollendeten ist ein großes Gehege angebracht, in welchem Kühe unter freiem Himmel ihr Heim haben. Auf dem Bahnhofe waren wieder **Cree-Indianer** — alle in grellfarbige Decken gehüllt — manche von einer erschreckenden Häßlichkeit, Wildheit und Verschlagenheit, die durch die Färbung der Gesichter noch erhöht wurde. Der eine, mit einem dicken Stock bewaffnet, eine hagere vorn über gebückt gehende Gestalt, hatte auch den Unterkiefer u. den Oberkiefer ziegelroth bemalt. Er schlich umher, ohne zu sprechen — hatte auch nichts mehr zu verkaufen. Ein anderer oder eine andere — ich konnte es nicht unterscheiden — hatte nur rings um die Augen rothe Striche gemacht:

Ein häßlich schielender junger Mensch, der fortwährend indianisch sprach, und wie aus dem Lachen seiner neben ihm sitzenden Stammesbrüder hervorgieng, sich über die hinaussehenden Weißgesichter moquirte, sie vielleicht auch schimpfte, war ganz gelb eingerieben. Es scheint eine Art Fettschminke zu sein, denn die Gesichter hatten alle Fettglanz. Wenn auch einige von ihnen ein paar Dollar und ein paar Pferde besitzen, so ist es doch ein jämmerliches Ende, das diese Station betrifft. Als wären es seltene Thiere, so umsteht und begafft man sie. Die Männer und Frauen lachen, wenn sie eine solche, meist wenig würdevoll einhergehende Figur in ihre Decke gehüllt, mit jenen

eigenthümlichen Flicken am Beinkleide u. den wunderlichsten Kopfbedeckungen — Filz- u. Strohüte meist ohne Boden — einhergehen sehen. Sie, die einst Herren dieses wunderbaren Landes waren, sind nur geduldet und müssen sich von Fremden begaffen lassen. Ob sie das, was man Civilisation nennt, begreifen? Daß sie die Eindringlinge hassen, ist gewiß, aber sie sind ohnmächtig, und selbst wenn sie noch ein- oder zehnmal versuchen werden, das Joch der Fremdherrschaft abzuschütteln, gegen Kanonen und Spiritus werden sie nichts ausrichten. —

Bald hinter **Medecine Hat** rollt der Zug über den **Saskatchewan** auf einer langen Brücke, vorbei an dem Eingange zu einem Kohlenbergwerke, an herrlichen Getreidefeldern, großen Kartoffeläckern, vorbei an Cypressenwaldungen, Höfen und steil abfallenden cypressenbestandenen Hügeln. Es scheint dies ein sehr fruchtbarer Fleck Erde zu sein. Langsam rollen wir jenen gewaltigen Bergzügen entgegen, die **Britisch Columbien** durchziehen. So kalt wie es am Morgen war, ebenso war es am Abend. Ich war zu ermüdet von der traumgequälten vergangenen Nacht, um lange wach bleiben zu können. Gern hätte ich die Anfänge jener Berge, die ca. 2—3000′ über die See sich erheben, gesehen — aber mein Körper wollte nicht mehr. Manchen Höhenzug nahm ich noch wahr, merkte auch, wie die Maschiene keuchend uns in die Höhe zog — dann aber entschlummerte ich. —

Mittwoch d. 24 August

Um 6 Uhr stand ich heute auf, begierig, die ersten Felsgebirge, in deren Vorläufer wir in der Nacht gekommen waren, zu sehen. In der That war das, was sich nun in steter Entwicklung bis gegen Mittag und von dort weiter bis zum Abend darbot, mehr als ich zu sehen gehofft hatte oder überhaupt in der Vorstellung nur für möglich gehalten hatte. Wir befanden uns bereits mitten in den **Rocky Mountains** ca. 4000′ hoch über dem Meere. Neben uns rauscht ein wilder Gebirgsstrom bald nach links sich windend, hier sein altes Bett verlassend, auf dem nur noch milliarden von Kieselsteinen unbenetzt liegen, dort sein neues in 3—4 Arme theilend, dort eine Insel umfließend, überall rauschend und schäumend ob der Widerstände, die ihm Baumwurzeln und Felsgestein entgegensetzen. Herrlichen Graswuchs zaubert diese Wasserfülle hervor. Zwischen den zahllosen Cypressen, Edeltannen, Lärchen steht es 2′ hoch, eine willkommene Gabe der bahnbeamteten Ansiedler, die hier zwischen den Bergen hausen. Im stürmischen Dahinjagen hat der **Bow river** auch manchen Baum entwurzelt, der, ein Spiel der Wellen, nun im Flußbette lagert. Und nun soll ich den Anblick der Berge schildern? Das

vermag ich nicht. Zur Rechten u. zur Linken schauen auf uns Steinkolosse himmelanstrebend herab, die dicht bewachsen mit Kiefern sind. Hier und da liegt in breiter Ausdehnung Schnee, nicht nur in Rinnen und Spalten, sondern auch auf glatter Felskuppel. Es ist ein wilder Anblick und eine wilde Gegend. Sie ist ergreifend großartig — aber schauerlich. Wir Menschen bedürfen eines versöhnenden Ruhepunktes, wie überall so auch in landschaftlich hervorragenden Regionen. Hier ist alles abnorm — von den traurigen Resten einstiger Waldschönheit in directer Begrenzung des Bahnzuges, bis zu dem zerrissenen Strombette und den zerklüfteten gigantischen Bergen und bis zu uns winzigen Menschen, die in diesen Höhen, in der Nähe ewigen Schnees, auf dem wir jeden schwarzen Punkt mit bloßem Auge erkennen können, frieren. Immer dicht am Strom, seinen Windungen folgend, oder ihn überbrückend geht die Bahn höher und höher an. Immer unregelmäßiger steigen die Felsen vor unseren Augen auf, wild gezackt, spitz oder kuppelförmig ihre Gipfel in den Wolken versenkend, die jetzt anfangen, wie dichte Schleier die Majestät dieser Naturschöpfung zu verhüllen. Tiefe Schluchten u. Versenkungen, Auflagerungen und Höhlen nehmen wir allenthalben an diesen bald uns näherrückenden, bald weit zurückweichenden Gesteinsmassen wahr. Dort oben von dem Gipfel eines solchen mehrtausendfußhohen Felskegels bricht sich senkrecht an der Felswand im jähen Sturze von Klippe zu Klippe ein Felsstrom seine Bahn, die von ferne wie ein breiter Silberfaden von dem dunklen Braun des Felsens sich abhebt. Dann wieder wechselt das Bild wie bei **Banff**, das durch seine Quellen berühmt ist, u. aus einigen elenden Buden, worunter sich ein **General Store** u. eine **Billard Hall** bemerkbar macht, besteht. An wild zerrissene, stromdurchfurchte Granitfelsen ohne Vegetation schließen sich grüne Matten, wie sie die schönste schweizerische Landschaft nicht aufzuweisen vermag, zumal hier dann eine üppige Vegetation der schönsten Coniferen das Bild voller macht. Aus einem Thalkessel jagt die Bahn in ein anderes. Sie alle sind in vorzüglicher Cultur trotz der enormen Höhe (wie) nicht zum zweiten Male in der Welt. Immer gewaltiger streben die Felsen gen Himmel, immer breiter lagert Schnee auf ihren Häuptern und ihrem Leibe — erschreckend, wenn man sie in der Wildheit ihrer Flächen nahe sehen kann oder an ihrem Fuße dahinjagt auf eiserner Bahn, die durch Sprengmittel ihnen abgezwungen ist. Immer

kühner wird die Überbrückung tiefer Schluchten — ich stehe auf einem Treppenabsatz der hinteren Plattform und schaudere, wenn ich unter mir den gähnenden Schlund sehe, dessen Tiefe oft gewaltiger ist als die der größten auf der Rigibahn. Die Holzbrücken ächzen u. stöhnen, knistern und knattern. Solcher Überbrückungen giebt es aber sicher an hundert — eine erschreckender leicht über die Tiefe geschlagen wie die andere. Und neben uns, bald ueber uns jagt der „**Kikking Horse**" durch zerrissenes Erdreich, Bäume und Sträucher mit sich reißend, Strudel auf Strudel bildend, Fall auf Fall machend dahin. Der Name soll die Thätigkeit dieses wilden Flusses bezeichnen und er trifft wirklich das Wesen. Solche reißende Kraft besitzen gewiß wenige derartige Bergströme. Viel kühner als seine Windungen sind aber diejenigen, die Menschen hier der Bahn vorgeschrieben haben. Bald im Kreisbogen, bald in Achtertouren windet sie sich mal auf mal ab, bald rechts bald links ausweichend, hier Erdreich benutzend, dort einen eigenen Weg sich bauend höher und höher hinan, bis wir, nachdem noch Tunnel auf Tunnel durchfahren, oft noch das Herz ob der schaurigen Scenerie, der grausigen überfahrenen Tiefen gebebt, in **Stephen**, einem nach dem höchsten Berge der **Rocky Mountains** benannten Stationshaus, ankommen. Den **Mount Stephen** freilich hatten wir lange gesehen und seine majestätische Schönheit bewundert. Jetzt waren wir an seinen Füßen.

Ein **Dining Car** war nicht mitgenommen worden, weil die Tour mit möglichst wenig Wagen befahren werden muß. Das Stationsgebäude gehört natürlich der Compagnie. Es lehnt sich ziemlich an die Felswand. Eine mächtig breite, aus wenigen Stufen bestehende Treppe führt auf einen Vorplateau u. von diesem in das Gebäude, das aus Holz erbaut, innen einen sehr freundlichen Eindruck macht. Ein großer Speisesaal stand uns paar Reisenden zur Verfügung; die Tische schön gedeckt, das Geschirr sauber und appetitlich. Lachsforellen nehmen wir heute ausnahmsweise neben unseren typischen Eiergerichten. Ich suchte oder besser pflückte noch draußen Alpenblumen u. nun gieng es mit 2 Locomotiven — eine vorn, die andere hinten wieder abwärts u. vielmal noch aufwärts.

Vor **Leamhoil**, das schon in **British-Columbien** liegt, kamen wir etwa um 1/4 12 Uhr in zwei auf einander folgende, von so gigantischen, schneebedeckten Felsen umgebene Thäler, daß man schaudern mußte. Überall trifft man auf Bahnarbeiter, die ausbessern, revidiren und besonders lockere, überhängende Steine entfernen. Erbärmlich wohnen sie — oft in Zelten, gewöhnlich in mit Lehm verschmierten Holzbaracken, während der Inspector ein gutes Haus bewohnt, in dem sich auch die Lebensmittelvorräthe finden; denn diese Arbeiter ebenso wie die zahlreichen Holzfäller, welche die Compagnie beschäftigt, erhalten freie Station, neben etwa 1 1/4–1 1/2 Dollar täglich — immerhin eine Besoldung, die in Europa nirgend auch nur im entferntesten für derartige Beschäftigung gefunden wird.

Stellenweise zeigen Thäler, durch die wir nun kamen, trotz ihrer himmelanstrebenden Umgebung einen freundlichen Charakter, so daß man wohl versucht sein könnte, hier ein paar Wochen zuzubringen.

Wir sehen nun eine Zeit lang nur die Spitzen der Berge, während dichte Wolken die Abhänge verhüllen. Erstaunlich ist die unbeschreibliche Fülle von Bäumen. Hier kann man für „zahlreich wie Sand am Meer' substituiren: zahlreich wie die Bäume in **Canada**. Ich glaube, wenn einst das letzte Stück Steinkohle auf der Welt verbraucht sein wird, in **Canada** noch Bäume genug sein werden, um Europa und die anderen Erdtheile mit Brennmaterialien zu versorgen.

Nahmen die Höhen auf der einen Seite unserer Fahrt bisher etwas ab, so sahen wir sie alsbald wieder höher und höher werden.

Wir näherten uns den **Selkirks**, einem Gebirgszuge, der an Wildheit und Zerrissenheit seiner Felsmassen, der Schönheit und Fruchtbarkeit seiner Thäler den **Rocky Mountains** nicht nachsteht. In ein solches Thal sind wir jetzt gelangt. Wir befinden uns im **Columbiastrom-Thale**. Neben ihm fahren wir hin. Wir haben ihn aus kleinen Anfängen entstehen sehen. Jetzt wirbelt und tost er in einer Weise in einem von Fels gebauten, von Fels begrenzten Bette, daß sein Lärmen eine Unterhaltung kaum gestattet. Wo Felsstücke im Strombette liegen, bildet er schöne **Cascaden** — jetzt stürzt er noch über solche Hindernisse fort — sie werden doch noch endlich von ihm zerkleinert werden! Er windet sich so häufig, daß ich mich wohl 7 oder 8 Male bald rechts bald links wenden muß, um ihn wieder zu erblicken — so häufig wird er überbrückt — endlich gewinnt er das Freie, und wir sind bei der **Station Golden** — eine Station, aus ein paar Häusern bestehend. „**Queens Hotel**", eine Bretterbude und ein „**Golden Saloon**" fehlen natürlich nicht.

Hinter **Golden** erscheinen fruchtbare grasreiche Ebenen, mit hübschen Laubbäumen, Sträuchern, aber auch wieder mit regionenweise verbranntem, gefälltem und verfaultem Holze. Immer noch sind wir am **Columbia**, der hier schmal ist, aber doch noch in seinem Strombette schön bewachsene Inseln, Sandbänke und zu seiner Linken die schneebedeckten **Selkirks**, zu seiner Rechten die **Rocky Mountains** hat.

Wir gelangen nach **Donald**, dem Ende einer der 12 Divisionen, in welche die **Canadian Pacific** zerfällt. Es regnete etwas. Eine zahlreiche Gesellschaft, aber nur Männer, waren auf dem Perron. Riesige Cedernholzstämme lagen hier zum Export bereit — auch diese produziren die canadischen Wälder. Die Häuser der Compagnie sehen sehr freundlich aus, sind olivgrün angestrichen und hübsch verziert. Aber die übrigen Wohnstätten? Baumstammbaracken, dünne Bretterbuden, Erdhöhlen. **Liquors, Wines, Bakery, Chinese Laundry** werden an diesen elenden Behausungen angezeigt. Wir überschreiten wieder den **Columbia**, der hier besonders wild erscheint und wie schon in seinem oberen Laufe eine ganz eigenartige blaugrüne Färbung zeigt. An Wald und Feld, durch Felsen und fort am Stromufer jagen wir dahin. Man wird müde, zu sehen u. zu staunen und sich mit Eindrücken vollzusaugen wie ein trockener Schwamm, der immer noch Aufnahmecapacität, aber auch das Bestreben zeigt, einen Theil seiner Ladung wieder anderen Medien mitzutheilen. Du, meine geliebte Cläre, bist dieses andere Medium dieses Schauers, der noch viel übrig behalten wird, was er Dir vielleicht besser als schriftlich mittheilen kann!

Ein anderer reißender Strom netzt bald die Räder unserer Wagen. Der **Beaven River**, der einen Anblick bietet, als seien in Entfernungen von 2—3 Minuten Mühlenstauwerke angelegt, lärmt und schäumt, strudelt, bäumt seine Wasser, läßt sie in Felsversenkungen verschwinden und stürmt über Riesenblöcke dahin! Dabei ist er stellenweis kaum etwas mehr wie zimmerbreit! Das muß ein Hausen für Bieber sein! In der That kann man vielfach unter Felsüberhängen, die etwas höher wie das Wasserniveau liegen, vielfach an Baumstämmen die Spuren ihrer Thätigkeit erkennen. In dem Orte **Beaver**, wo die Compagnie eine Sägemühle arbeiten läßt, sahen wir bei diesem Etablissement eine große gackernde Hühnerschaar, die munter über die Jahrhunderte alten Baumriesen, die halb angebrannt am Boden liegen, hüpfen. Von hier steigt die Bahn wieder an.

Vor **Bear Creek** sind wir schon wieder hoch oben und fahren hart an Abgründen vorbei, die mehr als die lebhafte Empfindung drohender Gefahr erwecken. Hier treffen wir bald wieder auf den nun mächtig breiten **Columbia**. Auf einer Brücke von 750′ Länge u. 295′ Höhe, die herzustellen 1 Million Mark gekostet hat, zu der tausende und abertausende von Bäumen niedergelegt werden mußten, überfliegen wir ihn. Es ist ein Riesenwerk, würdig, in dieser Umgebung zu stehen, wo alles gigantisch, mehr als lebensgroß erscheint. Bald taucht auch der **Hermit** vor unseren Augen auf, den bereits gesehenen Bergen nicht nachstehend, wir gelangen weiter auf den 4300′ hohen **Roger Paß**, die größte Höhe der **Selkirks**, u. sind endlich in **Glacien House**, einem Erfrischungsgebäude der Compagnie. Auf dem Wege dahin sahen wir noch staunenerweckende Bauten. Um den von noch ca. 3—4000′ hohen, über das Niveau der Bahnsole hervorragenden Bergen sich herabwälzenden Schnee und Steingeröll fernzuhalten, sind tunnelartige Bauten an den gefährdeten Stellen in großer Zahl angelegt. Stämme von Armumfang dienen als Träger, darüber und daneben liegen als Decke und weitere Stütze Bohlen und Stämme aus dem schönsten Rotholz, das man in Europa wohl als Möbelverzierung, nur zum Fournieren wegen seiner Kostbarkeit gebraucht! Beim Übergange über den **Roger Paß** starrt uns der ca. 10 000′ über d. Meere hohe **Mt. Carrol** mit seiner zackigen Spitze entgegen. Rings umgiebt uns hier Schnee auf den Bergen — um uns aber herrliches Waldesgrün. Aber diese Eindrücke werden noch von **Glacia House** übertroffen.

Nachdem die Bahn ganz für unmöglich zu haltende Kurven geschlungen, an Felsabhängen u. über Schluchten dahin gerollt war, befanden wir uns (2 Uhr) eigentlich auf einem Plateau, denn unter uns oder besser weiter fort erkannten wir Thalsenkungen. Aber ringsumher starrten uns nur schneebedeckte Berge entgegen — vor allen Dingen aber erhob sich dicht beim Stationsgebäude, vielleicht in 1/2 Stunde zu erreichen, ein Gletscher. Breit liegt die große Schnee- und Eisfläche da, blendend weiß hebt sie sich vom Himmel ab. Dabei ist die Grenze zwischen Belaubung und Eis ganz merkwürdig gering. Es ist das ein ganz eigenartiger Anblick — hier ewig Eis und Schnee, dort schöner Nadelwald. Vor dem Hause springt eine dreistrahlige Fontaine. Es ist bitter kalt, und der im Speisesaal glühende Ofen thut uns mit seiner strahlenden Wärme wohl.

Nach wenigen Minuten haben wir bereits das bestellte Frühstück, absolviren dies und sehen uns das wunderbare Bild näher an. Erstaunlich ist die Üppigkeit der Vegetation um uns her. Mehrere Fuß hohe Farne leuchten mit ihrem schönen Grün überall, wo der Fuß hintritt, auch Blüthen in reicher Zahl neben dichtem Baumwuchs auf abfallender und ansteigender Felswand erblickt man überall.

Nun rollen wir wieder bergab, über kühne Brücken, jene Holztunnels, die im Querschnitt etwa so aussehen:
Durch lange Felsdurchbohrungen, vorbei an Gebirgsströmen, Wäldern, Schneefeldern — ja, ich kann Dir nicht die Varianten alle aufzählen! Es ist scheinbar dasselbe und doch wieder nicht. Die Umgebung der einzelnen Dinge wechselt in jedem Augenblicke, und deswegen ist die Scenerie auch immer eine wechselnde. Diesen Totaleindruck kann man keinem schildern, das muß man selbst gesehen haben. Eben noch eingezwängt in einer wilden Schlucht, schafft uns eine Biegung der Bahn einen weiten Blick über Berge, Wälder, Ströme. Was haben Menschenhände hier geschaffen! Wie bewunderswürdig

ist die Ausdauer dieser Arbeiter! Freilich ist es der Kampf um das Brod, der solche Werke bildet, und keine Lust am Erfolge, kein Streben ohne Selbstsucht! Aber nichtsdestoweniger bewundern wir es als ein Zeichen menschlicher, geistiger und mechanischer Entwicklung.

Es ist 4 Uhr und fast dunkel. Dicht über uns lagern schwere Regenwolken. Da blitzt es auf! Hundertfältig klingt der Donner zwischen diesen Felswänden nach. Aus beladenem Gewölk strömen Fluthen nieder. Hier ist sogar der Regen gigantisch. Wir sollen eben alles zu sehen bekommen! Unvergeßlich wird mir dieses Gewitter sein. Wir kamen in **Illicilliwaet**, einer kleinen Ansiedlung der Compagnie, an. Das grausige Unwetter hält noch immer an. Blitz folgt auf Blitz, und die Felsen zittern unter dem Dröhnen des Donners. Der **Illicilliwaet** tost und schäumt und macht das Bild nur noch grausiger.

Nach einer Stunde scheint die Sonne wieder hell, wir haben die Regenregion verlassen. Hier u. da steckt schon wieder ein Berg seinen Gipfel hervor, die Regentropfen brechen das Licht in schönen Farben u. noch immer rauscht der Bergstrom neben uns! Er holt uns doch nicht ein; denn wo es nur einigermaßen das Terrain gestattet, da saust der Zug dahin, um die durch das Langsamfahren verlorene Zeit wieder einzuholen. Die Spuren vernichtender menschlicher Arbeit, traurige Baumreste, gefällte u. verbrannte Stämme sind hier wirklich sichtbar.

Welche immense Industrie wird hier einst nur auf Grundlage dieser Waldschätze aufblühen! Wie viele Milliarden Dollars liegen hier herum! Viel sprechen wir noch am Abend über diese Dinge, dann suchen wir, ermüdet durch die erdrückende Menge der Eindrücke, die heute auf uns einstürmten, das Bett auf.

Donnerstag den 25 Aug.

Das war eine schreckliche Nacht! Ich möchte sie lieber nicht durchgemacht haben! Mitten im Schlafe wurde ich plötzlich durch einen gewaltigen Stoß aus dem Schlafe geweckt. Ich sprang sofort von oben herunter u. schlüpfte in mein Zeug. Wir waren 11 1/2 Uhr dicht vor **Notch Hill**, der Porter kam schon von draußen herein u. theilte mir mit, daß die Locomotive und der Bagagewagen entgleist und einen nicht sehr hohen Abhang heruntergestürzt seien. Die Kuppelung zu den drei Personenwagen hätte sich gelöst, so daß wir dem Unglück entgangen seien. Es seien Menschen verwundet, ob ich ihnen helfen könnte. Mehrere andere Passagiere waren auch wach geworden u. wir giengen aus dem Wagen heraus. Onkel schlief fest und ich mochte ihn nicht wecken. Draußen bot sich ein unvergeßlich grausiger Anblick dar. Bäume waren zur Beleuchtung der Verwüstung angezündet worden. Die Entgleisung war durch die Kühe, die sich auf den Schienen ihr Nachtlager bereitet hatten, herbeigeführt worden.

Im ersten Wagen lag der am schwersten Verwundete, bleich u. blutbefleckt. Er sah scheußlich aus. Ich nähte ihm seine ganz aufgerissene Stirn. Außerdem hatte er beide Beine bis zu den Knien verbrüht, so daß keine Spur von Haut mehr darauf war. Sie hieng überall in Fetzen herab. Mit Mühe fand sich etwas Oel. Ein Laken aus dem **Sleeping Car** wurde zu Binden zerrissen. Ich verband den Aermsten, lagerte ihn. Holz wurde zu einer Schwebe für die Decke geschnitten, so daß ich damit etwa um 1 1/2 Uhr fertig war. Der zweite hatte zwei böse Lappenwunden an der Nase u. der Stirn. Ich mußte mit Nähzwirn, für den sich glücklicherweise etwas Wachs fand, nähen. Auch dieser wurde so gut es gieng verbunden.

Mittlerweile war der Superintendent der Bahn, der sich auf dem Zuge befand, auf einer Draisine nach der nächsten Station gefahren, und hatte von einem höher gelegenen **Divisional Point** eine Locomotive telegraphirt. Sie warteten mit dem Abfahren, bis ich fertig genäht hatte. Um ca. 3 Uhr fuhren wir wieder zurück, damit unterdeß das Geleise gereinigt werden konnte. Ich gieng erst um 4 Uhr wieder in mein Bett, schon mit Kopfschmerzen, schlief kaum, stand um 6 Uhr auf — der Zug stand auf einer Weiche — vermochte aber vor Kopfschmerzen nichts zu thun. Um etwa 12 Uhr war die Strecke frei u. wir fuhren vorbei an der Unglücksstätte, wo Onkel es ebenfalls sehen konnte, hinaus in die sonnige Landschaft. Der Bahnarzt war geholt worden — er dankte mir, aber kein Mensch von der Bahndirection. Ich konnte kaum vor Migräne mit ihm sprechen und mußte unbeweglich liegen. Die Sonne und die Ruhe thaten mir wohl, aber es vibrirten doch die Eindrücke der Nacht noch so mächtig in mir, daß ich immer daran denken mußte.

Die Landschaft hatte aufgehört, bergig zu sein. Nur gewölbte, runde, in einander übergehende Hügel sah man zur Rechten u.

Linken der Bahn. Wir befanden uns, nachdem der Ort **Kamloops**, wo der Hauptverwundete auf einer Bahre in das Hospital geschafft wurde u. der Doctor abstieg, im Thale des **Thompson River**. **Kamloops** ist ein großer Ort mit vielen Holzhäusern und einem Chinesenviertel. Allenthalben sieht man sie in diesem — man fährt durch dasselbe — vor den Häusern stehen, stumme Gestalten, die ihre Zwecke hartnäckig verfolgen und in diesem Lande scheinbar mächtig Wurzel geschlagen haben — denn man trifft überall auf sie.

Von **Kamloops** an fahren wir scheinbar endlos lange am **Thompson River** entlang, immer links vom Wasser hart am Ufer über zahllose Brücken, durch Engpäße, Tunnels. Welch colossale Wassermasse! (Vielleicht ist es auch ein See, der später erst in den **Thompson** übergeht, ich habe es nicht entscheiden können.) Ganz vereinzelt zeigen die gegenüberliegenden, gelblich, lehmig aussehenden, aber doch steinigen Felsmassen Baumwuchs, gewöhnlich in der Mulde zwischen zwei Hügeln.

Wie menschlicher ist diese ganze Gegend! Selten sieht man als Zeichen, daß ein menschlicher Fuß hier schon gewandelt, ein **Canoe** klein und schmal am Ufer liegen. Schon stundenlang fahren wir dahin; obgleich sonnendurchglüht und felsig, hat die Gegend doch den Charakter, als müsse man Menschen sehen! Vergebens! Immer häufiger werden die Felsendurchbrüche oder besser Aufbrüche. Statt erst die Felsen sorgfältig zu durchbohren, hat man hier, da es sich nur um weit bis ans Ufer herabreichende Massen handelt, sie gesprengt. So entstanden Felsenthore oder Pässe mit einer Wand zum See, mit der anderen zum Lande, zwischen denen der Zug hindurchbraust. Mittlerweile sind wir wieder allmählich von der Ebene hinaufgestiegen. Endlich eine Ansiedlung! Ein Goldgräber — oder Goldwäscherdorf aus ein paar Hütten bestehend. Der See verschwindet, und an seiner

Statt erscheint ein stark strömender Fluß, der Thompson **River**, dessen felsige rechte Uferwand merkwürdig zerrissen ist, so daß man Burgen mit Zinnen, Schlösser mit Fenstern etc. vorgetäuscht erhält. Diesem Ufer rückten wir allmählich näher. Wir unterschieden jetzt ganz gewaltige Gesteinsflächen von rothem Granit, hier und da eine Tanne aufweisend. An dem Fuße dieser Granitfelsen und ihren Ausläufern bricht sich tosend der Strom. Wir fahren etwa 150′ hoch über dessen Niveau, so hart an der steil abfallenden Wand, daß man beim Heraussehen schwindlig wird. Die Ueberbrückungen der Schluchten — ich habe sie nicht zählen können — sind zahlreich. Besonders beängstigend ist der häufige Wechsel zwischen schnellem und langsamem Fahren. Fortwährend ist die Dampfbremse in Thätigkeit — hört sie zu hemmen auf, dann geht es auch wieder in einem so rasendem Tempo vorwärts, daß man glaubt, der Zug müsse jeden Augenblick in die Tiefe stürzen. Auf dem jenseitigen Ufer erkenne ich einen schmalen Saumpfad, der sich bald in die Höhe windet, bald in der Nähe des Flußufers sich hinzieht.

Bei einer ärmlichen Indianererdhütte kamen wir vorbei; die sich kaum 2 Fuß über dem Erdboden erhebt. Mann und Frau, braune Gestalten, beschäftigten sich auf einem kleinen Stück Acker, — womit, konnte ich nicht erkennen. Viel, so glaube ich, können sie auf diesem Boden nicht ernten. Wahrscheinlich wird er ihnen genug liefern, um zusammen mit dem Fischreichtum des **Thompson** ihnen ihre Nahrung zu liefern. Vielleicht sind diese Menschen zufriedener wie viele Weiße, die besseres als sie haben gesehen und es nicht erlangen können.

Um 3 1/4 Uhr gelangen wir an einen für columbische Verhältnisse größeren Ort, **Ashxroft**, mit **Stores** etc. Meine Kopfschmerzen haben durch die Ruhe soweit nachgelassen, daß ich wieder Interesse an der Umgebung habe. Am diesseitigen Ufer sehe ich auf einem Paßpferde einen Falstaff ähnlichen Mann, ein Handpferd nach sich ziehend, auf diesen Ort zureitend. Bestaubt u. verschmutzt sieht er aus — gewiß ein Goldgräber, der seine Funde hier in Münze umsetzen will. Das Pferd ist nach mexikanischer Art gesattelt. Mehr als handbreite Steigbügel, über denen breite, mit Verzierungen versehene Lederlätze hängen, ein vorn erhöhter, ebenfalls verzierter Sattel und eigenthümliche Aufzäumung.

Immer grandioser werden die **Thompson Ufer**. Auf einer Felsklippe entdecke ich ein ganz vereinzeltes Indianerzelt. Ich konnte nicht erkennen, wie oder wo dasselbe zugänglich ist. Ueberall ist hier der Felsen nackt und kahl. Kein Halm, kein Strauch grünt hier auf ihm. Noch im Beschauen der jenseitigen, wieder höher und höher ragenden Felsen versunken, deren Contouren wieder gewaltig den Wolken zustreben, höre ich das Rollen unseres Wagens über eine Brücke — ein dreistöckiges Bauwerk, das eine Schlucht überbrückte, und im nächsten Augenblick passiren wir eine Kurve von so frecher Kühnheit, daß einem das Herz pocht.

Die Sonne brannte so heiß, daß es dem Indianerweib nicht zu verdenken war, daß sie nackt ihrer Arbeit nachgieng — konnte sie doch sicher sein, daß der Zug schnell genug vorbei schlüpfte, um profanen Augen ihre braune Schönheit zu entziehen!

Nach einiger Zeit zeigt sich auf den Höhen wieder etwas Wachsthum — hier u. da ein Strauch, eine Blume u. an den Flußufern Bäume. Die Felsen bilden hier messerhafte Grate, erheben sich sehr hoch, sind aufeinandergethürmt, gehen sacht in einander über — alle erdenklichen Formationen nimmt man wahr, aber — überall auch Wildheit der Scenerie. Mitten auf dem erwähnten jenseitigen Paßwege, da wo die Felsen etwas zurücktreten u. Raum genug für eine Niederlassung bilden, haben Menschen eine **Rancherie** gegründet. Es ist erstaunlich, daß auf diesem scheinbar nacktem, sonnverbranntem Gestein eine kleine Oase hervorgezaubert ist, die das Auge u. gewiß mehr ihre Besitzer erfreut. Wahrscheinlich ist es ein Haltepunkt für alle diejenigen, die mühselig zu Fuß oder zu Pferde diese Straße ziehen.

Eine ebensolche angenehme Unterbrechung bietet **Spencer Bridge** dar, wo wir um 1/2 5 Uhr ankommen. Der bisher so breite **Thompson River** findet hier zu compacte Felsmassen vor, als daß er sie durchbrechen könnte. Nur eine Schlucht ist es eigentlich, in der er jetzt strudelt, und oberhalb deren wir fahren. Es ist eine schauerliche Fahrt sowohl durch den Fahrboden als durch das **Vis à vis** — nichts als Fels und Fels — Granit in allen erdenklichen Farbabtönungen von Gelb oder Grau bis zum gesättigten braunroth, zerrissen und zerklüftet und zum Fluß in compakten Stükken abfallend, die glatte Flächen von hunderten von Fuß bilden. Es ist heute der Anblick ein so durchaus anderer wie gestern. Ich kann für diese Wildheit nicht den adäquaten Ausdruck finden. Es ist, als wenn eine steinerne Welt vom Himmel gefallen wäre, und nun noch die Schwere des jähen Falles in ihrem Zerrissensein zeigen. Und diese Bahn! Die Menschen sollten hierher pilgern, um diese Wunderwerke der Natur und der Menschenhand anzustaunen!

Um 1/4 6 Uhr fuhren wir in **Lytton** ein. Es ist dies ein Goldsucher- und Indianerdorf. Die Indianer sind christianisiert. Ihr Gebiet ist durch einen weit umfassenden Zaun abgegrenzt. Einige kamen an den Zug. Die Weiber unmöglich gekleidet — grelle Farben sind bevorzugt. Die Männer sahen starkknochig aus. Wir sahen gerade einen berittenen Zug dieser Indianer das Dorf verlassen. Voran gieng ein Mann, die lange Flinte auf den Rücken geworfen, sein bepacktes Pferd an der Hand führend, dann folgte ein mit breitem Strohhut bekleideter Mann zu Pferde, dann zwei Weiber u. zuletzt wieder ein Mann, die Flinte quer vor sich. Alle Pferde waren hoch beladen. Wahrscheinlich tauschten sie ihr Gold irgendwo aus. Ihre Ansiedlung sah sauber aus. Die Holzhäuser, die ich sah, hatten ein ringsherum laufendes Spitzdach. Die Lage dieses Ortes ist vorzüglich gewählt. Hier ergießt sich der **Thompson** in den **Fraserfluß**.

Im Ganzen fand ich den **Fraser R.** nicht breiter als den **Thompson**. Die Scenerie bleibt die gleiche. Bald sind wir in der Nähe des Flusses, bald steigen wir wieder in die Höhe, überfahren Schluchten u. Abgründe, folgen aber dem Flusse u. sehen ihn in jedem Augenblicke. Er ist unbeschreiblich schön. Von den Felswänden stürzen schäumend Bäche herunter in den wild dahinrauschenden **Fraser**. Sie können den schmalen Pfad, auf dem wir uns bewegen, nicht unterwaschen; denn hier wurden sie in eingelegten Holzrinnen aufgefangen, und so unschädlich gemacht, können sie dann den Abhang zum Fluß nach ihrem Belieben wieder herabstürzen. Das jenseitige, rechte Ufer zeigt nun wieder schneebedeckte Berggipfel. Wir fahren jetzt an manchen Stellen, die besonders gefährlich sind, in langsamstem Schritt, so daß meine geliebte Gurfi mithalten könnte. Plötzlich machen wir eine Biegung, befinden uns auf einer Brücke über den **Fraser**, haben nicht Zeit, schwindlig zu werden oder unserem Erstaunen über die Großartigkeit Ausdruck zu geben — schneller als ich dies hinschreibe, sind wir darüber hinweggeflogen und befinden uns in der Dunkelheit eines Tunnels.

Wir fahren jetzt auf dem rechten **Fraser Ufer**, erkennen sowohl an unserer als an der gegenüberliegenden Seite manche Indianersiedlung — die Hütten halbmannshoch, meist unter Laub, das hier wieder reichlich vorhanden ist — sehen ihre Vorrichtungen zum Fischen sowohl hart am Flusse als, wo das Bett nicht so zugänglich ist, auf in den Fluß herüberragenden Felsvorsprüngen und genießen, versunken in dem Beschauen dieses wunderbaren Weltstückes, das Glück, das leider nur so wenigen zu Theil wird, ihren Horizont zu erweitern. Hinausschauen, oder besser hinabsehen darf man nicht — so scharf fahren wir zwischen Fels und Abgrund. Noch eine Chinesenansiedlung passiren wir — elende Holzhütten, die furchtbar schmutzig aussehen, und sind um 1/2 7 Uhr in **North Bend**, einem **Divisional Point** der C. P. R., auf einer plateauartigen Erweiterung des Felsens gelegen. Welch wunderbare Lage, ganz im Grünen zwischen Felsen! Schöne Holzhäuser, etwa 6—8, einige auch für Sommeraufenthalt von Gästen eingerichtet, finden sich hier, ziemlich nahe an die Felswand sich anlehnend. In dem Compagniehaus nahmen wir etwas zu uns. Die Preise sind hier ein für allemal fixiert — 75 cents, also 3 Mark für ein **Dinner** oder **Breakfast**, 50 cents für **Lunch** — aber dafür ist alles reichlich, reinlich und gut.

Mittlerweile war die Dämmerung hereingebrochen. Wir jagen zwischen Felsen, Wasser und Fels dahin — eine wahre wilde Jagd nach unserem Ziel, das noch 132 Meilen entfernt ist. Abendnebel stiegen auf, so daß nur das gegenüberliegende und nächste erkannt wird. Graufarben wälzen sich jetzt die Wassermassen des **Fraser** dahin. In schwindelnder Höhe bewegt sich auf dem Paßweg gegenüber ein Mensch. Gefährliches Wandern!

Auf dem Boden liegend — ich erkenne es noch deutlich — Holzstäbe, die soweit über den Felsrand hinausragen und an ihrem freien Ende durch Querstangen gestützt sind, daß ein Mensch oder ein Thier gehen kann! Wehe dem, der hier fehltritt! In Atome zerschellt, würde er in die rauschende Woge stürzen. Kein Geländer, Kein Halt! Ueber 200 engl. Meilen zieht sich dieser Pfad hin.

Fast am Wasserspiegel, in einer Felsspalte, entdeckte ich jetzt ein Licht — Indianer waschen hier Gold, d. h., sie suchen in dem von dem Berge kommenden Gießbach nach diesem Metall. Wie ein Vorhang ist der Abendnebel über die großen Schönheiten des linken Ufers gefallen — hier und da leuchtet noch ein weißes Zelt aus dem Nachtgrau heraus, und dann sehen wir nur noch unsere nächste Umgebung — links die jäh zum Strom abfallende Wand, rechts die zu nicht mehr erkennbarer Höhe aufstrebenden Felsen. Goldig roth steht der Mond am Firmament, erwartungsvoll den letzten Rest der Sonnenwirkung verschwinden zu sehen, um allein zu leuchten. Jetzt ist es Nacht geworden über **Columbien**. Gellend tönt das Heulen der Locomotive, wenn eine Abnormität in der Bahn kommt, und weckt hundertfaches Echo zwischen den Felswänden. Ich denke an Euch, meine Welt, nach der ich mich zurücksehne, Ihr geliebten guten Wesen! Und wie jetzt, so habe ich in jeder Minute dieses so ereignißreichen Tages an Euch gedacht, die Ihr meine guten Engel gewesen seid!

Freitag den 26 Aug(ust)

Der Zug war in der Nacht an dem Endpunkt unserer canadischen Bahnfahrt angelangt. Wir standen früh auf, um uns **Vancouver** anzusehen, von wo Mittags 1 Uhr die Reise nach **Victoria** mit Steamer weitergehen sollte. Die Stadt ist im Entstehen begriffen. Die Meeresbucht, an der sie sich befindet, gestattet großen Seeschiffen die Einfahrt. Leider war Post und Telegraphenbureau noch nicht geöffnet — erst um 3/4 9 Uhr bequemten sich die Herren zu kommen! Wir wollten, was wir ja auch später gethan haben, Euch depeschiren, um Euch Besorgniß zu nehmen, falls die Nachricht von dem Eisenbahnunfall — im Ganzen unwahrscheinlich — zu Euch gelangen sollte. Wir giengen durch die Stadt. Enorm breit angelegte, fast ganz mit Holzhäusern bebaute Straßen, viele, viele leere Bauplätze, in denen noch riesige Baumstümpfe oder verkohlte Baumreste stecken, mit deren gänzlichem Abbrennen wir an anderer Stelle Chinesen beschäftigt sehen, Kneipe an Kneipe, eine schmutziger und widerlicher wie die andere, herumlungernde Menschen, Speculanten, Landmakler, Spieler etc., Trödler, die aus „**second hand**" Pistolen, alte Kleider, Zaumzeug u. Stiefel feilbieten, Chinesen, die auf dem flachen Dache ihrer Holzbude

Wäsche trocknen lassen, Straßendämme, die mit dem schönsten Rotholz belegt sind, und ebensolche, etwa 2′ höher liegende, zu beiden Seiten des Straßendammes laufende Fußsteige. Ich sage Fußsteige! Denke Dir, die Rabenstraße sei in ihrer ganzen Breite mit fast 1/2′ dicken, nicht geflickten, sondern die ganze Damm- u. Bürgersteigbreite ausmachenden Bohlen belegt! Ueberall Telegraphendrähte, Telephonverbindung, keine Laternen sondern allenthalben Glühlichtlampen — große Reclamefelder voller Humbug, junge Mädchen mit Stöcken gehend, — puh, wie widerlich sieht dies aus! — als Ueberbleibsel und Zeichen früherer hiesiger urwaldlicher Schönheit vielfach vor Häusern Baumdurchschnitte von ca. 3 met. Durchmesser, enorm hohe Preise für die einfachsten und schlechtesten Sachen, ein ganz miserables, ungenießbares, verdorbenes Essen in dem ersten Hotel — das bietet **Vancouver**, ein Ort, der wahrscheinlich noch einmal große Bedeutung erlangt, weil von hier aus die kürzeste Route nach **Yokohama** geht. Hier nahmen wir auch von unserer Reisegesellschaft Abschied.

Ein Boot, das wir so kühn waren zu nehmen, geleitete uns in die Bucht hinein. Es war nicht gefährlich, sonst hätten wir es nicht gethan. Onkel steuerte, ich ruderte, beide wahrscheinlich schlecht — aber Onkel jedenfalls schlechter als ich. Zuletzt glitt noch ein Rudereinsatz, als ich etwas auffischen wollte, ins Wasser, u. wir hatten Mühe heranzukommen. Aber es war doch schön, und wir fühlten uns sehr erfrischt.

Alles war besichtigt. Die Stunde der Abfahrt rückte heran, aber kein Boot erschien. Wir hatten nichts zu Mittag essen wollen, weil wir mit dem Billet freie Mahlzeiten auf dem Dampfschiff bezahlt hatten. Das Boot kam und kam nicht. Es wurde 2, 3, 4 Uhr u. wir saßen immer noch da. Kein Mensch konnte Auskunft geben. Onkel geduldig, ich ungeduldig. Um 6 Uhr verbreitete sich das Gerücht, das Schiff hätte einen Schaft gebrochen u. komme nicht. Scheußliche Perspective! Morgen Mittag geht das Boot von **Victoria** nach **St. Franzisco**. Versäumen wir es, so müssen wir volle acht Tage warthen, ehe wieder eins geht. Ich nehme mir einen Dolmetsch — es ist schon 7 Uhr geworden u. noch immer hat uns keiner auch nur ein Wort Aufschluß gegeben — u. gehe in das **Office**. Die Herren bedauern, aber wissen nichts. Dazu leerer Magen u. Unmöglichkeit fortzugehen, weil ja doch noch ein Boot kommen kann! Endlich fängt auch Onkel an, beweglich zu werden. Ich veranlasse ihn, mit mir zur Direction der **C. P. R.** zu gehen. Löwenunmuth kocht auch in ihm. Wir kommen hin u. erhalten, nachdem Onkel ihnen zugeschworen, ein „**Paper**" darüber zu veröffentlichen, wenn wir nicht befördert würden, die Versicherung, daß wir heute noch mit der Bahn nach **Westminster** u. von dort mit einem Boot weiter befördert würden, so daß wir den Anschluß erreichen. Wir hatten beide wenig Appetit, trotzdem wir nichts gegessen hatten. Um wenigstens eine Suppe zu nehmen, gehen wir in einen **Dining Room**, der von außen leidlich aussieht. Nicht lange dauerte es, so befanden wir uns auch schon wieder auf der Straße. Grausen erfaßt die Gastfreunde! Voller Ekel verließen wir das Local. Onkel u. ich waren quitt. Er hatte in **Long Branch** von dem **Lobster** gekostet — ich heute von dem **Apple Pic**!

Langsam schlich die Zeit hin. Erst um 10 Uhr gieng der Zug. Da wir Anspruch auf ein Bett hatten u. Onkel sowohl wie ich selbst müde waren, so erkundigte ich mich nach einem **Sleeping Car**, da man annahm, es würde das Boot erst am Morgen kommen. Da hieß es wieder, **Ladies** seien da, die Betten haben müßten. Nun war ich aber mit dieser heuchlerischen, ostentativen Ladiebevorzugung voll geladen. Ich erklärte, 2 Betten haben zu wollen, die auch wirklich hergerichtet wurden. Als sich aber Onkel hinlegen sollte, erklärte er — es war das erste Mal, daß ich solchen Eigensinn an ihm wahrnahm —, er wolle unter allen Umständen auf der Holzbank bis 5 Uhr Morgens sitzend schlafen. Der amerikanische lahme junge Mann, der Intendant der Bahn, derselbe, der Onkel in **Vancouver** die Auskunft gegeben, kam u. lud ihn zum Zubettgehen ein — es war alles vergeblich. Ich ärgerte mich, weil ich es ja gesehen hatte, wie schlecht eine unangenehme Nacht auf ihn einwirkte. Der Zug hielt, die Leute stiegen aus — er rührte sich nicht. Erst als man uns sagte, wir könnten die Nacht an Bord zubringen, stand er auf. Eine elende, etwa 2′ breite Schiffstreppe zwängten wir uns hinauf. Ich verlangte am Büreau unsere Cabinen — **Ladies**! Himmeldonnerwetter! Ich war in der rechten Stimmung u. setzte dem Mann in erhobener Tonart auseinander, daß mir seine **Ladies** gleichgültig seien und ich etwas plötzlich eine Schlafstätte haben wollte. Er zuckte nur die Achseln. Onkel gieng heran — das Gleiche. Schließlich muß dem Kerl doch die Einsicht gekommen sein — oder hatte er wirklich erst die stockbewaffneten **Ladies** untergebracht — wir bekamen eine kleine

Cabine mit drei, vielleicht in zwei Fuß Höhe eine über der anderen angebrachten Schlafstätten. Onkel nahm die mittelste, ich die oberste u. der lahme Amerikaner die unterste. An Schlafen war nicht zu denken. Die ganze Nacht hindurch wurden unter lautem Schreien u. Gepolter Güter eingeladen.

Sonnabend d. 27. Aug.

Der Morgen war regnerisch, und man konnte nicht viel von dem Lande erkennen. Erst allmählich erkannte man hier und da eine der Inseln, die in überaus reicher Zahl in dem **Georgiagolf** und dem **Puget-Sound** liegen. Was man aber erkennen konnte, ließ auf eine außerordentliche Fruchtbarkeit schließen. Baum- u. grasbewachsen, in mannigfacher Form u. Größe, bald ganz flach und der Salzfluth Einschnitte zu machen gestattend, bald graniten sich aus dieser hoch erhebend, umschwärmt von Vögeln, wo der Blick hindringen konnte, auch Hütten, Zelte und Holzhäuser erkennen lassend, so stellte sich diese Inselwelt dem Auge dar. Große Lachsfischereien finden sich hier, die den Lachs sofort in Büchsen verpacken und versenden. Wir hielten an einer solchen, u. sahen darin Indianer beschäftigt. So müssen diejenigen hier auf dem Boden dienen, der ihnen früher als Herren gehörte! Viele, viele derselben aber wohnen noch auf den Inseln u. ernähren sich, wie sie es früher gethan.

Unser Wetterglück verließ uns auch heute nicht. Die Sonne kam heraus u. ließ uns nun das herrliche Meer und seine felsigen Einlagerungen erkennen und mehr genießen. Nach Wald u. Wildniß nun das geliebte Meer in seiner bläulichen Pracht. Manche der Felseninseln — alle sind bewaldet — erscheinen an ihrem Meeresabhange wie mit weißem Sand bestreut — Pilze oder besser Flechten sind es, die diese eigenthümliche Färbung erzeugen.

Leider störten die Menschen etwas dieses Genießen. Nicht darüber ärgerte ich mich, daß diese Lumpen unter dem Vorwande, dies sei ein anderes Schiff als das, mit dem wir hätten fahren sollen, uns zwei Mahlzeiten, die obendrein schlecht u. schmutzig waren, bezahlen ließen, weniger auch darüber, daß auf einem Weg durch das Schiff, den man des Morgens passiren mußte, ein so entsetzlicher Schmutz lag, daß ich meine Beinkleider aufkrämpte, ein anderer Ort so verschmutzt war, daß erst auf meine energische

Reclamation Abhülfe geschaffen wurde, weniger auch über den widrigen Geruch, der auf diesem alten hölzernen Seelenverkäufer herrschte — sondern über die Menschen auf dem Schiffe. Ein baumlanger, latschiger junger Mensch mit eingekniffenen Monocle — es sind immer Thunichtgute, die ein solches tragen — schoß, ohne sich im mindesten um seine Umgebung zu kümmern und aus reiner Lust am Tödten, nach Seevögeln. Ein schmutziges und brutales Volk, von Monocletragenden „**Gentleman**" bis zum Kofferträger! In den sogenannten Schiffssalon, wo „**Ladies**" sitzen, setzt sich der schmutzige **Waiter** ohne Rock, sein aufgekrämptes, schmutziges Hemd und seine geölte Weste den Blicken darbietend hin, u. kein Mensch wirft einen solchen Strolch heraus, weil die anderen in ihrer Weise sich wahrscheinlich ebenso benehmen und — weil wir uns hier im Lande der Freiheit befinden! Freiheit! Armes, mißbrauchtes Wort! Jeder verbindet mit Dir andere Vorstellungen. Ich glaube, daß der Charakter eines Menschen danach erklärt werden kann, wie er die Freiheit definiert. Daß Freiheit auch Einschränkung seines Wollens in sich schließt, scheinen Amerikaner, soweit ich bis jetzt mit ihnen in Berührung gekommen bin, nicht begriffen zu haben. Doch genug von Menschen! Was uns jetzt umgiebt, ist anziehender. Um etwa 1/2 1 Uhr kommt die Insel **Vancouver** in Sicht. Sie trägt den Namen ihres Entdeckers und ist größer wie England, dem sie angehört. Immer mehr u. mehr erkennen wir von ihr, Felsen, Bäume, Hütten, Häuser. Jetzt fahren wir so dicht bei ihr, daß wir die Blumen zwischen den Steinen erkennen können. Weite Felsausläufer schickt sie in den stillen Ocean hinein, der hier schon — wir sind jetzt vor dem Südende der Insel ohne Begrenzung nach Westen — heranfluthet. Um 3/4 3 Uhr landen wir in **Victoria** bei Sonnenschein.

Unser Schiff für **St. Franzisco** sollte schon auf uns warten. Soweit wir aber den Blick, den spähenden, senden — nirgends unser Boot. Wann kommt es? Keiner kann es sagen! Wir gehen von hier etwa 100 Schritte weit. Dort lagern große, nach dem eigentlichen Hafen gewandte große Felsblöcke, auf denen wir uns niederlassen. Hier mag **Vancouver** geruht haben, als er sein Schiff im sicheren Hafen sah; denn von hier aus übersieht man Meer, Hafen u. Land. Ein schöner· Ruhepunkt! Wir sehen die Stadt mit ihren Thürmen, Fabriken u. Häusern einladend daliegen, aber — wir können nicht hinein! Ich pflücke Moospflanzen, die ich hoffe lebend nach Europa bringen zu können. Da sahen wir aus dem Hafen ein Schiff heraus dampfen, glaubten, es sei das unsere — irrten uns aber. Das gab Veranlassung, daß Onkel vorschlug, ohne Bedenken der Stadt zuzugehen, wenn auch nur, um uns Bewegung zu machen. Wir gehen rüstig darauf zu — ein bequemes Gehen, da hier der Straßendamm chaussirt, die Seitenstege aber wie in **Vancouver** aus schönen Holzbohlen bestehen. Aber wie reizend sind die Häuser, bei denen wir vorbeikommen! Nein, es sind Villen reicher Engländer, die hier außerhalb der Stadt ihr Heim haben. Seit langer Zeit sehe ich doch einmal wieder Sauberkeit. In den Gärten erkenne ich Stiefmütterchen, Päonien, Begonien, Aconit.

Da kommt plötzlich unser junger Amerikaner in seinem Wagen angefahren. Er ladet uns ein, in die Stadt zu fahren, da wir sicher, wie der Kutscher es ihm gesagt, erst um 6 Uhr, vielleicht noch später das Boot zu erwarten hätten. Wir acceptiren und haben es wahrlich nicht bedauert. Ein guter Seewind ließ die Wärme der Sonnenstrahlen nicht zur Wirkung kommen. Wir sind in einer großen Stadt von ganz eigenartigem Gepräge. Große Läden mit meist europäischen Artikeln und relativ billigen Preisen, Menschen wie wir gekleidet, Restaurants, Schulen, Kirchen — alles wie bei uns, und doch ein so eigenartiges Gepräge tragend, daß es mir schwer oder sogar unmöglich ist, es genau zu präcisiren. Ueberall stehen nichts thuende Menschen umher, durch die Straßen reiten auf Sätteln mit breiten Bügeln oder gewöhnlichen, Männer u. Frauen; dort beginnt das Chinesenviertel, in dem sich ausschließlich diese Zopfträger niedergelassen haben — sie stehen vor ihren Läden mit chinesischen Aufschriften — dort trägt ein solcher an den Enden einer langen Stange je ein Bündel Holz — u. da sieht man in einem Laden indianische aus Schiefer geschnitzte fratzenhafte kleine und große Götzenbilder. Mitten an dem Kreuzungspunkte mancher Straßen erheben sich 3—4 Stockwerk hohe Mastbäume, die, wie ich es auch in **New York** sah, 6—8 electrische Lampen, circulär angeordnet, tragen. Allenthalben trifft man auf ein- oder zweisitzige Wägen, die meist von Damen allein kutschiert werden. Man glaubt, alle diese Menschen seien nur zum Genießen der herrlichen Natur vorhanden, und die Sorgen des täglichen Lebens lägen ihnen so fern, wie es bei Adam u. Eva im Paradies der Fall war. Juden giebt es wie überall, so auch hier. Die Erfüllung jener Weissagung, daß sie am Tage der Messiasankunft von den letzten Enden der Erde gesammelt werden sollten, wird schwer sein. Zu erkennen sind sie freilich leicht; selbst wenn sie nicht so aussehen wie hr. Isaacson u. Goldstein, bei denen wir etwas kaufen wollten, sind sie an der Unverschämtheit der Forderungen zu erkennen, die sie für Curiositäten verlangen. Lachend verließ ich diese Handelsbrüder, und zog vor, keine Götzen zu kaufen, eingedenk des zweiten Gebotes. Unser Kutscher war ein guter Cicerone. Nachdem wir alle Straßen u. die Villenterrains angesehen, auch bei dem castellartigen Wohnsitz des Gouverneurs gewesen, manchen ärmlich gekleideten **Victoria-Indianer** gesehen, führte uns unser Automadon zum Corso. Denke Dir, Du befändest Dich plötzlich unter jahrhundertalten riesigen Eichen, die eine Allee bilden, auf der einen Seite einen großen Platz begrenzen, auf dem, umstanden von vielen Zuschauern, junge und alte Männer, wie die Bajazzos gekleidet, mit dem Reckit arbeiten, auf der anderen sich zu einem Wäldchen verdichten, in dem die uniformirte **Navy Band** des hier liegenden Kriegsschiffes Operetten stehend spielt, male Dir ferner aus, daß Jung u. Alt die Musiker umsteht, und Herren u. Damen in schönen aber auch gewöhnlichen Reitanzügen, die Zügel gelockert, den Tönen lauschen, andere in den kühnsten Galoppaden dahinschießen oder ihre Gäule courbettiren lassen, dazu eine Unzahl durch Damen gelenkter Wagen, so kannst Du Dir vielleicht eine Vorstellung von diesem Bilde, aber nicht von der Stimmung machen, in die ich versetzt wurde. Man wird **bongré malgré** lustig und heiter in solcher Gesellschaft. Man glaubt, jeder dieser Menschen gienge, nachdem er sich genug amüsirt, fort u. sage wie König **Jerôme** und Deine Tante Flora: „Morgen wieder lustik"! Auf der weiteren Fahrt kamen wir an mannshohen Farnen vorbei, die nicht etwa vereinzelt, sondern zu hunderten u. tausenden hier unbeachtet herumstanden. Noch hatten wir Zeit, da wir unser Boot von der Höhe weit draußen im Meere erkennen konnten. Wir fuhren zur Post, sandten Euch eine Karte u. besahen uns einige Läden. In einem Schuhladen bemerkte ich Mannsstiefel aus dickem Rindsleder gearbeitet, die drei Sohlen in drei sich von einander abhebenden Etagen besaßen. Ich schickte Onkel zum Fragen hinein, u. der Mann meinte, die Leute brauchten hier solche colossale Bauwerke: In einem

Restaurant stärkten wir uns. Seit **New York** hatten wir kein so schmackhaftes Essen für einen so billigen Preis erhalten. Mit dem Besitzer, einem Franzosen, unterhielt ich mich u. drückte meine allerhöchste Zufriedenheit aus.

Um 7 Uhr fuhren wir zum Steamer, der uns ins Goldland bringen sollte. Der „**Geo. W. Elder**" sollte uns drei Tage beherbergen. Auf dem Deck waren Cabinen. Sie waren alle besetzt und in Händen von **Ladies**. Wir bekamen eine solche unter Deck u. natürlich die schlechteste, nämlich über den Schrauben. Immerhin freuten wir uns, daß das dritte Lager nicht noch besetzt wurde. Wundervoll beleuchtete der Mond in breiter Fläche den stillen Ocean oder besser die **Straße von San Juan de Fuca,** durch die wir jetzt dampfen. Bis 1/4 10 Uhr blieben wir auf Deck u. genossen dann noch von der Cabine aus dieses Bild, bis wir aus der **Fucastraße** heraus, vorbei am **Cap Flattery** den Ocean gewonnen hatten.

Sonntag d. 28 Aug.

Gestern Abend sagte uns der Amerikaner, der „**G. W. Elder**" sei in **Franzisco** und an der ganzen pacifischen Küste als „Roller" bekannt u. wir würden es noch bald merken. Die vergangene Nacht u. der heutige Tag haben es mir zur Genüge bewiesen. Ich habe kein Auge zugethan u. war den ganzen Tag apathisch. Das Meer war herrlich und glatt wie ein Spiegel, aber das Schiff legte sich, und zwar was einen rasend machen kann, dauernd ohne Aufhören von rechts nach links und umgekehrt. Damen sah man heute zu den Mahlzeiten gar nicht und von Herren etwa 10. Dabei war das Schiff voll besetzt. Sie waren alle seekrank. Wie gut thaten sie, nicht zu den Mahlzeiten zu kommen! Etwas ähnliches an Schmutz des Tischzeugs und Ekelhaftigkeit der Speisen habe ich und auch Onkel nie in unserem Leben gesehen. Was eigentlich an widerlichem Material auf das zerfetzte Tischtuch gesetzt wurde, haben wir nicht enträthseln wollen u. es vorgezogen, ein Stück Brod mit Butter — nein mit Margarinbutter zu essen. Ich war bis Nachmittag um 6 Uhr nicht seekrank. Da gieng ich zu Tisch, sah wieder das ekelhafte Essen u. mußte heraufstürzen, um dem stillen Ocean Tribut zu zahlen. Dann war mir wieder wohl, ich rauchte eine Cigarre und — hungerte. Dabei hörte das Rollen des Schiffes auch nicht für 5 Minuten auf und hielt bis zum Zubettgehen an.

Montag d. 29 Aug.

Die vergangene Nacht war wie die erste. Das Stoßen der Schrauben und das Hin- u. Herschaukeln des Schiffes dauerte auch diesen Tag an. Ich habe nur wenig geschlafen u. wachte mit eingenommenem Kopfe auf. Glänzend lag die Sonne auf der spiegelglatten blauen See. Möven spielten um das Schiff herum und stürzten auf das Brod, das man ihnen zuwarf. Es erhob sich ein Zanken und Streiten unter ihnen, wer das Brod haben sollte — genau so wie wir es in Sylt so oft gesehen haben. Ich bin keine Spur seekrank — habe aber nur Brod, Kaffee und etwas Kuchen zu mir genommen u. die Vorsicht gebraucht, weder auf das Tischtuch noch auf Tassen, Teller, Messer u. Gabeln zu blicken. Du kannst Dir diesen ekelhaften Schmutz u. Unrath nicht vorstellen! Ich beschäftigte mich mit Dir, meine geliebte Cläre, u. den Kindern im Geiste u. schrieb den ganzen Tag an Dich, indem ich die Haltung fand, die ich einnehmen mußte, um möglichst vom Schwanken unabhängig zu sein u. nicht zu viel Schmerzen zu haben. Ich war durch das Rollen nämlich in der Cabine vom Sessel so heruntergefallen, daß ich das unterste Ende meines Rückens zum Wundsein verletzte. Ich wünschte zum **Lunch** zwei weiche Eier unter dem Anerbieten der Extrazahlung. Ich konnte sie nicht erhalten, obwohl beim Anblick Uebelsein erregende **Scrambled eggs** gereicht wurden! Darum hungere ich!

Dienstag den 30 Aug.

Man gewöhnt sich an Alles, in gewissen Grenzen sogar an das Schiffsrollen. Ich habe leidlich gut geschlafen, dann schnell die Tasse Kaffee? nein! Ausspülwasser, nur um nicht noch schlechteres kaltes Wasser trinken zu müssen, heruntergestürzt und dann wieder mich durch das Beschauen des Oceans erfrischt. Statt der bisher ausschließlich gesehenen grauen Varietät der Möven, sahen wir hier weiße in graciösem Fluge das Schiff umschweben. Gegen acht Uhr wurde zuerst linkerseits ein Stück Land sichtbar — es war **Californien.** Weithin leuchtete von einem Felsvorsprunge ein Leuchtthurm durch seine weiße Farbe übers Meer. Unterhalb desselben auf einer Klippe zeigte sich das weißgetünchte Haus des Wärters, so hoch wie das Nest eines Raubvogels, und scheinbar so leicht befestigt, daß ein Windstoß es ins Meer schleudern könnte. Die Felsen sind wild u. vegetationslos. Dicht bei ihnen fahren wir hin oder besser schaukeln wir hin. Wie ein nervenkranker, zitternder oder im Gehvermögen gestörter Mensch, so muß auch dieses Schiff in seiner Wirbelsäule oder in seiner Gesammtconstitution gestört sein. Das Meer ist so ruhig, daß der Positiv seines Namens heute in den Superlativ umgewandelt werden könnte. Dreist könnte man darauf mit einem Ruderboot fahren. Das Stück Festland ist bald zu Ende. Tief buchtet das Meer weiterhin ein, so daß das Auge Land nicht erkennen kann. Dafür zeigt sich dies aber bald rechterseits als äußerste Begrenzung der **Bai von St. Francisco,** oder besser als die Landspitze der Halbinsel, auf der **St. Francisco** liegt. **Forts** zur Verteidigung des Hafeneingangs fehlen auch hier nicht. Bald erkennen wir auch linkerseits wieder Land, wir fahren in den ganz riesigen, nicht überschaubare Dimensionen besitzenden, von zahlreichen Seeschiffen belebten, sonnenbeglänzten Hafen hinein. Hoch hinauf auf die gelbbraunen Anhöhen erstreckt sich die Stadt. Wir erkennen, wie die Straßen sich hoch hinauf mit kleinen terassenförmigen Unterbrechungen hinziehen, sehen rauchende Fabrikschornsteine, **Quai** auf **Quai,** alle mit tausenden und abertausenden von Getreidesäcken hoch hinaufbeladen — Speicher, die das gleiche **californische** Nahrungsgold bergen, und landen endlich. Jetzt schaukelt der „Elder" nicht mehr.

Wir stiegen um 11 Uhr herunter, lassen unsere Sachen visitiren und sind, umschrien von einer wüsten, Dienste u. Wägen, Hotels anpreisenden Menge, in **St. Franzisco.** Durch das goldene Thor — so nennt man den Golfeingang — sind wir nach einer 750 Meilen weiten Tour von **Victoria** aus auf den Boden gelangt, der ja in der Vorstellung vieler Europäer goldbesät sein soll.

Das **Palace Hotel** soll unser Ziel sein. Ein wie ein Beamter aussehender Mann weist uns in eine Kutsche, als wir den Hotelwagen verlangen. Mit uns sind noch zwei Leute im Wagen. Endlos steil fahren wir immer bergan. Die beiden Leute steigen aus, der Kutscher fährt wieder herunter zum **Palace Hotel** u. verlangt dort — **3 Dollar** = 12 Mark, für eine Strecke, die zu Fuß in 15 Minuten zurückgelegt ist. Wir wollen nicht zahlen — er kommt mit hinein zum Bureau — das Ende vom Liede war, wir bezahlten dem Schufte — daß er daran ersticke! — 8 Mark, durch die Hand eines der **Hotelclerks.** Der Aerger hinderte uns, nicht zu bewundern. Bewundernswerth ist aber dieser Bau, der 6 Stockwerke hoch ist, die alle von gleicher Höhe sind, ungezählte Erker hat, die alle von außen durch eiserne Brücken verbunden sind, und innen einen Lichthof besitzt von so eigenthümlicher Construction, wie ich auch nur annähernd ähnliches nie gesehen habe. Entsprechend den 6 Etagen laufen 6 Corridore breit und luftig an drei Seiten des enorm großen Rechteckes, das er bildet, herum. Sie werden jeder von ganz gleich angeordneten Säulen getragen, zwischen denen vielleicht 1—2′ hohe Fensterrahmen, um Zug abzuhalten, befestigt sind, etwa so wie im Theater in der Orchesterloge kleine bespannte Rahmen sich befinden, die ein Nichtgesehenwerden ermöglichen sollen. Zur Rechten und Linken eines solchen Fensterchens sind dreiarmige kleine Gascandelaber angebracht. Alles bis auf die kleinen Fensterrahmen ist weiß gehalten. Die Mitte des Lichthofes ist asphaltirt u. für Wagen bestimmt, der übrige breit, geräumig, mit Marmorplatten belegt. Electrisches Licht fehlt natürlich nicht. Fünf Elevatoren zur Hinaufbeförderung sind vorhanden. Wir erhalten 2 von einander getrennte Zimmer im 2ten Stockwerk.

Jedes ist mit drei Nebenräumen: Garderobenzimmer, Badezimmer u. Toilettenraum versehen. Das Meinige hat folgende Anordnung:

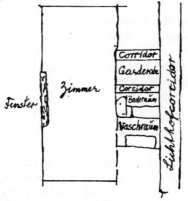

Der erste Gang war zur Post. Endlich ein paar Zeilen von Dir! Ich habe mich sehr damit gefreut! Vor allen Dingen danke ich Gott, daß Ihr gesund seid, u. meine geliebte Gertrud das Jucken verloren hat. So habe ich die Hoffnung, daß wenn Du nachher in Hamburg meine Bitte beachtest u. nicht zum unnützen Plappern Dich einladen läßt, Du und die Kinder gekräftigt heimkehrt.

Die Geschichte mit Elise ist mir jetzt gleichgültig. Lade sie bitte nicht zum Herbst zu uns ein! Alsdann telegraphirten wir nach **Washington** meine etwas verspätete Ankunft u. dann — auf zur Reinigung! Ich bereitete mir, da kaltes u. warmes Wasser überall zur Verfügung steht, sofort ein Bad. Das war ein wirklicher Genuß!

Ein Gang durch die Stadt zeigte uns manches bemerkenswerthe. Das Pflaster ist durchweg so erbärmlich, daß man Gefahr läuft, jeden Augenblick sich die Beine zu brechen. Nur an Straßenübergängen sind Granitplatten, aber unbehauen von unglaublich miserabler Beschaffenheit, eingelegt. Der kleinste Flecken in Deutschland besitzt bessere Pflasterung als diese Stadt, in der hundertfache Millionäre leben. Staunenswerth ist die Schönheit des Obstes u. die Billigkeit. Wir kommen am Fruchtmarkt vorbei u. sehen Birnen, Aepfel, Pfirsiche etc. von fast krankhafter Größe. Wie fruchtbar muß dieses **Californien** sein! Der Zwischenhandel vertheuert hier vielleicht mehr wie in irgend einem Lande die Producte, so daß mir später für zwei Pfirsiche **1 Quarter** = 1 Mark abgefordert wurde, während man von Onkel für eine Kiste voll der schönsten Frucht nur 3 Mark verlangte. Die in den Läden ausliegenden Sachen sind nicht originell u. stammen entweder aus dem Osten oder aus Europa, vorzugsweise Berlin. Man erkennt sie an ihrer schlechten Beschaffenheit. Die Preise sind mehr wie unverschämt. Ein kleiner Filzhut war mit 16 Mark ausgezeichnet — ein paar Herrenstiefeletten, handgenäht 20 Mark — ganz einfache Schlipse 2 Mark u.s.f. — Wir leben in einem gelobten Lande! Ich begreife nicht, woher hier die gewöhnlichen Leute das Geld nehmen, um sich so anständig zu kleiden, wie sie einhergehen! Der Milchmann ist wie ein **Gentlemen** gekleidet und ebenso jeder Droschkenkutscher. Die einzige Erklärung, die ich dafür habe, ist die, daß alle diese Leute in so ungeheuerlicher Weise übervortheilen, daß sie nur so ihre Ausgaben u. Einnahmen zu balanciren im Stande sind. Was müssen erst die Pelzkappen oder die pelzverbrämten Sammtmäntel der Damen kosten, die ich merkwürdigerweise bei brennender, freilich durch scharfe, über die Stadt streichende, Seewinde paralysirter Sonnengluth habe tragen sehen?

Vielfach durchzogen ist die Stadt von electrischen Bahnen. Wir setzen uns auf eine solche u. fahren die **Montgomery Street,** eine endlos lange breite Straße herunter. Es fährt sich prächtig auf dieser Bahn. Es giebt innere u. äußere Plätze. Wir wählen die letzteren. Bei den merkwürdigsten Läden, bei Doctoren mit Riesenschildern, Trödelläden, bei einem „Naturalisten", der ausgestopfte Affen auf der Plattform seines Holzhauses aufgestellt hat, bei **Photographie Studio**" u. vielen anderen Reclameschildern fahren wir vorbei. Ein merkwürdiges Gebäude veranlaßt mich, den Wagen halten zu lassen. Wir gehen zu diesem an Curiosität des oder der Baustiele gemäß in der Welt einzigen Bauwerks. Es ist die **City Hall**, das noch nicht fertige, aber z. Theil schon in Benutzung genommene Stadthaus. Ganz beschreiben kann ich es nicht. Wir sahen drei Fronten zu einem, aber aus den verschiedenartigsten Theilen zusammengesetzten Bauwerk. An der einen Front zwei schön modellirte Thürme, zwischen denen sich ein attischer Porticus befindet. Dicht daneben erhebt sich ein eckiger, einem Wasserthurm ähnlicher Aufbau, dann folgt ganz unmotivirt ein halbrunder Säulengang, der wieder zu einem nicht eben besonders aussehenden Thurme (führt), der aber — man staunt ob solcher Verrücktheit — einen reizend sich ausnehmenden, mit gewaltigen Schnörkeln versehenen Kuppelbau besitzt. Viele Millionen hat dieser Bau schon verschlungen, d. h. einige der Millionen stecken im Bau, die anderen in der Tasche der spitzbübischen obersten Stadtbehörden. Ein Geschäftsfreund von Onkel, Herr Hintz, den wir später sprachen, meinte, wir sollten uns nicht über das schlechte Pflaster wundern, u. über solche Bauten wundern. Geld sei für Alles dagewesen, es verschwinde in den Taschen von Leuten, die jeder kenne, denen aber Niemand zu Leibe geht! Er erzählt, daß ihm selbst der höchste städtische Einschätzungscommissar, nachdem er die Thür zu seinem Bureau verschlossen hatte — draußen warteten noch mehrere einzuschätzende — sagte, „entweder senden Sie mir heute noch **200 Dollar,** oder ich schätze Sie 2 bis drei Mal so hoch, wie Sie es selbst angegeben haben, ein." Natürlich erhielt er die 800 Mark. Freies Amerika! Lumpenland!

Im Hotel aßen wir nach langer Zeit einmal wieder ordentlich u. giengen Abends in das Theater. Ich habe Dir den Text zu den Liedern geschickt, die der Hauptacteur virtuos sang. Es amüsirte uns beide. Irisches Publicum war zahlreich im Theater u. klatschte bei jeder auf den „armen Iren" bezüglichen Stelle.

Am anderen Morgen (Mittwoch d. 31sten) fuhren wir für 20 Pfennige wohl 1 1/2 deutsche Meilen mit der electrischen Bahn nach **Golden Gate Park.** Sehenswerth ist es, wie diese Bahn Terrainschwierigkeiten überwindet. So steil geht es dauernd in die Höhe, daß man hinten überfällt, und dann wieder in einem Winkel bergab, daß man herauszufallen fürchtet. Aber die Bahn ist so sicher, als wenn man auf ebener Erde führe. Der Führer bremst an der steilsten Stelle. Eine sehenswerte Arbeit! **Golden Gate Park** ist ein Garten, der durch Sorgfalt auf dürrem Sandboden geschaffen ist. Stark wehende Seewinde lassen sonst den Staub hier anhaltend fliegen, so daß kein Blatt am Baum unter der dicken Staub- u. Schmutzlage zu erkennen ist. Hier in diesem Park merkt man nichts von diesem Einflusse. Schöner grüner Rasen, europäische u. tropische Pflanzen erfreuen hier durch den Wechsel in den Farben. Leider sahen wir nur den vordersten Theil des Gartens, weil dicht dabei ein Dampftramway der Abfahrt zur Küste harrte.

Die Fahrt ist nicht erwähnenswerth. Wüstes oder hügliges, zum Theil sogar abgebautes Land ist es, durch das wir fahren. Ein schmutzig gelber Staub, Detritus der Gesteinsmassen, die hier lagern, treibt in der Luft, weiter unten wird er durch weißen Dünensand ersetzt. Dieselben Fangmaßregeln für denselben sind hier wie in Sylt angewandt. Man hat Dünengras auf die relativ flache Düne gepflanzt. Wir sind am Ziel, erfrischt durch Drops, die wir uns vorher gekauft hatten. Unter lautem Reden hatte ein Mann jedem Passagier bei **Golden Gate Park** einen sauber verpackten Bonbon hingeworfen. Dann kam er wieder u. legte jedem ein Pappkästchen mit denselben Bonbons gefüllt hin u. kam zum dritten Male, um zu sehen, ob man ihm etwas abkaufen wolle. Der Originalität des Handels wegen thaten wir es.

Aber noch immer gelangt man nicht zum Genusse des Meeres. Erst müssen wir bei einem Mann vorbei, der abgerichtete Canarienvögel ihre Künste zeigen läßt, dann vorbei an einem riesigen Schild auf dem an einem mit Kolben und Retorten beladenen Tisch ein Greis mit langem, schneeweißem Bart u. Sammtkäppchen über ein Buch gebeugt dasitzt, und auf dem die Worte prangen:

Dr. Liebigs wonderful german invigorator the oldest greatest & best Remedy for . . . .

vorbei an jenen Felsinschriften, die zu hunderten angebracht sind:

„Drink Geyser Soda for health"

und erblicken dann erst den stillen Ocean in seiner ganzen Schönheit. Wie brandet er gegen das flache Ufer, und wie erfrischt der

See- oder Tangduft! Ein herrlicher Strand zum Baden. Gern thäte ich es, aber nirgends ist ein Badehaus oder ein Badekarren zu sehen. Viele Mütter sind hierher mit ihren Kindern gefahren, um für ein paar Stunden Seeluft zu genießen. Sie haben es bequem u. billig genug. Die ganzeTour kostet nur 20 Pfenn. Tief, tief athmen wir, während die Woge fast unseren Fuß netzt, die gute Luft ein und gehen dann eine Anhöhe hinan, aber immer am Meer bleibend zum **Cliff-Haus**, einem auf einem Felsen gebauten Holzhaus, das in zwei Etappen je eine nach dem Meere gerichtete Veranda besitzt. Was sich hier dem Auge darbot, könntest Du fast für eine Fabel halten. Vielleicht 50 Meter von unserem Standpuncte liegen drei große von einander getrennte, fast ganz übersehbare Felsen im Meere, und auf ihnen — ich kann keinen anderen Ausdruck gebrauchen — wimmelt es von bellenden, heulenden, in allen Tonarten sich bemerkbar machenden Seehunden. Ein Theil sonnt sich, andere wälzen ihre plumpen Leiber den Felsen hinunter in das Meer, um sich Nahrung zu fangen, ein anderer bellt, den Kopf u. Hals wie Schlangen nach allen Seiten drehend, laut in die Luft hinein und noch andere sieht man zwischen den Felsen im Wasser sich tummeln. Sie werden nicht etwa, wie ich glaubte, hier gehalten, sondern sind ganz frei. Früher durfte man sie schießen, jetzt zum Verdrusse der Fischer, die kaum hier noch Fische finden, nicht mehr. Guanobedeckt ist die eine Seite eines Felsens u. Zahlreiche sieht man hier sitzen, häufig in ihrer betrachtenden Thätigkeit durch die plumpen Seethiere unterbroden. Die gleichen Beförderungsmittel brachten uns wieder an den Ausgangspunkt unserer Fahrt zurück. Wir hatten hier Gelegenheit, die zu beiden Seiten der hoch sich hinaufziehenden Straßen vorhandenen, für je eine Familie bestimmten, ganz aus Holz erbauten Häuschen zu beobachten, ganz nach dem bereits beschriebenen **New Yorker** Modell hergestellt, mit hübschen Holzschnörkeln versehen und mit einem Vorgärtchen geziert.

Ich hatte die Absicht, mit als wesentlichen Zweck der **St. Francisco**-Reise „**Chinatown**" wie das Chinesenviertel heißt, besonders aber das Opiumrauchen aus eigener Anschauung kennen zu lernen. Wir fragten im Hotel nach einem Führer. Ein solcher war vorhanden, sollte aber **10 Dollars** = 40 Mark erhalten. Das war eine zu freche Forderung! Wir fragten in einem Ticketbureau — dieselbe Forderung, die aber, wenn man bei Tage geführt sein wolle, sich auf die Hälfte reduciere. Bei Tage ist aber gar nichts zu sehen, und jeder kann dann durch das Viertel u. in die Läden gehen. Ich wollte den betrügerischen **Yankees** zeigen, daß wir den rechten Weg allein finden können. Wir fragten einen **Policman,** ob er wisse, wohin man sich zur Erlangung eines Polizisten als Führer wenden müsse. Er wies uns an das Hauptpolizeibureau. Dort trug ich unter Uebereicherung meiner Karte mein Anliegen vor, u. als der **Captain** noch lange mit einem anderen deliberirte, gab ich ihm die Legitimation, die ich aus **Washington** bekommen hatte. Dies half. Abends um 9 Uhr sollten wir im Bureau einen Geleitsmann treffen. Wir theilten dies noch Hr. H. mit, der es auch sehen wollte; denn merkwürdigerweise kennen die besseren Kreise in **St. Franzisco** es gar nicht.

So schlenderten wir noch die Straßen entlang und sahen uns Menschen und Dinge an. An den Damen bemerkte ich die Mode vielfach, die Feder nicht wie üblich vorn oder an der Seite, sondern hinten am Hut befestigt zu tragen. Bei einem Juwelier entdeckte ich im Schaufenster — silberne Stecknadeln!, genau von der Größe und Form der gewöhnlichen, nur statt mit einem runden, mit einem flachen Kopf versehen. An der Börse kamen wir vorbei u. giengen hinein. Ein großer halbdunkler Saal u. in ihm eine Menge wüst schreiender und noch wüster speiender Menschen. Auf einer kathederartigen Erhöhung stand ein Mann, der mit einem Hammer in so ohrenschmerzender Weise auf eine Stahlplatte schlug, daß man herauslaufen mußte. Die Börse sollte geschlossen werden u. dieses primitive Mittel jedem weiteren Handel Einhalt thun. Kaum aber hatte der Mann zu schlagen aufgehört, als sofort das Geschrei wieder begann; erneutes Klopfen bis zur Abfuhr!

Unten in einem schmutzigen Kellerrestaurant wurde Nachbörse gehalten. Ein Mann in Hemdsärmeln schrieb Curse an eine Tafel und im Raum herum saßen oder standen diejenigen, die hier gewiß viel verloren u. nun wieder zu gewinnen trachten — Gestalten, mit denen ich nicht an einem Tische speisen u. mit denen ich nicht allein in den Bergen spazieren gehen mochte.

Noch war es Zeit, mit der **Cable Car** nach „**Nob Hill**", oder officiell **California Street** zu fahren, der Straße, in der die Minen-Crösusse residiren. Wieder gieng es immer steiler u. steiler in dem glatt dahingleitenden, nicht stoßenden u. schüttelnden Wagen aufwärts. Die Holzpaläste, die hier stehen mit ihren prachtvollen geschliffenen Fensterscheiben, ihren Candelabern, liegenden, Wache haltenden Löwen, Erkern, Thürmchen, Wintergärten, grünem Rasen, verrathen auch schon äußerlich den Reichtum ihrer Insassen. Auf dieser Höhe dürfen keine Stein- sondern nur Holzhäuser wegen der Gefahr der Erdbeben erbaut werden. Eine schöne Uebersicht über die Stadt genossen wir von hier aus u. fuhren dann, um uns mit Speise und Trank zu stärken, nach dem Hotel.

Um 1/2 9 Uhr machten wir uns auf den Weg. In einer der Querstraßen hörten wir in einem offenstehenden Locale singen, und traten, als wir hörten, es sei die **Salvatory Army,** ein. Wie in einem Klassenlocal standen hier rechts und links, in der Mitte einen Gang freilassend Holzbänke, besetzt mit jungen u. alten Männern, die uns, als wir Platz nahmen, erstaunt ansahen. Vorn auf einem breiten Podium saßen zwei Jungfrauen, zwei jüngere Männer u. ein älterer, mit rother Blouse bekleidet. Die eine der Jungfrauen, mit großem Wolkenschieberhut bekleidet, saß oder stand an einem Tische, auf dem eine Trompete lag. Auf einem dahinter befindlichen Stuhl erblickte ich eine Trommel. Gellend hell sang die Prophetin einen Choral nach dem anderen, von dem Chor begleitet und von ihrer Nachbarschaft rechts u. links kräftig unterstützt. Plötzlich schwieg sie u. gab einem hinter uns sitzenden jüngeren Mann das Wort. Dieser erhob sich, hielt eine Rede, worin er mittheilte, daß er, ein armer Sünder, die Wohlfahrt der Heilsarmee kennen gelernt habe, gebessert sei u. s. w. Neuer Chorgesang **ad infinitum!** Wir warteten das Ende nicht ab. Draußen ahmten Straßenjungen den Chorgesang nach.

Ein paar Schritte noch u. wir haben unseren vierschrötigen Polizisten, mit dem wir die Wanderung antreten. Bald sind wir in dem Chinesenquartier. Was sollte ich hier nicht alles zu sehen bekommen! Ein unangenehmer Geruch begleitet uns von dem Moment des Eintritts in dieses von etwa 30 000 Chinesen bewohnte Gebiet bis zum Verlassen desselben. Beschreiben läßt sich derselbe nicht — er ist widerlich, so daß sogar Onkel gleich zu Anfang etwas abgeschreckt u. degoutirt wurde. Ebenso begleitete uns ein erschreckender Schmutz u. Unrath auf der Straße. Alles wird dorthin geworfen, um recht ordentlich faulen zu können. Auf den sogen. Trottoirs kann man nicht gehen, z. Th. weil sie mit Kisten u. Körben verstellt sind, sondern weil überall Kelleröffnungen gähnen, in die man leicht stürzen kann. Ich krämpe mein Beinkleid auf. Wie contrastirt mit diesem Schmutze das, was wir nun im ersten betretenen Laden, einem Barbiergeschäft, sehen! Dort saßen zwei Chinesen unter den Händen der Barbiere. Diese hatten die Rasur der Herren von der Stirn bis zum Scheitel schon beendet u. arbeiteten nun mit ganz kleinen, kaum strohhalmbreiten Messerchen, ganz feinen gestielten Schwämmchen u. Löffelchen im Ohr und der Nase ihrer Kundschaft herum. Alle Haare und sonstige zufälligen Bestandteile werden daraus entfernt. **Vis à vis** hiervon war ein Materialwarenlager. Wir traten ein — Onkel blieb draußen, weil es ihn degoutirte. O, was war hier zu verkaufen! Ekelhafte, getrocknete chinesische Fische, Chickenstücke, schmutzigbraun, in dunkelbraunem Oel schwimmend, übelriechender Kohl, kleine Hundfüße — **dogs feets** — umwickelt mit dem Magen von Hunden oder anderen Thieren, conservirter Tintenfisch u. vieles andere. Standhaft ertrug ich Geruch u. Aussehen dieser Victualien und erstand sogar einen getrockneten „**Cattle**'-Fisch". Die Straßen sind dunkel. Beleuchtet werden sie durch das Licht der Läden und die Lichte, die vor den Häusern auf dem Straßendamm brennen. Alle paar Schritt stehen 6—8 Wachslichte auf dem Boden, die natürlich schnell abbrennen. Der lange Stiel derselben stellt aber eine Räucherkerze dar u. so dampfen denn hundert von solchen Räucherkerzen in den Straßen. China in Amerika! Welcher Contrast in Sitten und Gebräuchen! Es sollte noch schlimmer kommen! Wir traten in ein stockfinsteres Haus, so erschien es uns wenigstens, als wir eintraten, denn wir mußten den Eingang mit Zündhölzern beleuchten. Allmählich konnte man aber auf dem Flur, auf dem wir standen, Beleuchtung wahrnehmen. Wir waren in dem einzigen, nach chinesischen Muster errichteten Hause. Ich bin nicht Fachmann genug, um es Dir zu beschreiben oder gar aufzuzeichnen wie es wirklich ist — aber vielleicht kannst Du Dir eine Vorstellung machen, wenn ich es Dir folgendermaßen skizzire. Solcher Etagen giebt es, soviel ich gesehen habe, 2—3, eine im Kellergeschoß, eine im Parterre u. eine darüber. Ich kann mich in der Zahl der Zimmer und den Dimensionen irren, aber der Plan ist in Bezug auf die Anordnung richtig. Ich habe ihn während der Fahrt im Staate **Colorado** nach dem Gedächtnisse aufgezeichnet. Zu erklären sind nur noch die schwarzen Striche. Diese stellen Oeffnungen dar, die in das Kellergeschoß gehen, aber ebenso auch mit solchen im ersten Stockwerke correspondiren und zum Einlasse von Licht — so denke ich mir — bestimmt sind. Sie haben, wie ich mich entsinne, ein Geländer an einer Seite.

Wir leuchteten uns die zum Hofe, resp. in das Kellergeschoß

[Skizze: Grundriss mit Hoftreppe oben, Eingang unten, mittig ein Corridor mit der Beschriftung "Loods", links und rechts je eine Reihe von "Zimmer" bzw. "Z."]

führende Treppe hinab. Dunkel umfing uns. Unser Führer öffnete eine Thür, durch deren Glasfenster — alle Thüren haben solche — ein mattes Licht schimmerte. Ein für mich interessanter, aber sonst unangenehmer Anblick bot sich uns dar. In einem kleinen Raum, der kaum zwei Armweiten lang u. breit war, waren aus Holzlatten, so daß in der Mitte nur ein kleiner freier Fleck blieb, Pritschen aufgeschlagen. Ich entdeckte auf einer dieser eine halb zusammengekauertliegende Gestalt, in der Hand eine Opiumpfeife haltend, in tiefen Zügen den verderblichen Dampf in die Lungen ziehend. Vor ihm brannte eine kleine Oellampe für die Darstellung der Opiumpille. Selbst eine derartige größere hält, wie ich sah, nur für 2—3, selten 4 Züge an. Er nimmt mit einem feinen Metallspatel, wie ich ihn auch besitze, eine kleine Menge des fast honigweichen Opiumextracts heraus und legt sie auf irgend eine Stelle des thönernen Pfeifenaufsatzes, dreht den Spatel herum, der an der anderen Seite nadelförmig zugespitzt ist, nimmt das Opium mit der Nadelspitze auf, fährt leicht damit durch die Flamme, um es condensirter, formbarer zu machen, und versucht nun, durch Drehen der Nadel der Opiumpille eine cylindrische Gestalt zu geben. Noch ein oder zwei Mal führt er hierzu das Material durch die Flamme, dann ist die gewünschte Form erreicht. Die Spitze der Nadel senkt er in die Oeffnung des Pfeifenkopfes, und drückt mit dem Zeigefinger, indem er gleichzeitig die Nadel herauszieht, den kleinen Opiumcylinder auf die Pfeifenkopföffnung auf.

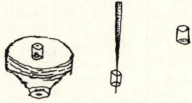

Jetzt legt er seinen Mund an die Pfeifenöffnung und saugt tief, tief — es sieht aus, als wenn ein Durstiger einen Schoppen Bier ansetzt und in tiefen, schier endlosen Zügen ihn leert — indem er den Opiumcylinder an der Lampe zum Verdampfen bringt. Nach 1/2 Minute etwa stößt er den Dampf, von dem unterdeß Theile von der Lungenschleimhaut aus zur Resorption gekommen sind, wieder heraus. So wiederholt er dieselbe Procedur 6, 8, 10 ja noch mehr Male, bis die Phantasiebilder des Opiumrausches kommen und ihn für die Mühe der Erlangung des Genusses entschädigen. Er fühlt sich dann hinausversetzt aus seiner elenden Umgebung, sieht Paläste, Reichthümer, besetzte Tafeln, prunkende Gewänder, schöne Frauen, die ihn lieben, und vielleicht auch Aemter, Titel und Orden auf sich herabschweben. Am Morgen erwacht er auf einer Strohmatte oder einem Haufen Lumpen in einem Loch ohne Licht, mit verpesteter Luft — er arbeitet wieder einen Tag am Lichte, um dann wieder in seine Höhle zurückzukehren — wer verdenkt es einem solchen, auf niedriger Bildungsstufe stehenden, moralisch haltlos gewordenen Menschen, wenn er wieder u. wieder, wenn auch im Rausche, sich in eine genußreiche Welt am nächsten Abend versetzen will?

Solcher Räume sahen wir noch viele, sowohl in diesem Hause, das von 900 Menschen oder noch mehr bewohnt ist, als in anderen, noch elenderen. Wie entsetzlich sah es in jenem Loche eines anderen Hauses aus, das ca. 2 met. hoch, Schlaf- oder Wohngestelle in 2 Etagen besaß. Der ganze Raum war auch nur etwa 2 met. lang. Darin lagen etwa 15 Mann, ein Theil Opium rauchend, ein anderer dumpf vor sich hinbrütend. Schon vor der Thür verräth sich durch

den eigenthümlich süßlichen Geruch die Anwesenheit von Opiumrauchern. Weiter gelangen wir in eine andere Straße. Ein langer dunkler Gang führt uns wieder in eine jener Wohnhöhlen. Trotz eines schwachen...*
Ein einigermaßen starker Mann hat Mühe, vorwärts zu dringen. Dabei sind diese Gänge sämtlich winklig. An manchem Mauervorsprung sehen wir Nischen angebracht, in welchen Lichter brennen — wahrscheinlich Stätten ihres buddhistischen Cultus. Noch eine schmale Treppe ist zu erklettern, u. wir befinden uns in dem Ankleidezimmer der Schauspieler — Männer u. Weiber natürlich zusammen. Ein interessanter Anblick, aber im Wesen nicht anders wie auf unseren Theatern. Geschminkte Helden, geschminkte Könige, Bettler etc. Wir treten durch eine Thür auf das Podium, auf dem die Schauspieler agiren. Culissen oder sonstige sichtbare Darstellung des Ortes, wo die Handlung sich abspielt, fehlen. Dafür befindet sich auf ebendemselben Podium ein Orchester, dessen wesentlichtes Instrument zwei riesige Pauken sind, deren Bearbeitung eine permanente ist. Man versteht sein eigenes Wort nicht. Ich will mir die Acteurs ansehen und mein Blick fällt auf —

(Hr.) Hirschberg, Berlin, Karlstr. !!

So klein, wie ich ihn schreibe, machte er sich aber nicht. Im Gegentheil er saß, wie immer, bedeutend da!
Ich erholte mich natürlich erst von dem Anblick von soviel Größe, dann erst orientirte ich mich. Im gar nicht kleinen Parterre saßen die Chinesen Kopf an Kopf so gedrängt, wie ich selten Menschen in einem Locale habe sitzen sehen. Der erste Rang faßte nur Weiber. Auf der Bühne agirte auch während des wüthendsten Beckenschlagens ein Herr in schwarzem Anzug, der vom Halse an bis zum Nabel, diesen noch zu erblicken gestattend, etwa drei Handbreiten geöffnet war. Er schien eine Art Hercules zu spielen, der die ihm von einer stark geschminkten Princessin gestellten Aufgaben löst. Er spannt drei Mal einen Bogen u. kämpft dann mit der Heldin selbst. Sie unterliegt, wenn es ihm gelingt, mit seinen beiden Handflächen ihre beiden Busen zu berühren. Nun springt sie sich wendend u. drehend um ihn herum, die beiden Unterarme wie er vorwärts gesteckt und damit sich abstoßend u. zu besiegen

---

* Anmerkung der Herausgeber: Text fehlt

suchend. Endlich naht der Augenblick — seine Hände ruhen auf ihrem Busen, sie läuft aus der Thür hinaus, kommt mit Begleiterinnen wieder, die Becken tönen; wie besessen paukt, pfeift u. trommelt je ein Mann, während einer ein kleines, mit 1 oder 2 Saiten bespanntes Instrument streicht. Es ist ein Höllenlärm — aber alle Acteurs sprechen und scheinen ja verstanden zu werden. Der Held freilich kreischt und brüllt so, daß er braun u. blau wird.

Hirschberg geht, u. damit schwindet für mich die **great attraction**. Ein biederer Händedruck sagt uns mehr als Worte, wie wir uns lieben. Nach einiger Zeit gehen auch wir, wieder durch die engen Gassen ins Freie. Wie ist es möglich, daß etwas derartiges geduldet wird! Nicht eine Seele wird gerettet, wenn das hier auch auf den schmalen Gängen brennende Gaslicht auch nur einen Holzspahn entzündet. Entsetzliche Perspectiven! So wird und muß es auch einmal kommen.

Wieder betreten wir ein Haus, womöglich noch schmälere Gänge gehen wir entlang. Das Herz pocht, wenn man an ein plötzliches Feuer denkt. Nicht die gefährlichste Stelle der canadischen Hochbahn hat mich so fürchten lassen wie das Gefangensein in diesen fast Erstickungsgefühl erzeugenden Gängen. Hier sahen die Kammern sauberer aus. Aber wozu diente dieses Haus. Ich ahnte es noch nicht als der Polizist uns in ein solches hineinführte. Ein junges Weib kam u. verhandelte mit dem Mann. Ich verstand nur ein paar Worte und war bereits Onkel zurufend draußen! Unbegreiflich ist es mir, daß Herr. **H.** versuchte, mich zurückzurufen u. Onkel noch nicht kam. Allein auf diesem Corridor, auf dem sich nun noch mehrere solcher Dirnen eingefunden hatten. Endlich kamen die anderen. Es war entsetzlich! Ekel, tiefer Ekel wie nie in meinem Leben erfaßte mich dort, u. ich war glücklich, die wenn auch verpestete Straßenluft einzuatmen. Die nachherige Besichtigung eines großen, mit viel Aufwand — Gold, Schnitzereien etc. — hergestellten chinesischen Restaurants interessirte mich danach nur wenig mehr.

Ich weiß nicht, wie oft ich nach amerikanischer Manier gespieen habe — mir war, als sei ich in einem Infectionskasten gewesen und müsse mich nun desinficiren. Noch durch eine Straße führte unser Weg, in der Dirnen kaukasischer **Race** ihr ekelhaftes Gewerbe treiben, dann erst gelangten wir in civillisirte Gegenden. In der Druckerei des „**Chronicle**" wird noch gearbeitet. Wir fragen um Erlaubniß und dürfen eintreten. O, wie wirkt dieser Anblick nach dem, was ich bisher an Schmutz, Elend u. Verkommenheit gesehen, erlösend! Ich athme auf, die herculischen Gestalten bei diesem schnaubenden, rasselnden, klirrenden Räderwerke beschäftigt zu sehen. Das war für mich schon eine theilweise Reinigung. Ein **Whisky,** den wir noch spät nach Mitternacht kauften, war für mich nothwendig. Um 1 Uhr nahm ich noch ein Reinigungsbad.

Wie ist es möglich, so habe ich mich gefragt, daß man in Amerika ein solches Stück Asien duldet? Wie kann es geschehen, daß wo auch nur zwei Mediciner sind, die den Namen „Gesundheitspflege" einmal haben aussprechen hören, solche Zustände geduldet werden können. Nur die grandiose Bestechung, die List und der Betrug können dies zu Wege bringen. Diese herrschen aber auch hier in Amerika so kraß, so unvermittelt u. unverhohlen wie nirgends wo in der Welt — selbst Rußland eingeschlossen. Es giebt 6 chinesische Compagnien, die sogar eine Art Gerichtsbarkeit haben. Sie lassen — das ist Thatsache — einen ihnen unbequemen Chinesen ermorden, ohne daß man den Mörder fassen kann. Ich bin davon überzeugt, daß der Polizist, der uns führte, von den Chinesen besoldet d. h. bestochen wird. Wie ist es sonst möglich, daß er uns in ein Local führt, in dem Lotterie gespielt wird, auch setzte wie wir, seinen Ticket einsteckte, später, als wir hingiengen, um zu sehen, ob die stündlich oder zweistündlich erfolgende Ziehung uns einen Gewinn gebracht hätte, gleich für den anderen Tag Einsätze machte! Er ist eben bestochen! Uebrigens kannst Du den Modus der Lotterie leicht fassen. Auf dem einen Zettel, den ich Dir sende, habe ich 8 Nummern mit Tusche beschmiert, der Cassirer hat seine Bemerkungen an die Seite geschrieben. Man sieht nun in der officiellen, durchlochten Liste nach, wie viele der angestrichenen Nummern gezogen sind. Bei 4 Nummern erhält man das Doppelte, bei 5 das Dreifache u. s. f.

Donnerstag d. 1 Septemb.

Wir haben beide heute Nacht miserabel geschlafen, gehen früh nach einem Bade in die Stadt. Ich wollte mir das **California State Minig Bureau,** die **Pioneer Hall,** ansehen. Es ist dies eine sehr nette Sammlung californischer Dinge aus dem Thier-, Pflanzen- und Mineralreich. Natürlich finden sich hierin besonders Gesteinsarten mit Goldadern u. Nachbildungen der großen Goldklumpen, die zuerst hier gefunden wurden. Ein unregelmäßig gezacktes Stück mag 1200 Unzen d. i. = 36000 grm = 36 Kilo = 400000 Mark (sein), wie Onkel ausrechnete. Ein noch größeres findet sich in der Copie hier, aber auch kleine Klümpchen, theils frei, theils noch am Gestein hängend in gediegenem Zustande.

Ebenso finden sich hier in Originalen zwei außerordentliche Meteoriten, der **San Bernardino** 99.67 Unzen und der ebenso große **Chilcat Meteorit.** Viele ausgestopfte californische Thiere, Vögel, Vierfüßler etc. sind hier unter Glas, nicht minder, was die See an Muscheln u. anderen Dingen liefert. Merkwürdig sind auch ein paar Betelnüsse, theils frei, theils in ihrer fasrigen Umhüllung hier vorhanden. Wahrscheinlich haben sie zu Wasser, von Wind u. Strömung getrieben — als nächstes vielleicht von den **Carolinen** den Weg bis an die californische Küste zurückgelegt.

Im Hotel installirten wir uns, da wir Sehenswürdigkeit u. das Volk kennengelernt — wie Homer „vieler Menschen Städte gesehen und ihren Charakter erkannt" für einige Stunden, um zu schreiben, fragten freilich vergeblich nach in der Post nach Briefen, kauften Papier ein u. dann rückwärts zum Osten!

Um 1/2 3 führt uns die Fähre nach **Oakland,** über die weniger schöne als dimensional imponirende **Bay von St. Franzisco.** Dort gelandet, fahren wir auf einer ebenso großartig in die Bai hinausführende Mole über 1/4 Stunde mit der Bahn, rechts und links Wasser und die Aussicht auf die felsige Begrenzung des Meeresufers genießend, dann ueber einen nur linkerseits vorhandenen, tief in das Land hineinragenden Meeresarm, durch die hier die Bahn kreuzenden Höhenzüge hindurch, fahren, da der Meeresarm unser Weiterfahren hindert, mit dem ganzen Zuge u. zugleich mit einem schon dort wartenden auf eine Dampffähre, setzen über und fahren, nun immer mehr u. mehr **Californien** verlassend, **Nevada,** vor allen Dingen der **Sierra Nevada** zu.

In allen möglichen Bureaus, in allen möglichen Laden, bei Kaufleuten hatten wir uns nach der kürzesten Linie für **Washington** erkundigt. Wir hatten die Auskunft erhalten, die kürzeste sei mit der **Union Pacific u. Pensylvania Railroad** u. zwar so:

St. Franzisco — Ogden
Ogden — Denver
Denver — Kansas City
Kansas City — Chicago
Chicago mit limit. Express — Washington

TRAINS WEST		Dist. fr San Fran	STATIONS	Population	Elevation	TRAINS EAST	
Day	No. 2 Exp					No. 1 Exp	Day
Th	A M					P M	Sun
"	11 10		Ar...**San Francisco**..Lv	233000	....	3 00	"
"	10 45	4	......Oakland Pier...	.....	14	3 28	"
"	......	6	......West Oakland......	45,000	12	....	"
"	......	12	........Highland........	......	....	3 50	"
"	10 03	24	.........Pinole.........	......	....	4 10	"
"	9 53	29	...Vallejo Junction.....	......	....	4 18	"
"	9 45	32	........**Port Costa**........	......	....	4 25	"
"	9 20	33	.........Benicia.........	2,000	....	4 50	"
"	8 42	49	.........Suisun.........	1,600	....	5 22	"
"	8 20	60	.........Elmira.........	250	....	5 47	"
"	8 10	65	.........Batavia.........	......	....	5 56	"
"	8 03	68	.........Dixon..........	1,500	....	6 05	"
"	7 45	77	.........Davis..........	700	....	6 25	"
"	†7 20	90	........**Sacramento**........	27,000	30	†7 15	"
"	......	93	....American Riv Bdg.....	......	52	7 23	"
"	6 20	108	.........Junction.........	650	163	8 00	"
"	6 10	112	.........Rocklin.........	1,000	249	8 30	"
"	5 30	121	.........Newcastle........	500	957	9 15	"
"	5 10	126	.........Auburn..........	2,200	1360	9 40	"
"	4 44	133	.........Clipper Gap.....	......	1759	10 05	"
"	4 00	144	.........Colfax..........	500	2422	11 20	Sun
"	3 06	157	.........Dutch Flat......	1,000	3395	12 15	Mo
"	2 58	158	.........Alta...........	150	3607	12 30	"
"	2 15	168	.....Blue Cañon.........	250	4093	2 00	"
"	1 40	174	.....Emigrant Gap.......	250	5221	2 20	"
Th	12 10	195	.........Summit.........	......	6749	3 50	"
We	11 35	203	......Strong's Cañon.....	......	6317	4 20	"
"	11 10	209	........**Truckee**.........	2,000	5819	4 50	"
"	9 15	234	.......Verdi, Cal.......	......	4895	6 00	"
"	†8 40	214	......Reno, Nev........	4,000	4497	†7 00	"
"	6 50	279	.........Wadsworth.......	400	3077	8 25	"
"	5 35	305	.........Mirage.........	......	4247	9 22	"
"	4 50	325	.........Browns.........	......	4918	10 05	"
"	†3 10	374	.........Humboldt........	......	4236	†12 15	"
"	2 27	386	.........Mill City.......	......	4226	12 40	"
"	1 35	414	........**Winnemucca**.....	1,300	4332	1 45	"
"	11 58	455	......Stone House........	......	4422	3 11	"
"	11 17	474	......Battle Mountain....	500	4511	3 50	"
"	10 08	507	......Be-o-wa-we........	......	4995	5 02	"
"	9 25	525	.........Palisade........	109	4841	5 46	"
"	9 00	535	.........Carlin.........	500	4897	6 22	"
"	†7 50	558	.........Elko...........	1,000	5063	†7 40	"
"	6 35	581	.........Halleck........	......	5230	8 38	"
"	5 20	614	.........**Wells**..........	128	5629	10 00	"
"	4 40	629	......Independence.......	......	6007	10 51	"
"	3 40	650	.........Toano..........	......	5873	11 45	Mo
"	2 00	676	......Tecoma, Nevada.....	......	4812	12 52	Tu
We	12 20	709	......Terrace, Utah......	258	4544	2 25	"
Tu	10 25	741	.........Kelton.........	155	4223	3 55	"
"	8 35	780	.........Promontory......	......	4905	5 40	"
"	7 05	809	.........Corinne.........	500	4232	6 52	"
Tu	†6 00	833	Lv........**Ogden**......Ar	8,000	4294	†7 55	T
	P M					A M	

Um sicher zu sein, ließ ich mir in dem betreffenden **Ticket office** eine **Time Table** aufschreiben. Ich kann hier gleich sagen, daß der Biedermann mich um 12 Stunden betrogen hat. Was thut dies einem Amerikaner!

Wir trafen nun noch, so lange der Tag anhielt, überall auf gut bewirthaftetes Land, viel Vieh, gute Grasebenen — Berge sind nicht zu sehen.

In **Sacramento** nahmen wir unser Abendessen ein, oder besser zahlten jeder einen Thaler u. aßen ein paar nicht einmal gute Eier und ein wenig Butterbrod u. fuhren dem Staate **Nevada** zu. Der schuftige Deutsche, der so ungenießbares gereicht hatte, blieb nicht der einzige. Ich legte mich zu Bett u. noch lange hörte ich die Wagenräder lärmen: **Sacce-ra-ment, Saccerament!**

Freitag den 2 Septemb.

Ein echtes fluchendes **Saccerament** leitete mich in den Schlaf hinüber u. der Morgen, sowie dieser und die folgenden Tage gaben mannigfach Gelegenheit, einen solchen Fluch zur Erleichterung des Herzens zu wiederholen. Sowohl die Bewirthung in den Orten als das individuelle Verhalten der Amerikaner, mit denen wir reisten, waren besonders genug, um daran Kritik üben zu können!

Der geduldige, gute Onkel verwandelte sich in einen brüllenden Löwen, als die Prellerei, wie wir glaubten, den Höhepunkt erreicht hatte. Ich habe die vielleicht nicht unbegründete Vermuthung aufgestellt, daß die mit der Bewirthung der Reisenden betrauten Wirthe unter sich ein Cartell verabredet haben, dahingehend immer die gleichen verdorbenen Nahrungsmittel zu reichen. Ein amerikanischer Magen kann solches Fleisch, wie wir erhielten, verdauen, aber kein deutscher. Thatsächlich konnten wir — das gilt für die ganze Tour durch Amerika, an keinem Orte etwas Fleisch genießen, u. was sonst an Nahrungsmitteln auf den Tisch kam, war so schlecht zubereitet u. war für das Auge so wenig einladend, daß wir es unberührt ließen. Schon das Wort „**Steak**" verursachte uns beiden ein Gruseln, denn was als solches von anderen Gaesten erhalten...*

Lüneburger Haide ist hingegen ein Paradies. Und wenn ich gar

---

* Anmerkung der Herausgeber: Text fehlt.

an den herrlichen Pflanzenteppich der Westerländer Haideflächen denke, so ist diese, hunderte von Meilen lange Strecke für meine Empfindung das Analogon zu der Wüste. Ein entsetzliches Land, ohne jede Spur von einladendem Äußeren — unerträglich durch seine Beschaffenheit und durch die schuftigen Wirthe, die sich für das dürre, unfruchtbare Land an den ganz oder halb fetten Gästen schadlos halten! Sähe man wenigstens eine Blume, erfreute eine Erica den Blick! Nichts, nichts!

In **Winnemucca** sahen wir eine Indianerfamilie am Bahnhof. Mehrere Weiber u. Kinder hockten an einer Telegraphenstange. Die Gesichter waren, wie es mir schien, ungefärbt. Eine junge Mutter fiel mir durch ihr hübsches Gesicht u. die Art auf, wie sie ihr Kind gebettet hatte. Die folgende Skizze wird es Dir wohl erläutern. Denke Dir eine ganz schmale, auf den Rücken zu schnallende Hucke. Sie besteht aus einem (mit) Leinwand bezogenen hinteren Brett und einer Fortsetzung der Leinwand nach vorn. Dort trifft sich das rechte u. linke Stück. Beide haben Löcher zum Schnüren. An dem oberen Ende befindet sich ein Leinwandschirm — unten zwei Holzstücke zum Aufsetzen auf dem Boden. Unter dem Schirm festgegürtet, guckt die kleine Rothaut hervor.

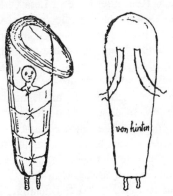

Nicht weit vom Bahnhof befinden sich ihre Erdhütten. Wie viel schlechter sind diese daran als die canadischen Indianer, die wenigstens im Wald u. auf der Prairie noch das finden können, was für ihren Lebensunterhalt nothwendig ist! Das Bild der Einöde, sonnenverbrannter Boden, durch Bodenerhebungen hier und da unterbrochene Ebene, blieb bis zum Abend das Gleiche. Der Zug hält überall an, so daß ich die Geduld verloren haben würde, wenn ich nicht an Dich, meine süße Cläre, fast den ganzen Tag geschrieben hätte. Onkel wurde gefragt, ob ich wohl über Amerika ein **„Paper"** — Du wirst Dich freuen, wie ich es ausspreche — verfasse? Er bejahte es, nicht ohne hinzuzufügen, daß die Beurtheilung gut ausfalle.

Sonnabend d. 3 Septemb.

Um 1/2 5 Uhr war ich bereits angezogen. Der Aufenthalt im Wagen zur Zeit des Aufstehens der Leute ist unangenehm. Nicht nur nimmt man in sich die Ausdünstungen derselben, sondern auch all den Körper- u. Bettenstaub auf sich, der beim Aufschütteln der Decken u. Kopfkissen aufwirbelt. Ventilation ist schwer in genügender Weise herzustellen. Wir standen deswegen gewöhnlich als die ersten auf u. blieben so lange im Rauchzimmer, bis im Wagen alles in Ordnung gebracht war. Die Gegend ist zu der bezeichneten Morgenstunde immer noch die gleiche, trostlose. Der Zug hat sich natürlich verspätet. Da trotz Fahrplan die Zeit nicht eingehalten zu werden braucht, so kann man von vorherein immer 2 Stunden Fahrzeit zulegen. Die Trostlosigkeit der Gegend und die Unterhaltung einiger Reisenden über **„Lots"**, die selbst in dieser **„Great American Desert"** eine Rolle spielen, veranlassen Onkel, den Plan zu einem Lustspiel zu entwerfen, in dem ein böser Schwiegervater dem Geliebten seiner Tochter nur dann die Hand der letzteren geben will, wenn er sich eine Anzahl **Lots** erworben, und er erwirbt schließlich solche in dieser Wüste etc. etc. Ich fügte hinzu — als zweite Bedingung sollte das Land durch Speien fruchtbar gemacht werden. In unserer Unterhaltung wurden wir durch ein laut schmatzendes, schnalzendes, Finger schnalzend, küssendes, Obst mit Appetit vertilgendes Ehepaar unterbrochen. Dies wiederholte sich noch den ganzen Tag!

Endlich wird die Gegend besser. Man sieht Gras, Bäume, saubere Häuser. Wir sind in den Staat **Utah** gelangt. Ich hoffte hier die Dame los zu werden, die seit gestern mit uns reisend, fortdauernd Männern und Frauen mit einer nie gehörten **Suade** Geschichten von ihrer Familie erzählte und in jedem Satze mindestens 1 Mal **„kill"** sprach. Eine Bavaria an Gestalt, saß sie ihrem lauschenden, sich immer wieder ergänzenden Publicum gegenüber. Ich hielt sie für eine Mormonenfrau, aber die war es leider nicht.

Von der Bahn aus sieht man den **Great Salt Lake,** der von N. W.

nach S. O. sich erstreckt. Eine hübsche blaue Farbe fällt an ihm auf. Die Häuser, an denen wir vorbeikommen, sehen alle sauber aus. Man sieht, daß man in eine betriebsarme Gegend gekommen ist. Bewaldete Höhen sind freilich auch hier noch nicht hervorgezaubert worden. Ich denke mir, daß alle Strecken, die wir bisher durchfuhren, einst den Baumsegen gehabt und durch Niederbrennen desselben verlustig gegangen sind. Jetzt ist der Boden dürr, trocken, wasserarm — z. Th. eine Folge der Baumverarmung. Viel Vieh sieht man wieder, aber fast ausschließlich Pferde u. Rindvieh. Noch nicht einmal habe ich ein weidendes Schaf, oder überhaupt ein solches erblickt. Hungrig, durstig kommen wir etwa um 9 Uhr in **Ogden** an. Dies ist eine Station, von der aus man über eine andere Route nach **Salt Lake City**, der Mormonenstadt, gelangt. Wir besorgen uns zuerst Billets, und werden, da der Billeteur uns die Deutschen anhört, von ihm um 2 Dollars übervortheilt. Wir reclamirten sofort. Er meinte aber, die nächste Strecke würde um soviel weiniger kosten. Das war eine infame Lüge. Ich habe an den Mann noch eine Postkarte geschrieben und ihn aufgefordert, mir das Geld unverzüglich nach **Washington** zu senden, aber Roß u. Reiter sah man nicht wieder.

Gewitzigt durch die bisherigen Erfahrungen gehen wir nicht zur Schuhsohlenmahlzeit, sondern nehmen stehend in einer **Boutique** eine Tasse schlechten Kaffees u. schlechten Brodes ein. Auf dem Bahnhofe sah ich bei einem Buchhändler auf **Utah**, speciell die Mormonenstadt bezügliche Photographien, von denen sogar einige fast an das Anstößige grenzen. Unter anderem liegt ein Mormone wie Vater Niel da u. ebensoviele kleine Kinder spielen an u. auf ihm herum. Ein anderes stellt ein riesiges mormonisches Familienbett dar, in dem sich zankend u. keifend die verschiedenen Gemahlinnen herumwälzen, während der Mann Grimassen schneidend quer über dem Ofen liegt.

Von nun an wird dieses Land hübsch. Es sind keine gewaltigen Höhen, keine Baumwelten, die imponieren — es sind mehr kleine Naturschönheiten, ein Höhenzug, eine absonderliche Anordnung von Gesteinsmassen, z. B. Granitfelsen, die einen menschlichen Kopf, oder Schlösser mit Zinnen, Thürmen, Leuchtthürmen u. A. m. vortäuschen, oder wie jene zwei scharfen, mitten auf einem Hügel von oben nach unten bis zur Ebene parallel verlaufende Felsgrate, die hart aneinander stehend, eine natürliche Rinne für Wasser bildeten.

Etwa um 2 Uhr erblickten wir in der Ferne auf Bergzügen größere Schneeflächen. Die beiliegende kleine Tafel zeigt Dir, daß von **Ogden** nach **Cheyenne** — **Cheién** sprechen die Amerikaner

aus — eine bedeutende Steigerung stattfindet. Es sind alte Bekannte, die wir hier treffen — die **Rocky Mountains,** die sich von **Canada** bis **Mexiko** erstrecken. Ihren wilden Character verläugnen sie

TRAINS WEST		Dist. fr San Fran	STATIONS	Population	Elevat'n	TRAINS EAST	
Day	No. 201 Exp & Emgt					No. 202 Exp & Emgt	Day
	P M					A M	
Tu	5 40	833	Ar......... Ogden......... Lv	8,000	4294	10 00	Tu
Mo	5 35	1349	Ar....... Cheyenne Lv	6,000	6038	10 35	We
"	3 25	1403	...... Greeley	3,000	4670	1 00	"
Mo	†1 25	1455	Lv........ Denver......... Ar	55,000	5203	2 55	We
Mo	†7 15	1455	Ar......... Denver......... Lv	55,000	5203	†8 05	We
"	......	1477	........Watkins..........	100	5546	......	"
"	5 44	1499	..........Byers...........	63	5221	9 32	"
"	5 20	1512	.......Deer Trail.........	150	5203	9 57	"
"	......	1539	.......River Bend.........	......	5511	10 51	"
"	3 45	1561	..........Hugo...........	500	5068	11 38	We
"	2 05	1608	.........Kit Carson.......	50	4307	1 04	Th
"	1 35	1623	.........First View........	......	4595	1 35	"
Mo	1 10	1634	......Cheyenne Wells......	......	5295	......	"
Su	11 40	1673	..........Wallace..........	100	3319	4 09	"
"	11 15	1717	..........Oakley...........	......	......	5 23	"
"	......	1730	..........Grinnell..........	......	2912	......	"
"	10 35	1739	.........Grainfield.........	100	2829	6 01	"
"	......	1744	.......Buffalo Park........	50	2773	......	"
"	9 55	1759	..........Collyer..........	......	2608	......	"
"	9 28	1774	.........Wakeeney.........	550	2474	6 59	"
"	†8 50	1792	...........Ellis...........	500	2135	†7 50	"
"	8 05	1805	..........Hays............	1,000	2009	8 13	"
"	......	1816	.........Victoria..........	1,500	1946	......	"
"	7 14	1832	..........Russell..........	1,000	1850	9 02	"
"	......	1842	........Bunker Hill........	200	1882	......	"
"	6 30	1855	..........Wilson..........	700	1702	9 45	"
"	5 58	1861	.........Ellsworth.........	1,100	1556	10 13	"
"	5 17	1894	.........Brookville.........	650	1366	11 00	"
"	......	1901	.........Bavaria..........	100	1289	......	"
"	4 40	1909	..........Salina...........	3,120	1243	11 24	"
"	4 12	1923	.........Solomon..........	725	1193	11 50	"
"	3 55	1931	..........Abilene..........	2,300	1173	†12 08	"
"	......	1936	..........Detroit..........	100	1153	......	"
"	3 08	1956	.......Junction City.......	3,260	1100	12 55	"
"	......	1960	.........Ft. Riley.........	......	1090	......	"
"	......	1965	........Ogdensburg........	225	1078	......	"
"	2 28	1976	.........Manhattan........	2,400	1042	1 34	"
"	......	1984	.........St. George........	100	1018	......	"
"	2 00	1991	..........Wamego.........	1,800	1018	2 03	"
"	......	1998	.........Belvue...........	300	983	......	"
"	1 31	2004	.........St. Marys.........	1,000	973	2 29	"
"	......	2011	.........Rossville..........	500	951	......	"
"	†12 40	2027	..........Topeka..........	23,000	904	3 35	"
"	12 19	2028	....A. T. & S. F. Crossing....	......	902	3 36	"
"	11 49	2043	.........Perryville.........	350	870	......	"
"	11 25	2056	.........Lawrence.........	10,800	846	4 25	"
"	......	2057	.......Bismark Grove.......	......	837	......	"
"	......	2058	......Lawrence Junction......	......	832	......	"
"	......	2093	.........Armstrong.........	1,000	773	......	"
Su	10 09	......	.........State Line.........	......	663	5 41	Th
Su	9 35	2090	.........Leavenworth........	22,000	782	6 05	Th
Su	10 05 A M	2094	Lv......Kansas City......Ar	125,000	763	5 45 P M	Th

Trains between Denver and Wallace are run on Mountain time; between Wallace and Kansas City on Central time—one hour slower than Mountain time. †Meals. Time between noon and midnight indicated by **bold faced** figures.

nirgends. Der Theil derselben, auf dem wir uns befinden, ist aber, wenigstens soweit ich es sehen konnte, vegetationslos; nur hier und da findet man Sträucher. Außer der Steigerung hat die Bahn nur wenige Schwierigkeiten zu überwinden — hier u. da ein kleiner Felsdurchbruch, eine Brücke, eine Schneebude, das ist alles. Für das Auge ist die Strecke, durch die wir fahren, ein flaches Plateau. Gegen den späten Nachmittag eilen wir wieder durch eine felsige Wüstenei mit Geröllboden; Wasser ist selten zu sehen, oder nur in schmalen Gräben. Meist ist es rothgelb gefärbt.

Als wir Abends nachrechnen, ob wir zeitig genug, d. h. am 7ten, in **Washington** sein können, stellt sich heraus, daß es fast unmöglich sei. Du kannst Dir denken, daß ich mich nicht wenig aufregte und alle Leute fragte oder fragen ließ, ob es nicht einen näheren Weg gebe als den, den wir zu fahren beabsichtigten. Kein Mensch konnte Auskunft geben, und ärgerlich oder besser verdrießlich gieng ich zu Bett.

Sonntag d. 4 Septemb.

Die Fahrt geht langsam. Im Osten begleiten uns noch immer die schneebedeckten Felsgebirge. Wir sind bisher in **Wyoming** gefahren und nähern uns dem Ausgang dieses Staates und dem Ende der überschrittenen Gebirge. Die Sonne brannte den ganzen Tag heiß hernieder. Abwechslung der Scenerie fehlt, die Eintönigkeit herrscht vor. Selbst in dieser Einöde herrscht Reclame. Gegen 10 Uhr fahren wir über eine tiefe Schlucht. Auf dem Grunde derselben, so daß es gesehen werden muß, liest man mit großen Lettern: **„Lehmann Wall Paper"**! Vor **Cheyenne** steht auf einem Hügel eine Steinpyramide — ich glaube als Bezeichnung des höchsten Punktes. Viele der Passagiere steigen, da der Zug auch hier, wo nur ein Haus sich befindet, ungebührlich lange stehen blieb, aus, um sich goldhaltigen Granit zu suchen. Bei der weiteren Fahrt sahen wir viel Vieh auf den Weiden und die Farmen hübsch im Grünen liegend. Der Zug jagt dahin, um verlorene Zeit einzufahren. Verlorene Liebesmüh! Im Uebrigen thut es nichts, da wir an unserem nächsten Ziele, in **Denver,** doch im Ganzen 6 Stunden Aufenthalt haben! Onkel fragt während des lauten Rasselns des Zuges — was? konnte ich nicht verstehen, jedenfalls etwas heroisches — es schien mir stellenweis — vielleicht weil wir in **Colorado** jetzt führen — Coloratur zu sein.

Endlich in **Denver**! Nichts hatten wir bis jetzt — es ist schon etwa 5 Uhr — gegessen. Wir dachten, in der Stadt etwas zu finden, und marschirten lustig darauf los. Viele Menschen fragten wir, nach einem guten oder besten „**eating House**" — schließlich zeigte uns ein **Gentlemen** ein solches, in dem er selbst äße. Vertrauensvoll hinein — und durch Schmutz degoutirt hinausgehen war eins. Bei einem schuftigen Deutschen kehrten wir ein, um wenigstens unseren Durst zu stillen, und mußten 1 Mk. 60 für eine Flasche gemeinsten Lagerbieres zahlen. Um 5 Uhr sollte der **Dining Room** in dem großartigen, dreiflügeligen, ganz aus Stein erbauten Bahnhof geöffnet werden. Endlich kam die Zeit. Wir kehren ein, nehmen breit Platz. Zwar Suppe nicht da, **Corned Beef** nicht da, **Beef Tongue** nicht da — kurz Onkel examinirte, während ich mich schief lachen wollte, immer weiter bis auf Eier. Auch diese waren nicht zu haben. Aber gesottene Schweinefüßchen u. **Steak**! Eilends verließen wir den **Room**. Wieder giengen wir in die Stadt u. erhielten endlich ein wenig Butterbrod u. Rührei. Was sind dies für Verhältnisse! Wie schwer muß ein deutscher Arbeiter, der hier goldenen Boden zu finden hoffte, arbeiten, um 1—2 Dollar zu verdienen, und wie wenig kann er für den verhältnismäßig großen Verdienst haben! Nein, nicht einmal begraben möchte ich in diesem Lande sein, geschweige denn zu leben! Wie schön ist doch Deutschland! Ich habe viel gelernt auf dieser Reise. Dies ist vielleicht das beste von Allem.

Auf dem Bahnhof hatten wir noch einen Disput mit dem Mann in **Pullmanns Office**. Wir wollten die 2 Dollar, die uns der betrügerische **Yankee in Ogden** abgenommen, hier abziehen — was natürlich nicht angieng.

Montag d. 5 Septemb.

Das war heute eine gräuliche Fahrt. Es kam darauf an, daß wir in **Kansas City** Anschluß nach **Chicago** finden würden. Ueberall hielt der Zug, u. hatte bald ein Minus. In **Ellsworth,** wo wir um 1/4 10 Uhr waren, zog gerade eine Kapelle von Schwarzen vorüber. Jeder trug einen grauweißen langen Staubmantel und einen weißen Zylinderhut, dazu schwarze Beinkleider und die Naturfarbe ihrer Haut. Flott marschierten sie, während die weißen Mäntel im Winde flatterten. Ich mußte an die **five jolly darkies** denken!

Von Morgens bis zum Abend sahen wir zur rechten und zur linken nur Mais u. nichts als Mais. Ganz ungeheure Mengen muß dieser Strich hiervon producieren. Ebenso stark ist das Land bewohnt. Man kann sagen, daß die Häuser — wenigstens längs der Bahnstrecke hier continuirlich zu finden sind. Manche Holzhütte mit daneben liegendem Schwarzen gehörenden Feldern sah ich. Die Fruchtbarkeit muß bedeutend sein, denn ich habe selten solchen Graswuchs gesehen wie hier.

Es ist schon Mittag geworden. So fruchtbar dieses **Kansas,** durch das wir fahren, ist, so wenig vermag es uns etwas zur Nahrung zu bieten. In **Abilene,** wo das mir das Gefühl von Sticken erregende Steakessen vor sich gieng, an dem ich aber nicht theilnehmen mochte, war kein Schluck Bier aufzutreiben. O, dieses scheinheilige Volk! **Whisky** u. **Eau de Cologne** trinken die Weiber in sogenannten Riechfläschchen, die Männer betrinken sich in Sect, aber öffentlich Bier feilhalten oder trinken — Gott bewahre! Wir hatten uns in **Denver** für alle Fälle eine Flasche **Whisky** gekauft. Uns gegenüber im Coupé saß ein junges Mädchen, aufgeputzt und angeekelt blasirt aussehend. Diese rüttelte ich aus ihrem **dolce far niente** des Denkens u. Thuns, indem ich die Flasche hoch hob u. einen tüchtigen Schluck trank. Laut lachte sie auf u. wollte sich ausschütten, als nun auch Onkel noch trank. Ja, ihr armseligen Wassertrinker! Kann man bei Euch auch nicht die Romantik des Trinkens wie in Deutschland haben — so muß man Euch doch wenigstens zeigen, daß Trinken keine Schande u. keine Sünde ist. Ich selbst bin kein passionirter Trinker, aber Verhältnisse wie die hiesigen lassen das Trinken bei uns in Deutschland in einem Glorienschein gegenüber diesem Milch, **Ice Cream** u. Wasser schlürfenden Pack erscheinen.

Ueberall auf dem Wege standen geputzte Leute, Männer, Frauen u. Kinder, an den Bahnhöfen. Sie machten alle Blau-Montag — überall aber hielten wir auch an. Ich aergerte mich furchtbar. Plötzlich hielt der Zug auf freiem Felde. Alle Leute steigen aus dem Wagen. Was war es? Ja Derartiges kann auch nur in Amerika vorkommen. Gemüthlich standen sich in etwa 50′ Entfernung 2 Züge aneinander gegenüber.

Anstatt auf der Weiche stehen zu bleiben und zu warten, bis unser Zug vorbeigefahren, war ein Geisterzug auf unser Geleise hinüber spaziert und — die Locomotive hatte Schaden erlitten u. konnte nicht zurück. Jetzt arbeiteten gerade die Maschinisten, um sie nothdürftig wieder in Ordnung zu bringen. Es dauerte eine volle Stunde, ehe wir weiter kamen. Hoch lebe die Freiheit! Jeder kann auf jedes Geleise fahren. Nieder mit europäischem Zwang! An keinen Menschen kann man sich wegen einer Beschwerde wenden, kein Bahnhofsinspector ist sichtbar und selbst wenn man einen Beamten findet, horcht er kaum auf eine solche Mittheilung hin oder sagt höchstens langgezogen: „Wellll" . . . und — **schweigt**.

Wir kommen in **Kansas City** an, achten nicht unseres Hungers u. Durstes schleppen das schwere Handgepäck heraus u. jagen den Perron entlang. Wo ist der Zug nach **Chicago**? Hier! Nein, sagt der Conducteur, der Zug ist fort! Er war wirklich gegangen, nachdem er lange genug auf uns gewartet hatte. Wann geht wieder ein Zug dahin? Morgen um die gleiche Zeit! Wir gehen zum **Ticket office**, auch zum **Office von Pullmanns Care** — immer die gleiche Antwort! Ich bin außer mir u. Onkel ärgerlich, weil ich immer noch alle Leute frage u. ihn zum Fragen veranlasse. Wir sind genötigt, hier (über) Nacht zu bleiben u. haben nichts mehr vom Congreß. Ich mache noch einen Versuch. „Where ist the train to Chicago?" frage ich einen **Brakeman**. „**must be Wednesday in Washington to the congress.**" Er zeigt auf den, bei dem wir bereits angefragt und abgewiesen waren, nimmt mich bei der Hand, um mich hinzuführen. Während dessen erzählt er mir eine lange Geschichte. Ich verstehe kein Wort, aber er scheint mit Ueberzeugung zu sprechen. Ich eile zu Onkel, wir laufen zu unserem draußen stehenden Gepäck, um in den Zug zu steigen. Dicht vor dem Wagen fällt mir ein, daß wir keine Schlafwagentickets haben — Onkel läuft mit dem Bremser an das **Office** — ich zum Wagen — und werde genau so wie schon früher abgewiesen. Dieser Zug geht nach **St. Louis**. Ich laufe wieder zum Schalter u. nochmals wird der **Brakeman** gefragt. Er bleibt standhaft. Wir gehen zu Dreien wieder zu demselben Zug; der Bremser setzt dem Conducteur die Sache auseinander — ein knurrendes **all reight** gestattet uns, die vor Hunger u. Ermüdung kaum stehen können, den Eintritt in den Wagen. Soviel erfahren wir nun, daß dieser Zug sowie der von uns verfehlte, vor 2 1/2 Stunden abgegangene durch (die) Station **Roodhouse** fahren muß, u. daß wir den letzteren am anderen Morgen um 5 Uhr treffen sollen. Unverständlich war u. blieb uns, wie dies möglich zu machen sei. Unsere Billets lauteten aus 2 **Upper Bath**. Ich parlamentire draußen noch mit dem Schaffner, indem ich ihm klar zu machen suche, daß der **"old man kan't sleeping in the upper bath."** Achselzucken! Ich erfahre nun, daß der Zug erst in 20 Minuten geht. Ich hole Onkel, der wie ich in Schweiß gebadet ist, heraus. Wir gehen in den **Dining room**, stärken uns etwas, u. dann geht der Zug los. Der Conducteur gab uns nun von menschlicher Regung ergriffen eine Section, so daß Onkel unten sich hinlegen konnte.

Ich zog mich nicht aus, u. schlief nicht. Alle 1/2 Stunde läßt Onkel repetiren. Werden wir den Anschluß erreichen oder nicht? Um 1/2 4 Uhr verlassen wir das Lager. An den kleinsten Flecken hält der Zug und jagt dann mit verdoppelter Geschwindigkeit durch die Nacht fort. Ich stelle mich auf die Plattform, um den Tag anbrechen zu sehen. Rasend schnell fliegt der Zug durch Gegenden, deren z. Th. felsige Natur ich erkennen kann. Plötzlich geht er langsam, eine mächtig lange u. hohe Brücke nimmt uns auf. Schrittweise fahren wir über den **Mississipi**. Vor uns liegt Osten. Ich sehe eine leichte Helligkeit am Firmament. Allmählich geht diese in ein unbestimmtes Gelblichweiß über, das am Berührungspunkt des Horizontes mit der Erde violett gefärbt ist. Immer mehr verschwindet das Gelblichweiß, das Violett wird roth, nimmt an Ausdehnung zu, streckt strahlenförmig Fortsätze über das Firmament, immer intensiver wird das Roth — das Bild verscheucht die Mattigkeit — da hebt sich die glühendrothe Sonnenkugel blutroth von dem Horizont ab und in die Höhe und bestrahlt Gehöfte, Wälder, Maisfelder, an denen wir vorbeisausen. Immer höher steigt die Erwartung. Um 4 Uhr 30 sollte der von uns versäumte Zug **Roodhouse** verlassen. Es ist schon 4.45! Endlich **Roodhouse** und der **Chicagozug** — steht da.

Dienstag d. 6 Septemb.

Das war eine Jagd! Ich bin froh, daß die Chance vorhanden ist, doch noch zeitig in **Washington** anzukommen. Wir fahren in einem Wagen, dessen Stühle an das Zimmer eines Zahnarztes erinnern. Es ist ein **"Reclining chair car"**. Jeder Reisende hat seinen mit ganz hoher Rücklehne versehenen, auch mit Armlehnen armirten Stuhl. Durch den Druck auf eine Feder kann man sich, seinen

Rücken u. seine Beine, die natürlich ebenfalls gestützt sind, jede beliebige bis zur horizontalen Lage geben. Da ruhten wir nun von unseren Strapazen aus. Ein angehängter **Dining Car** ermöglichte, uns, unsere animalischen Bedürfnisse zu befriedigen. Speise und Trank waren gut. Man weiß in diesem Lande nie, wann man auf Reisen wieder etwas zu essen erhält, deshalb muß man sich bemühen, **praenum erando** zu essen.

Die Fahrt den Tag über war nicht von besonderem Interesse — aber jedenfalls der durch das restliche Amerika vorzuziehen. Die Gegenden, durch die wir fahren, sind enorm bevölkert. Viel Vieh, besonders Pferde, erblickt man auf den großen Weideplätzen. Noch mehr aber fallen die besonders im letzten Theil der Tour überall rechts u. links am Wagen befindlichen Marmorbrüche auf. Wie wunderbar hat die Natur ihre Gaben für den Menschen zubereitet! Schicht auf Schicht hat sie hier das Material gelegt. Es sind keine compacten Felsmassen ohne Schichtung. In dünnen u. dicken Platten lagert es hier — als wenn es für Consolplatten u. Treppen, Denkmäler etc. prädestinirt wäre. Die Menschen kommen und schneiden u. brechen diese Platten heraus und — thun, als hätten sie die selben geschaffen! Mauern und Zäune, Treppen u. Schwellen, Häuser und Thürme zeigen hier Marmor — ein erdrückender Ueberfluß, der doch einmal, wie leider alles auf dieser Welt, aufhören wird. Schon baut man in die Tiefe hinein. Mehr Arbeit, mehr Schweiß ist erforderlich, um aus dem Erdinnern den Stoff herauszuholen u. demgemäß wird er auch theurer werden. Was anfangs wenig geachtet wurde, weil es im Ueberfluß u. mühelos gewonnen wurde, wird jetzt geschätzt. Auch daraus läßt sich ein moralisches Princip ableiten. Man soll daraus lernen u. wohl dem, der Einsicht u. die Kraft hat, die Consequenzen der Einsicht zu ziehen!

Die Temperatur war allmählich angestiegen, so daß es fast unerträglich wurde. Hunger quälte, Durst that weh — und ein einziges Loth Kaffee — kam — uns leider auch für Geld nicht zu Gesicht, Bier her, Bier her, oder ich verdurst'! Das thut nichts! Es ist kein Tropfen zu haben! Einen mächtigen Bau — ein Zuchthaus — natürlich aus Marmor erblickten wir rechterseits von der Fahrstraße. Er fiel nur deswegen auf, weil auf dem breiten, mit Warthürmen in mittelalterlicher Manier versehenen Mauern, Soldaten resp. Wärter mit Gewehren immer zwischen zwei Warthürmen hin und her patrouillirten.

Die Einfahrt in den Bahnhof von **Chicago** dauerte entsetzlich lange. Etwa 1/2 Stunde trieben wir uns auf den Geleisen herum. Um 2 Uhr landeten wir, gaben unser Gepäck dort auf dem Bahnhof zur Aufbewahrung — dies kostete 1 Mk. 60 Pfg, wer lacht da! — u. giengen in die Stadt. Es war sehr heiß. Zehn Leute fragten wir wohl nach einem Restaurant und von 3 erhielten wir überhaupt eine Antwort. Zuletzt nahmen wir uns aus Verzweiflung einen Fiaker für 2 Mark und wurden nach einem elenden Milch-Wasser- und **Ice Cream**-Restaurant geführt, wo wir das uns vorgesetzte Gericht Zunge wegen seiner durablen Härte stehen ließen (und) uns bald wieder empfahlen. Die Stadt kam mir gewöhnlich vor — sie machte mir den unangenehmsten Eindruck von allen bisher gesehenen. Es mag eine vorzügliche Geschäftsstadt sein — aber für mich hat sie schon in ihren Straßen und Häusern nichts Anziehendes. Wir giengen bald wieder zum Bahnhof, um direct nach **Washington** zu fahren, u. zwar mit dem **Limited Express.**

Um 5 Uhr dampften wir ab. Dieser **Palace Car** ist eine Sehenswürdigkeit. Wir hatten wieder eine Section. Hoch hinauf sind die Doppelsitze mit hellblauem Sammt gepolstert. Die Holztäfelungen sind glatt u. glänzend wie Spiegel, und sämtlich aus hellgemasertem Citronenholz gefertigt. Electrisches Licht erleuchtet den Raum. Kristallspiegel reflectiren dessen Strahlen. Man sieht sich u. jeden Reisenden beim Blick in irgend eine Richtung. Die Wascheinrichtungen sind die üblichen — die Becken hier aber aus **Napoléon rosé** gemacht. Zwei solcher Wägen sind so mit einander verbunden, daß man wie in einer von allen Seiten geschlossenen Wandelbahn von einem zum anderen gelangen kann. Dicke in Falten gelegte Gummiplatten schützen gegen Zug von außen u. hemmen das Aneinanderstoßen der beiden Wagen. Die beiden Plattformen passen ganz aneinander. Will man ab oder aufsteigen, so führen Glasthüren auf mit kunstvoll geschmiedeten Geländern versehene Treppen. Geschliffene Gläser sind in diesen Thüren.

Wir suchen den **Dinig Car** auf. Der Luxus wiederholt sich auch hier. Sessel mit gepreßtem Leder überzogen, electrisches Licht, feines Tafelservice und am Ende desselben ein schräg gestelltes Büffet. Wir gehen weiter, und sehen einen **Barber Shop** und darin eine schöne durch eine Gardiene zu verhüllende Badewanne, u. noch weiter gelangen wir zu dem Herrenzimmer. Das ist das schönste von Allem. Gardienen u. Portieren aus braunem Vel-

DINING CARS.

GOING WESTWARD		GOING EASTWARD	
Breakfast	9 to 10 A.M.	Dinner	5 to 7 P.M.
Lunch	12 to 2 P.M.	Breakfast	7 to 9 A.M.
Dinner	5 to 7 P.M.	Lunch	12 to 2 P.M.
Breakfast	7 to 9 A.M.	Dinner	4 to 6 P.M.

THE SMOKING-ROOM CARS

Attached to this train are liberally furnished with comfortable sofas, movable arm and easy chairs, camp-stools, card-tables, chessmen, checkers, etc., and for the free use of passengers there will be found a

Furnished Writing Desk

Supplied with note paper, envelopes, pen and ink, directories of the larger cities, etc. Parties wishing to have letters or telegrams forwarded en route will please state their wishes to conductor.

"New York and Chicago Limited."
SLEEPING CARS.

A Double Berth will hold two persons; a Section contains two double berths, and a Drawing Room contains two double and two single berths.

Two persons desiring to occupy the same berth will be charged two extra fares less one Pullman fare.

At least one passage ticket and one extra-fare ticket will be required for each double berth occupied.

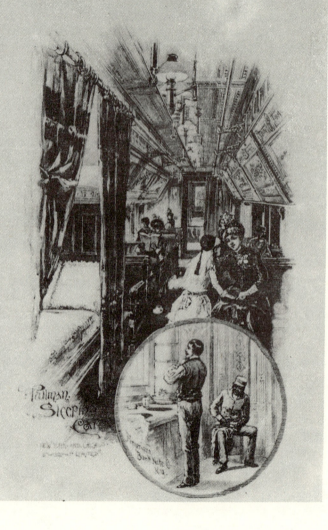

vet, riesige Korbsessel, mit Olivsammt gepolstert, Lederstühle, kleine Ecksophas, Schreibtisch mit darüber hängender Glühlichtbirne u. sämtliches Schreibmaterial incl. Papier u. Couverts, geschnitzte Täfelung, geschnitzte, eichene Uhr, eine kleine Bibliothek in entsprechend gehaltenem Stiele, Zeitungen, illustrirte Bücher mit Ansicht der durchfahrenen Strecke, dicke Teppiche auf dem Boden, das ist oberflächlich geschildert, der Inhalt eines solchen Wagens. Könige können kaum so, geschweige luxuriöser fahren. Als wir vom Mittagbrod wieder in unseren Wagen uns begaben, kommen wir an einem **Drawing Room** — der etwa 3—4 mal so theuer wie eine Section ist, vorbei. Hier können junge Eheleute etc. ganz allein reisen. Jeder Wagen besitzt einen solchen. Wir erblickten einen jungen Mann lang ausgestreckt auf einem Sopha liegend, eine Guitarre in den Armen, u. sich selbst begleitend. Sein Gesang übertönte noch das Geräusch der rollenden Wägen.

Wir giengen früh zu Bett, um die vergangene Nacht aufzuholen.

„New York and Chicago Limited."

New York, Philadelphia, Washington. Baltimore and Chicago.

WESTWARD.

L've Boston, Every Day,	6.30 P. M.
L've Brooklyn, Every Day,	8.30 A. M.
L've New York, Every Day,	9.00 A. M.
L've Philadelphia, Every Day,	11.20 A. M.
L've Washington, Every Day,	9.50 A. M.
L've Baltimore, Every Day,	10.45 A. M.
L've Harrisburg, Every Day,	2.00 P. M.
L've Altoona, Every Day,	5.20 P. M.
Arr Pittsburg, Every Day, Eastern Time,	8.30 P. M.
Arr Pittsburg, Every Day, Central Time,	7.30 P. M.
L've Pittsburg, Every Day, Central Time,	7.45 P. M.
Arr Crestline, Every Day,	1.35 A. M.
Arr Fort Wayne, Every Day,	4.54 A. M.
Arr Chicago, Every Day,	9.00 A. M.
Arr Columbus, Every Day,	2.25 A. M.
Arr Cincinnati, Every Day,	7.10 A. M.

Chicago, Washington, Baltimore, Philadelphia and New York.

EASTWARD

L've Cincinnati, Every Day, Central Time, ... 7.45 P. M.
L've Columbus, Every Day, ... 11.45 P. M.
L've Chicago, Every Day, ... 5.00 P. M.
L've Fort Wayne, Every Day, ... 9.00 P. M.
L've Crestline, Every Day, ... 12.15 N'HT
Arr Pittsburg, Every Day, Central Time, ... 6.00 A. M.
Arr Pittsburg, Every Day, Eastern Time, ... 7.00 A. M.
L've Pittsburg, Every Day, Eastern Time, ... 7.15 A. M.
L've Altoona, Every Day, ... 10.40 A. M.
Arr Harrisburg, Every Day, ... 1.55 P. M.
Arr Baltimore, Every Day, ... 4.40 P. M.
Arr Washington, Every Day, ... 5.50 P. M.
Arr Philadelphia, Every Day, ... 4.45 P. M.
Arr New York, Every Day, ... 7.00 P. M.
Arr Brooklyn, Every Day, ... 7.15 P. M.
Arr Boston, Every Day, ... 7.50 A. M.

From the NEW YORK TIMES, *Tuesday, May 18, 1886*

What a Business Man thinks of the Pennsylvania Limited.

,,I have just finished one of the pleasantest railway trips I ever had," said a prominent merchant, as he alighted from the Pennsylvania Limited at Jersey City, last evening. ,,I had no idea," he continued, ,,that the railroad people had reduced the art of travel to such perfection. A business trip becomes a merry holiday, full of comfort, pleasure, and good cheer.

,,I received a telegram at my house, up-town, Tuesday morning, at 7.30, urging my presence in Chicago by noon of Wednesday, if it were possible to accomplish the journey in that time. It seemed almost impracticable, but I remembered that the Limited left New York at 9.00 A.M., and hastily packing my bag, started for Desbrosses Street Ferry without waiting for breakfast.

,,The train left Jersey City at 9.15, and as it whirled over the meadows I sought the dining car and seated myself at a neat and flower-adorned table, where I enjoyed a delightful breakfast of all the delicacies of the season, admirably cooked, and served with scrupulous neatness. The sensation of taking a meal while flying onward at the rate of forty-five miles an hour is not only novel, but appetizing.

,,The smoking-car, with its luxurious sofas and easegiving rattan chairs, I found to be a most comfortable apartment, and after reading the morning paper I joined a party at cards, and the hours flew by so swiftly that we had stopped at Philadelphia and Harrisburg, and were rolling along the banks of the Juniata, before we realized that we have traveled nearly three hundred miles. The new from the car windows engrossed our attention from this time until the certain of night fell on the Scene. This section of the route abounds in the most beautiful scenery imaginable. The road lies through and over the Allegheny Mountains, and after following the banks of the blue Juniata for many miles, the actual climbing of the mountains begins a short distance east og Altoona. Our third stop of five minutes was made at Altoona, after having completed an uninterrupted run of one hundred and thirty-two miles. The most magnificent portion of the route, from a scenic standpoint, lies beyond Altoona, where the grand sweep of the Horse Shoe Curve, and the subsequent ascent of Allegrippus, reveals some of the wildest scenery in America. We viewed this just before sunset, when all the mountains were bathed, as the poets say, in glory. It was a grand sight.

,,The dinner, served about this hour, was excellent, and comprised in the *menu* everything one could expect at a first-class New York restaurant. All the meats and vegetables are cooked as they are ordered, and cooked well, too.

,,Another short stop at Pittsburg, and one at Alliance, is the last that I remember, as I turned in about this time, and when I awakened the next morning we were somewhere between Ft. Wayne and Chicago. I could not resist the temptation to take breakfast on the Limited, which was hardly finished before the train came to its final stop in the Union Depot, Chicago. This was 9.00 A.M., twenty-four hours after leaving New York. I felt as fresh as a daisy, met my appointment, loafed around an hour or so with friends, took the East-bound train at 5.00 that afternoon, and here I am back in New York at 7.00 P.M. Thursday. Isn't that business? Not only business, but pleasure, I can assure you, for I feel as if I had enjoyed a regular old-fashioned boy's holiday.

„I hope I have not bored you with this enthusiastic report, and think you might write it up for the benefit of those who travel. My advice to travelers to Pittsburg, Chicago or Cincinnati is; Tate the limited. „Good bye".

Mittwoch den 7 Sept.

Wie wir fuhren, erläutert Dir, meine geliebte Cläre, der nachstehende kleine Fahrplan. Erfrischt durch die gut durchschlafene

Miles from Chicago.	STATIONS.	New York & Chicago Limited. No. 2.
.....	Lv. CHICAGO (Central Time) (via P., F W. & C. R'y.	5 00 p.m
148	" FORT WAYNE........	9 00 "
279	" CRESTLINE.........	12 15 n'gt
294	" MANSFIELD	.....
468	Ar. PITTSBURG (Cent. Time)	6 00 a.m
.....	" PITTSBURG (East. Time	7 00 "
. .	Lv. PITTSBURG (East. Time)	7 15 "
585	" ALTOONA...........	10 40 "
717	Ar. HARRISBURG........	1 55 p.m
801	" BALTIMORE (Union Sta.)	4 40 "
843	" WASHINGTON........ (B. & P. Sta.)	5 50 "

Nacht konnten wir wieder, das was sich uns draußen an herrlichen Naturschönheiten darbot, voll genießen. Auf der ganzen Rücktour haben wir auch nicht annähernd Schönes gesehen. Weder die bereits durchfahrenen Staaten: **Californien, Nevada, Utah, Wyoming, Colorado, Kansas, Missouri, Illinois** noch **Indiana** und **Ohio** bieten das, was **Pennsylvania,** in das wir heute in aller Frühe gelangt sind, besitzt. Wie unvermittelt sind die Uebergänge von einem Extrem zum anderen hier in Amerika. Eben war noch dürre Wüste, dahinter folgt fettes Ackerland, herrliche Maisfelder, blumige Auen, Felder, die weithin von Sonnenblumen gelb schimmern — hier ist Ebene, bald kommt Gebirge — dort baumlose Gegenden, hier plötzlich herrlicher, an **Canada** erinnernder Baumwuchs. Etwa um 8 Uhr fahren wir in das rauchgeschärzte **Pittsburg**, wo der **Ohio** aus dem Zusammenfluß des **Alleghany** und **Monongahella** entsteht, ein. Dahinter beginnt aber die eigentliche Schönheit **Pennsylvaniens,** wenigstens soweit ich es gesehen habe. Wir fuhren über Laubwald geschmückte

Höhenzüge, durch lange Tunnels, über Brücken, kühne Curven auf einer dem Fels mit Sprengstoff und Steinhacke abgezwungenen Bahn. Wundervolle Ausblicke haben wir weit in diesem gesegnetsten aller amerikanischen Länder. Soweit der Blick reicht — nichts als anheimelnder Wald und in den Thälern und von da die Bergwände hinan Menschenfleiß verkörpert in schönen Feldern, Wiesen, Gärten, Obstbäumen. Mit jeder schweizerischen Landschaft kann dieser District concourriren. Was ihm aber ein erhöhtes, für die ganze bewohnte Welt wichtiges Interesse verleiht, das sind die Schätze, die scheinbar unerschöpflich in seinem Boden ruhen. Das Gold **Californiens** und die Diamanten Afrikas sind nichts im Vergleiche zu dem Werthe der Kohlen, des Eisens, dem Petroleum und dem natürlichen Gas, das die Menschen dem Boden entziehen. Und auch hier kann man die unvermittelten Uebergänge dieses Landes wahrnehmen. Eben glaubt man sich im Walde, fern von Menschen, da steigt plötzlich Rauch auf, mächtige Schornsteine senden Gase, z. Th. glühend, auch blutroth leuchtende Flammen heraus, Hämmer pochen, Bergwerksschächte werden sichtbar, aus denen Bahnzüge sofort mit Kohle beladen werden, Häuser der Arbeiter umgeben diese industriellen Einrichtungen, dann folgt eine Stadt, dann wieder eine Kokerei, die aus 20 und mehr Öfen Flammengluthen herausschlagen lassen, dann große Glashütten und so fort durch ganz **Pennsylvania**. Daß dieses viele Menschen zu ernähren vermag, sieht man an der dichten Bevölkerung.

So geht es Stunden um Stunden fort immer noch im **Alleghaniegebirge**. Die Bahn folgt auch hier genau den Strömen, hat aber trotzdem Schwierigkeiten genug zu überwinden gehabt. So zeigt Dir das beiliegende Bildchen eine U förmige Kurve, die wunderbar kühn angelegt, fast am Felsrand dahinläuft. Ich habe aber während dieser ganzen Fahrt selbst an solchen Abhängen vorbei nie ein unangenehmes Gefühl der Angst gehabt, u. nie ist mir an der ganzen Strecke eine Prärie wild erschienen wie überall in **Britisch Columbien**. Trotz der ausgedehnten Bewaldung und der Felsmassen ist der Anblick fast überall ein lieblicher. Schon sind die Feldfrüchte überall eingeheimst, und manches Laub zeigt herbstliche Färbung. Die gelben oder rothen Blätter künden uns, daß wir schon lange von der Heimat entfernt sind! Und trotz aller Schönheiten, die ich hier erblicke, nagt an mir die Sehnsucht nach meinen Geliebten daheim. Wäre ich erst wieder bei Euch, Ihr herzigen Wesen! Oder könntet Ihr, ohne die Beschwerden der Reise, das Vergnügen mit mir genießen! Bilder zeigen es ja nicht, nur das Auge vermag diese farbigen Bilder in ihrer ganzen Harmonie aufzunehmen und dem Gefühl, der Empfindung zur Weiterverarbeitung zu übergeben. Hier und da fand ich eine kleine Zeichnung, die ich Dir sende, mein liebes Kind.

Gleich anziehend bleibt die Fahrt bis **Harrisburg** u. auch von da noch weiter. Bis zu dieser am **Susquehannastrom** gelegenen Stadt führte uns der **Limited Express,** trotz seiner Limitation doch mit einer Stunde Verspätung. Die Schönheit der Natur be-

zwang meist meine Ungeduld, endlich am Ziele anzukommen, zumalen der Congreß doch schon 2 Tage währte und der Empfang beim Präsidenten, den ich gern gesehen hätte, vorbei war. In **Harrisburg** mußten wir den Wagen wechseln u. kamen in einen **Parlor-Car.** Jeder hat seinen eigenen bequemen Polsterstuhl und eine Fußbank. Diese Stühle stehen am Boden befestigt, je einer zu einer Fensterseite und sind drehbar. Die Gegend, die wir hier langsam durchfahren, ist auch schön. Der Eisenreichthum der Berge und des Erdinneren offenbart sich in dem rostfarbenen Aussehen der Flüsse. Diese **Yellow** Flüsse wandeln, wie ich das schon früher sah, ihre Farbe in Blauschwarz um, wenn gerbsäurehaltige Stoffe, Baumrinde etc. hineinfallen, und sehen dann in der That tintig aus. Hübsche, roth angestrichene Bauernhäuser, die mich an diejenigen erinnerten, die ich in der Gegend der **Porta Westphalica** sah, stehen hier allenthalben auf dem fruchtbaren Grund u. Boden. Wohlhabenheit herrscht hier gewiß in ausgedehntem Maße. Wir haben Zeit, uns die Details genau anzusehen, da wir nicht nur zu meinem Aerger langsam fahren, sondern auch an jedem Statiönchen halten. Der Weg nach **Baltimore** führt von dieser Seite durch sehr lange Tunnels. Von da ab nimmt die Bummelei immer mehr zu. Alle 10 Minuten wird gehalten. Mir lag nur daran, heute noch Briefe von Dir zu haben, mein Mummchen; aber es ist schon dunkel u. trotz allen Aergers über diese Lottrigkeit und der kahlen öden Gegend **Marylands**, durch das wir jetzt fahren, kommen wir erst um 1/2 8 Uhr in unserem Hotel an.

Nun sind wir in **Washington**. Die vorher bestellten Zimmer sind bereit — ein Zimmer und eine Cabuse. Das kostet 36 Mark täglich in **Board**. Ob wir aber Mahlzeiten nehmen wollen oder nicht, ist gleichgültig. Was thun? Wir bleiben! Ich kann hier gleich sagen, daß wir während unseres Aufenthaltes die Speisen wegen ihrer schlechten Zubereitung nicht genießen konnten u. natürlich anderwärts dafür bezahlen mußten. Dies anderwärts erfuhr ich auf der Straße von einigen deutschen Aerzten, die auf der Straße standen. Ich sprach sie an. Es waren lustige Gesellen aus Stuttgart, Potsdam u. anderswoher, die natürlich nicht zur Förderung ihres Wissens oder der Wissenschaft, sondern zum Vergnügen hierherkamen. In einem Keller, bei einem Deutschen, tranken wir ein Glas Bier, aßen etwas Brod u. Käse u. giengen zu Bett!

Donnerstag d. 8 Sept.
Wohin gieng ich heute wohl zuerst hin, meine gute Cläre? Ja, ich bekam alle Briefe. Einige fehlten mir dem Datum nach — sie fanden sich in Onkels Briefen. Es war ein Labsal, nach so langer Zeit endlich wieder von Dir ein Lebens- u. Liebeszeichen. Wie oft las ich sie durch! Gott sei Dank, daß Ihr gesund u. frisch seid! O, welches Glück ist es, u. wie danke ich Gott, mir ein liebendes Weib u. süße Kinder geschenkt zu haben! Wäre es möglich, ich liebte Euch jetzt nach dieser grausam langen Entbehrung noch mehr wie früher!

Wir ließen sodann unsere Koffer holen und genossen die Annehmlichkeit, ein Mal ordentlich angezogen zu gehen. Auf den Straßen sah man nur Doctoren mit Medaillen an blauem u. rothem Bande. Letzteres hatten die **Officers** als Erkennungszeichen. Wir giengen nach dem Bureau. Ich wollte mich inscribiren. Dasselbe sollte erst um 1/2 11 Uhr — echt amerikanisch — geöffnet werden. Deutsch hörte man im Ganzen wenig sprechen. Aber die würdevollen **Yankee**doctoren mit u. ohne Bartcotelettes studirte ich in ihren Physiognomien. Sie haben meistens nur 2 Jahre studirt. Manche haben gar keine ordentliche Gymnasialbildung. Mit Ausnahme der **Pennsylvania University** in **Philadelphia,** der **Harvard Univ.** in **Boston** und, wie ich glaube, der **John Hopkins Universität** in **Baltimore** nehmen alle Universitäten auch einen Bauern auf, der sich meldet. Manche verlangen beim Eintritt in die Universität ein Examen, das indeß keine bedeutenden Anforderungen stellt. Ihre medicinischen Kenntnisse können wegen der Kürze der Studienzeit nur gering sein — immerhin bilden sie sich practisch aus u. können wohl operativ tüchtiges leisten. Hier haben sie es nur, wie ich glaube, auf die Melonen u. Steaks etc. sowie auf ein **Shake hand** mit dem oder jenem berühmten Mann abgesehen. Wir gehen die Straßen entlang. Welch wunderschöne Stadt! Straßen von 60—150 Breite sind allenthalben. Man sieht, das Lineal hat diese Avenüen vorher auf dem Papier gezogen. Ueberall sind parkartige Anlagen mit schönen Blumenbeeten — überall breite, ganze Straßengeviert einnehmende, mit jonischen oder dorischen oder korinthischen Säulenhallen geschmückte öffentliche Gebäude. Weithin leuchtet die Kuppel des Kapitols über die Stadt — das Wahrzeichen der Union, das Bindeglied zwischen den so heterogenen Staaten in den verschiedenen Himmelsrichtungen dieses Reiches.

Wir gehen nach Hause. Der vorläufige Eindruck dieser Veranstaltung ist kein besonderer. Ich mag die Gelegenheitsesser nicht, und bin der Meinung, daß einen solchen Congreß nur Förderer medicinischen Wissens, nicht aber Sommervergnügler besuchen sollten. Wir erledigen zu Hause alle Briefe. Um 3 Uhr sollte, das hatte ich erfragt, eine Sitzung unserer Section in der **Columbia University** stattfinden. Wir gehen hin. In einem schönen Auditorium saß der Vorsitzende neben Schriftführern, im Saale etwa 9 Zuhörer. Wir setzen uns hin — in 2 Minuten schläft Onkel. Ich wecke ihn zum Fortgehen. Ich bin unschlüssig, ob ich mich hier zu erkennen geben und vortragen soll. Es überwiegt das Negative. Zuvor will ich mir noch anderes ansehen. In einer Kirche, der **Congregional Church,** tagen andere Sectionen, unter anderem die dermatologische. Ich dachte Unna zu treffen. Als ich hinkam, sprach er im Frack u. weißer Binde. Ich war Starr über die freche Art, wie dieser Mann banale, in jedem Lehrbuche zu findende Dinge phrasenhaft behandelt. Ich gehe in die neurologische Section, in der sich Mandel aufspielte. Ich hatte ihn schon vorher auf der Straße getroffen u. auf seine Frage: „Na, wie kommen Sie denn hierher" geantwortet: „Mit Schiff und Eisenbahn, wie Sie." Stolz hatte er weiter mir mitgetheilt, daß er auch schon gesprochen habe. Ich gehe wieder zu Unna. Eben hat er unter Beifall — es waren auch nur wenig Menschen anwesend — geendet. Ich sagte ihm: Sie sind Dr. Unna? Ich bin Dr. Lewin. Also Sie sind Dr. Lewin?! Jawohl, sie wollten mit mir Rücksprache nehmen? Ja, ich bin aber heute so besetzt — bis 2 Uhr in der Nacht — aber morgen früh wollen wir zusammen Kaffee trinken. In diesem Augenblicke war ich mit diesem Herrn fertig und wußte, daß ich nicht mit ihm Kaffee trinken würde.

Wir giengen fort. Ich schickte Onkel nach Hause, weil er zu müde war u. gieng in meine Section. Ich wollte das, was ich mir vorgenommen, zu Ende führen. Ein Jüngling, ein Dr. Gnesda aus Berlin, dessen Namen ich nie gehört, sprach über Schlangengift. Ich ließ meine Karte durch einen Diener dem Vorsitzenden überreichen u. wurde von diesem und dem Schriftführer stumm begrüßt. Der Jüngling sprach bedächtig u. behaglich über Versuche, die er bei **Du Bois** angestellt hatte. Als er fertig war, nahm ich das Wort u. machte ihn auf Unklarheiten u. Lücken aufmerksam. Der alberne Bursche wurde frech. Nun, Du weißt, ich bleibe nicht lange ruhig. Ich dankte ihm so klobig, daß die Amerikaner, die zugegen waren u. nicht deutsch verstanden, den Ernst der Sache begriffen, zumal ich den Schriftführer Hr. **Woodsburry** gebeten hatte, meine Ausführungen englisch wiederzugeben. Er entledigte sich dieser Aufgabe in vollkommener Weise. Ich war nun einmal warm geworden, der Jüngling schwieg, u. nun gieng ich daran, ihm zu zeigen, was ich eigentlich von diesem verlangt hatte. Das Auditorium war mittlerweile beträchtlich angewachsen. Auch Damen waren anwesend, d. h. promovierte Doctorinnen. Mein lautes Sprechen bei offenen Thüren hatte die Leute angelockt. Mit Kreide zeigte ich ihnen Spectra, in Ermangelung einer Tafel an dem Thürpfosten. Nachdem ich damit fertig war, bat ich, obwohl andere auf der Tagesordnung standen, meinen Vortrag halten zu dürfen. Auch dies gieng gut vor sich. Hr. **Woodbury** gab den Anwesenden einen Abriß dessen, was ich gesagt hatte, eine kurze Discussion knüpfte sich hieran und gegen 7 Uhr war alles erledigt. Ich war mit mir heute zufrieden und beschloß, obgleich ich keine Billets hatte, doch nach dem Feste zu gehen, das die Behörden von **Washington** den Aerzten in **Pension Hall** gaben. Im Hotel verlangte ich, obschon ich noch gar nicht inscribirt war, für Onkel und mich Billets. Die Stimmung von uns beiden war eine vorzügliche. Wir schlüpften in die Fracks, weiße Binden hoben sich herrlich von dem Dunkel der Kleidung ab. Onkel bestand darauf, scheußliche schwarzseidene Handschuhe anzuziehen u. erst als wir dort waren, überredete ich ihn, dieselben abzuziehen. In einem Omnibus fuhren wir mit vielen anderen zu diesem etwa unserem Invalidenhaus entsprechenden Gebäude, in dessen Mittelpunkt der heutige Festsaal liegt. Der Eindruck bei dem Eintritte in denselben war ein gewaltig imponirender. Immer hoch streben vom Boden gewaltige, wie das ganze Innere weiß gehaltene Pfeiler bis zu der Decke. Die räumlichen Dimensionen sind eben amerikanisch. Säulen und Gallerien, Wände und Fenster sind überreich und doch geschmackvoll mit Fahnen geschmückt. In einem Säulencarré in der Mitte des Saales hinter einer plätschernden, mit Pflanzen verzierten Fontaine spielte eine Militärcapelle unaufhörlich. Electrisches Licht erhellte alles und bestrahlte alle die klugen und dummen Männer, all die klugen tief, tiefer und am tiefsten decolletirten, mit Juwelen, Perlen u. Gold geschmückten, Sammt und Seide in allen Farben als Körperhülle tragenden Frauen. Es war ein farbenprächtiges Bild, wie ich es noch nie gesehen hatte. Wir schlenderten herum. Da kam auf mich ein Herr zu, den ich heute in meiner Section gesehen hatte. Er gab mir seine Karte. Ich verstand ihn nicht u. holte Onkel. Diesem drückte er seine Befriedigung über mich aus. Er hätte sich gefreut über das, was ich gesagt etc. etc. Ich sollte in **London** bei ihm wohnen. Er sei Examinateur oder Curator der Universität **Edinburgh.** Leider reiste er erst am 5ten von **New York** ab, so daß ich ihn in **London** nicht treffen kann. Er schien sich sehr über mich zu freuen; kannte natürlich die **„Untowards effects"** u. wünschte mit mir in Relation zu bleiben. Ich freue mich über diese Verbindung. Der Mann macht einen guten Eindruck, mag 50—60 Jahre alt sein und sieht sehr distinguirt aus.

Darauf mußte getrunken werden. Den Regierungsmedicinalrath Wurmich hatte ich schon vorher begrüßt u. wir hatten unserem Kummer über das Fehlen von Bier Ausdruck gegeben, und er, obgleich er selbst auch einen Vortrag gehalten, der Naivität Ausdruck gegeben, mit der die Amerikaner diese Sache inscenirt hätten — es sei die Naivität großer Kinder. Ich selbst hatte den gleichen Eindruck — bin aber davon überzeugt, daß gerade dieser Congreß die Leute veranlassen wird, ein zweites Mal es anders zu thun. Diejenigen von denselben, die in Europa waren, sind fein u. gebildet u. haben Verständniß für das, was ihren Landsleuten fehlt. Ich habe am nächsten Tage von solcher Seite **Degoût** zeigen sehen gegen das Gebahren jener **medici practici,** die außer ihrem Vergnügen, ohne dazu irgendwie aufgefordert zu sein, eine wissenschaftliche Rolle spielen wollen und dadurch derartige Zusammenkünfte discreditiren. Haben wir übrigens nicht auch bei uns solche Leute?

Ich war trotzdem in guter Laune, zumal noch zwei andere Leute zu mir kamen u. in gebrochenem Deutsch ihre Freude über meinen Vortrag zu erkennen gaben. Ich mußte lachen, als der eine sagte: „Es war in unserer Section so langweilig, bis sie gekommen sind." Um den nördlichen Theil des Saales waren Buffets arrangirt. Ich holte Sect für uns beide, u. wir tranken auf — unsere Frauen. Ja, mein geliebtes Herz, Dich vergesse ich niemals u. bedauerte heute nur, daß Du nicht mit theilnehmen konntest.

Unter Anderen sahen wir nun auch den „besetzten Mann" im eifrigen Gespräch mit einer jungen Dame. Dieser **Faiseur** war eben wie jeder heute Abend zum Fest gegangen, hatte sich mir gegenüber den Schein besonderer Großartigkeit geben wollen u.

gesagt, daß er bis 2 Uhr besetzt sei. So lange konnten wir auch hier bleiben, wenn wir wollten. Wir zogen aber vor, dem Herrn Concurrenz zu machen u. giengen etwa nach 1 1/2 stündigem Aufenthalt fort. Wärme liegt nicht in amerikanischer Geselligkeit — sie ist nicht ceremoniös und doch nicht sympathisch.

Wir giengen noch in eine Bierstube und von da zu Bett.

Freitag d. 9 Sept.

Wir machten eine Morgenpromenade nach dem scheinbar ganz nahe stehenden Obelisken, hatten aber etwa 1/2 Stunde zu gehen, ehe wir an dieses ca. 600′ hohe, dem Andenken des unglaublich cultivirten Nationalheros **Washington** gewidmeten Denkmal kommen. Es sind die Anlagen, die später dasselbe umgeben werden, noch nicht fertig — leider aber ist der Marmor des unteren Theils dieses colossalen Werkes vielfach geborsten u. gesprungen. Es imponirt die Höhe u. die Masse des verwendeten Gesteins — aber es ist ein geschmackloser Bau!

Auf dem Rückwege trafen wir **Woodbury,** tranken mit ihm einen Cocktail, er besorgte die Inscription und — auch Onkel wurde als Dr. Warburg eingeschrieben und medaillirt. Er (nahm) dies mit der ihm eigenen Ruhe entgegen, und gieng nach Haus, während ich von dem alten würdigen **Joseph M. Tanner,** M. D., Registreur des Congresses **nolens, volens** in seine Doctorkutsche gebracht wurde, um mit ihm in (die) Praxis zu fahren. Er spricht kein Wort deutsch, ich keines englisch — doch nein, ich erschöpfe mich in Superlativen u. brumme fortwährend **„largest in the world — beautiful — very beautiful — wonderful — indeed splendid** — und er antwortet jedesmal, was ich nicht verstehe. Um 1/2 12 Uhr hatte unsere Section heute Sitzung, u. er fährt mich schließlich dahin. Ich werde sofort auf den Präsidentenstuhl geleitet, übernehme den Vorsitz u. ertheile Hr. Andeer zu einem Vortrage über Resorcin das Wort. Was giebt es doch für Menschen auf der Welt! Seit 10 Jahren käut dieser Mann mit der Beharrlichkeit des **Niagarafalls** dieses glatte Zeug wieder u. wieder, ohne Neues zu bringen. Heute kam die Nuance, daß er bei jedem dritten Worte: mein Freund Unna einschaltete. Er wollte mit diesem bei den Amerikanern prahlen, weil sie ihn alle kannten. Unna hatte sich in frecher Weise, obschon Waldeyer, Gusserow u. andere anwesend waren, angemaßt, auf allen officiellen Begrüßungen quasi als Gesandter der deutschen Regierung zu antworten. Nachdem der Mann geendet, nahm ich das Wort u. beleuchtete Unna u. Andeer in etwa halbstündiger Rede. Aus der weiteren Antwort, die er mir darauf gab, ersah ich aber, daß der Herr so wenig Wissen u. richtige Vorstellungen über elementare medicinische Dinge besaß, daß ich zu schweigen vorzog. Noch zwei Leute sprachen, dann wurde die Section geschlossen.

Auf dem Wege nach Hause traf ich Herter, den ich zum Frühstück einlud. Zu dreien giengen wir dann nach dem benachbarten **Smithsonian Institut**, einem in herrlichen Garten- resp. Parkanlagen befindlichen, aus mehreren Gebäuden bestehenden Complexe, der mit die schönsten Sammlungen der Welt enthält. Das Institut ist mit Millionen dotirt und wie das meiste derartige hier zu Lande privater Opferfreudigkeit zu verdanken. Die Millionen gab ein Herr **Smithson**. Wir sahen uns die Vogel-, Fische- u. anthropologische Sammlung an, u. manches mich speciell interessirende fand ich hier — freilich, ohne es erlangen zu können.

Wir fuhren dann zum Kapitol. Die Amerikaner halten dies Haus für das schönste der Welt — ich muß sagen, daß ich etwas ähnliches nie gesehen habe u. daß dergleichen bei uns wohl auch nie gebaut werden wird. Erlaß mir die Beschreibung, zumal ich sie auch gar nicht geben könnte. Marmor und Granit in allen Farben, in jedweder Bearbeitung, dabei alles — bis auf den niedrigen gedrückten Sitzungssaal — zweckmäßig und harmonisch, findest Du auf Schritt und Tritt. Denkmäler berühmter Generäle und Staatsmänner, große Oelgemälde, welche die wichtigsten Begebenheit(en) amerikanischer Staatsgeschichte darstellen, sind in riesigen Rotunden untergebracht. Man geht von einer Halle zur anderen, endlose Gänge, geht abwärts und überall ist es schön. An welcher Seite man das Gebäude auch verläßt, immer befindet man sich auf (von) breiten Grasplätzen und Blumenbeeten umgebenen Terassen. Steigt man die breiten Marmostufen herab, so tritt man auf asphaltirte Wege — endlos breit, überall mit Gras- und Blumenrondells versehen. Hier ist kein Raum, kein Geld gespart. Dieses Gebäude und seine Umgebung verkörpern den Nationalreichthum der Vereinigten Staaten.

Wir fahren die lächerlich breite **Pennsylvania Avenue** hinunter. Sie führt direct zum **U.S. Treasury**, einem mit zahllosen jonischen Säulen, dem Minerva Tempel Athens nachgebildeten endlos großen, an der Hauptfront mit einem großen Gras- u. Blumenplatz geschmückten Gebäude. Wir gehen durch den Garten, biegen rechts um u. steigen zu dem „**White House**", dem Wohnsitze des Präsidenten empor. Wieder jonische Säulen, schöne Gärten überall, viel einfacher als die benachbarten Staatsgebäude! Die inneren Räume konnten wir, weil die Besuchszeit verflossen, nicht besichtigen. Wir stärken uns durch eine Mahlzeit u. schlendern — es ist Abend geworden, in den Straßen herum, gehen 2, 3, 4 Mal zur Post — weitere Briefe sind nicht angekommen.

In dem belebtesten Theile der **Pennsylvania Avenue** hören wir Musik. Wir gehen näher. Menschenhaufen umstehen etwa 4 bis 5 Männer u. 3—4 Weiber. Ein Mann hält stehend u. singend eine Fahne, zwei blasen Trompete, einer zieht eine kleine Harmonica. Alle singen geistliche Lieder, die Weiber oder besser Jungfrauen führen den Chor. Es ist die **Salvatory Army**. Der Rhythmus ist derartig, daß man auch danach tanzen könnte. Plötzlich sinken (sie) zu Boden. Das eine der Mädchen fängt zu beten an, dazwischen spricht der eine oder der andere der knienden Männer, wie von innerer Begeisterung erfaßt, ein paar Worte. Wir gehen wieder fort. Mich freut es, daß so jedem die Freiheit seines Handelns u. seiner Ansichten gewahrt ist — das ist ein Stück persönlicher Freiheit, die Europa wohl nachahmen könnte — niemals aber wird diese **liberty** bei uns herrschen!

Die Deutschen **Washingtons** haben die deutschen Aerzte heute Abend zu einem Bankett eingeladen. Ich gehe aber, obschon Onkel es möchte, nicht hin, um mir meine gute Stimmung nicht durch den „beredten, besetzten Mann" u. ähnliche Leute verderben zu lassen. Beim Biere sprachen wir — o, es war schön! — von Euch, meine einzig Geliebten — Euch ließen wir leben u. der Gedanke an Euch war mein letzter, ehe Schlummer mich auf meinem Lager umfing.

Sonnabend d. 10 Sept.

Ich habe mich etwas amerikanisirt. Ich trage Klappkragen und einen langen blauen, weiß punktirten Schlips. Meine Kragen sind nämlich durch ausgeflossenen **Whisky** schmutzig geworden u. noch nicht aus der Wäsche.

Es regnet. Wir lassen uns aber nicht abhalten, zu gehen. Der

Congreß ist zu Ende und die Congreßschwätzer sind schon auf den ermäßigten Extratouren nach allen Himmelsrichtungen begriffen. Ich lasse mir schnell Visitenkarten anfertigen, da die meinigen zu Ende gegangen sind. Dann nehmen wir einen Wagen u. fahren wieder zum **Smithsonian Inst**. Ich wollte mir die Pflanzenabtheilung ansehen. Ich finde eine wunderbar vollständige pharmakologische Sammlung. Cataloge hingen an Ketten. Ich frage Jemand, ob man einen solchen erhalten kann. Nein, der Director sei nicht zugegen. Ich mache mich an das Abschreiben der Etiquettes. Da sehe ich einen Herrn durch den Saal gehen, der in unseren Sectionssitzungen zugegen war u. mich gestern zu einer Fahrt nach dem Landsitze des Generalstabsarztes der Armee eingeladen hatte. Ich gehe ihm nach, fasse ihn in einem Bureau u. frage ihn, ob er hier Bescheid wisse u. mir einen Catalog verschaffen könne. Er lacht u. sagt, daß er, Dr. Beyer — er spricht, da er von Deutschen stammt, vorzüglich deutsch — Director dieser Sammlung des **National Museum** sei. Er hätte es mir gestern schon anbieten wollen, mich aber nicht bei der Excursion getroffen. Er führt mich in sein Zimmer. Onkel lohnt den Kutscher ab. Wir rauchen u. tauschen Erfahrungen aus. Ich frage ihn, ob er mir eine Kleinigkeit, die mir aufgefallen, schenken könne — nicht nur das. Er führt mich in ein anderes Zimmer. Dort sind in vielen Kisten, alphabetisch geordnet, die Doubletten. „Lassen Sie sich Zeit u. nehmen Sie alles, was u. wie viel Sie wollen." Du kannst Dir denken, wie ich über diese zum Theil Raritäten darstellenden Sachen herfiel. Ich holte Onkel, der sich draußen langweilte, herein, nahm aus den alphabetisch geordneten Fächern, was mir beliebte, schrieb den Namen der Drogen auf Blätter und Onkel wickelte. Bald erschien auch ein Gehilfe von Beyer und nun gieng die Sache flott. Selbst aus den Gläsern der Sammlung erhielt ich Stücke. Beyer gehört zu der **U.S. Navy**. Er hat Freunde auf Kriegsschiffen in China; durch diese wird er mir giftige Fische besorgen. Er gab mir die **Proceedings** des Museums mit, damit ich mir das, was ich noch wollte, anstriche, er wollte es mir dann nach **N. York** schicken. Mein Buch wird er vielleicht übersetzen. In ihm habe ich den rechten, in Amerika — wie alle vom **Smithson Institut** — gut bekannten und geachteten Mann gefunden. Er hat auch pharmakologisch gearbeitet.

Er lud uns zu einem frugalen Frühstück ein, an dem dann noch der weltbekannte Instrumentenmacher **Reynolds** aus **N. York** theilnahm, der nach mir gekommen war. Mit diesem fuhren wir nach dem anatomischen Museum, das manche Sehenswürdigkeit birgt, und von da nach Hause. Unsere Sachen waren schon gepackt. Schnell holte ich noch die Toxikologie heraus, fuhr nach Beyers Wohnung, von da zum Drucker, der meine Karten gedruckt hatte, u. dann zu Onkel. Hinein in den Wagen u. fortfahren! Halben Weges fragt Onkel nach meinem Schirm. Er hätte ihn am Vormittag ganz allein getragen und ich weiß nichts über ihn. Er schwört, danach ihn ins Zimmer gestellt zu haben. Zurück! Wir suchen, fragen — es fehlt nichts — hin ist hin, verloren ist verloren. Er ist während der 1/4 Stunde, die wir zum Heruntergehen u. Einsteigen in den Wagen brauchten, von dem diebischen, sofort in das Zimmer geeilten Stubenmädchen gestohlen worden! So hat er in Amerika sein Ende gefunden. Wie bitter für ihn, den biederen Deutschen, von **Yankeehand** gedrückt zu werden!

Wir jagen zum Bahnhofe. „**Limited express** nach **Philadelphia**"! Wir bekommen die Billets, kommen an das Gatter zum Perron — hier werden nur Reisende mit Billets und nur fünf Minuten vor Abgang des Zuges herausgelassen — der Zug ist fort! In 10 Minuten geht ein anderer. Mit diesem kommen wir, aber nicht unsere Bagage mit. Was thut dies! Schweißgebadet und erschöpft sitze ich da und brauche lange Zeit, ehe ich mich von dieser Jagd erholen kann.

Bald kommen wir in **Baltimore** an. Ich wollte mir die **John Hopkin Universität**, eine der bekanntesten und gewiß die reichste in ganz Amerika, ansehen. Bis zum nächsten Zug hatten wir ca. 2 1/2 Stunden. Ich überrede Onkel auszusteigen u. fahre mit einer Pferdebahn zur Universität. Diese enthält aber keine medicinische Abtheilung. Wir fahren weiter endlos, endlos — unsere Zeit nimmt immer mehr ab — endlich kommen wir an die klinischen Institute, unübersehbar auf einem Raum, groß wie eine kleine Stadt. In der Front steht ein riesiges, kuppelgekröntes, aus rothem Backstein mit Sandstein erbautes Gebäude u. daran schließen sich, z. Th. durch Gänge und Corridore verbunden, viele Pavillons, immer Grasflächen zwischen sich lassend. Noch ist das Ganze nicht fertig. In der experimentellen Abtheilung wird gearbeitet. Die Pilzculturen konnte ich in Reagensgläsern von außen erkennen. Aber die Schatten der Nacht lagerten bereits über dem zierlichen **Baltimore**, u. wir mußten wieder zum

Bahnhofe. Auf dem Hinwege schon fiel mir die außerordentliche Sau' erkeit der Stadt und die ganz entzückenden, meist aus Stein, weiter hinaus aus rothen Backsteinen erbauten, für ein u. zwei Familien berechneten Wohnhäuser auf. Dagegen verschwindet Pöseldorf vollkommen. Es ist ein Vergnügen, diese einfachen u. harmonisch bearbeiteten Marmorquadern Sandstein- u. Granitstücke zu sehen. Natürlich thront **Washington** auch hier auf hoher Säule, inmitten einer Parkanlage u. weiterhin von den schönen Wohnsitzen reicher **Baltimorienser** umgeben.

Auf dem Bahnhofe heizten wir unsere Körpermaschiene u. fuhren nach **Philadelphia.**

Dort kamen wir etwa um 11 Uhr Nachts an, bekamen unser Gepäck u. trollten die Straßen entlang, bis wir gegen 12 Uhr im **Hotel Continental** anlangten. Kaum waren wir im Zimmer, als der Wirth jemand mit der Frage zu uns sandte, wie lange wir blieben. Wir erfuhren später, daß eine große Feier in der nächsten Woche hier abgehalten werde, — der 100jährige Gedenktag der Constitution — und hierzu alle Zimmer bereits vermiethet seien. Es sollten ca. 300 000 Menschen erwartet werden — natürlich eine amerikanische Aufschneiderei.

Sonntag d. 11 Septemb.

Trübes Wetter herrschte am Vormittag über dieser Stadt und Todtenstille in den Straßen von **Philadelphia.** Wir fahren und wandern kreuz und quer umher. Die Stadt scheint gar nicht aufzuhören. Wenige häßliche und schmutzige Straßen sah ich. Die meisten, die ich sah, und die zu Wohnzwecken dienten, waren denen in **Baltimore** ähnlich — sandsteinverziert, aus rothen Ziegelsteinen erbaut. **Market-** u. **Chestnut Street,** die Hauptgeschäftsstraßen sind — besonders gilt dies von der letzteren schmal. Den **Washingtoner** Maßstab darf man hier nicht anlegen. Die **Chestnutstreet** beherrbergt alle Banken — fast durchweg in Marmor und Granit erbaut, meist in Baustielen, die entweder nur häßlich sind oder so häßlich, daß sie komisch wirken. Meistens sind sie gesucht unsymmetrisch erbaut, u. wenn auch Herta diese Asymmetrie als einen höheren Grad des Kunstsinns ansieht, so will ich doch lieber auf dem niedrigen stehen und solche Bauwerke abscheulich häßlich finden. Einige besitzen außerdem gedrückte

Verhältnisse. Thüren u. Fenster sind mit kurzen, klobigen Säulen verziert, die wie krankhafte Wucherungen sonst normaler Glieder aussehen. Häßlichere und theurere Bauwerke sah ich noch nie.

Aber auch herrliche Bauten findet man in der Stadt. Der Professor der Biologie, z. B. **Jaine**, hat sich sein Wohnhaus aus schönem weißem Marmor erbaut. Der Eingang wird durch einen, aus demselben Material hergestellten, breit auslegenden Porticus gebildet, den Gärten umgeben. Auch alte Häuser weist diese Rivalin **N. Yorks** auf, z. B. dasjenige, in dem die Constitution gegeben wurde u. das für die nächsten Tage natürlich den Mittelpunkt der Feier bildet. Quer über die Straße sind halbfertige Triumphbögen gespannt mit allerlei Emblemen. Auch Häuser zeigen schon Fahnenschmuck u. in den Straßen stößt man schon auf einen oder den anderen der Jubiläumsbrüder. Wir wandern (die) **Chestnutstreet** herab bis zum **Delaware**. Ein **Feerybot** neben dem anderen lagert hier. Wir wählen eines u. fahren nach **N. Jersey** hinüber u. zurück. Der Strom ist sehr breit u. sehr belebt. Ueberall sieht man Seeschiffe, die von hier direct in die **Delaware-Bay** u. die See kommen. Wie alle derartigen, an dem Landungsplatze von Seeschiffen gelegenen Straßen, ist auch die hiesige schmutzig, schlecht gepflastert und mit unzähligen Schänken versehen. Man könnte wohl den Herren Antisemiten in Europa die hiesigen Schenken als Beleg dafür vorführen, daß auch ehrbare, gut getaufte Christen im Stande sind, allein „das Volk mit Alkohol zu vergiften". Juden haben hier nicht die Schnapswirthschaften — indessen, das thut nichts, der Jude wird doch verbrannt!

Eine Fahrt durch die Stadt sollte den stillen Sonntag für uns beschließen. Wir setzten uns in die erste beste der vielen **Cable Cars**, d. h. solchen Wagen, die mittels einer in einer Eisenrinne auf der Straße versenkten, an dem unteren Theil des Wagens in geeigneter Weise befestigten, durch Dampfkraft von einer Centralstation gezogenen **Cables** fortbewegt werden. Ueberall in Amerika, soweit wir kamen, herrscht die Regel, für eine Fahrt mit Omnibus oder **Cable Car,** oder **Elevated Rail Road** 5 Cents = 20 Pfg zu zahlen. Nie weniger u. nie mehr! Dafür fährt man über die ganze Tour und, was ich für einen Vorzug halte, uncontrolirt. Unsere heutige 5 Cent-Fahrt dauerte wohl 3/4—1 Stunde. Wir hatten Zeit genug, über die colossale Ausdehnung der Stadt, die räumlich viel größer als **N. York** ist, zu staunen. Halsschmerzen u. Husten, die ich seit gestern hatte, trieben mich in eine Apotheke, wo ich mir Salmiakpastillen erstand. Diese Apotheke — auch das gilt für alle, die ich in Amerika u. **Canada** gesehen habe — sind merkwürdige Institute. Alle haben Selterswasser — viele auch Badetücher, **Fancy Goods,** sehr viele die zur Toilette nothwendigen Gegenstände — wie Schwämme, Bürsten, Seifen, **Eau de Cólogne** etc. zu verkaufen. Hier in **Philadelphia** sah (ich) in einer auch Cigarrenverkauf! Im Ganzen sehen dieselben so aus, daß ich nicht meine Recepte in derselben anfertigen lassen mochte — ich kann mich aber auch hinsichtlich ihrer Zuverlässigkeit irren!

In unserem Hotel erhielten wir nun ein anderes Zimmer mit nur einem Bett, u. dies auch nur nach vielen Verhandlungen. Das Wetter war immer noch unfreundlich. Wir saßen in der unfreundlichen Hinterstube, in der außer einer Alarmfeuerklingel noch am Fenster ein Rettungsapparat für Feuersgefahr angebracht, war, mit exacter Beschreibung der nothwendigen Manipulationen. Ich fühlte mich nicht recht wohl u. legte mich für eine Stunde auf das Bett. Onkel schrieb. Den Abend über langweilten wir uns gründlich u. giengen früh zu Bett.

Montag d. 12 Septemb.

Ich schlief in der vergangenen Nacht wenig. Es goß vom Himmel muldenweise. Der Regen schlug auf ein Zink- oder Glasdach unter unserem Fenster und ließ mich nicht einschlafen. Zudem hustete Onkel sehr stark und was mehr war, er schnarchte so furchterweckend, daß zehn canadische Waldsägemühlen dagegen Symphonien in Moll darstellen. Der Morgen brach so naß an, wie die Nacht begonnen. Es fluthete vom Wolkenheer herunter. Was thun? Schirme hatten wir nicht. Onkel hatte seinen feinsten schwarzen Rock angezogen — ich hatte nichts bei mir, meine Sachen lagerten schon wieder in **N. York** u. deswegen war es angesichts meines strolchigen Aussehens nicht schlimm, wenn ich naß würde. Wir beschlossen, einen Schirm zu kaufen, u. erstanden natürlich für viel Geld einen weniger als mittelmäßigen. Du glaubst gar nicht, wie hier alles theuer und dafür nicht einmal besonders gut ist.

Wir wollten uns nun trennen. Onkel gieng zu Geschäftsfreunden, ich zur Universität von **Pennsylvania**.
Weit mußte ich mit der Bahn fahren. Endlich stand ich vor einem aus herrlichem grünen Sandstein erbauten Gebäudecomplex mit Thürmchen, Säulen u. anderen Verzierungen. Das hatte ich hier wahrlich nicht erwartet. Ich fragte mich tapfer allein durch u. kam schließlich in die medicinische Abtheilung — ein Gebäude für sich, wie die anderen von Schmuckplätzen umgeben. Erst irrte ich in demselben umher. Da sah ich zwei Herren in ein Zimmer gehen, folgte ihnen u. trug mein Anliegen unter Ueberreichung meiner Karte vor. „**From the university of Berlin**" hat hier einen guten Klang. Der eine der Herren, ein würdiger Graukopf — beide konnten nicht deutsch sprechen — fragte mich, ob ich **Miller** kenne — er sei von ihm besonders ausgebildet worden. Das bejahte ich natürlich. Liebenswürdig wurde ich herumgeführt, sah auch die pharmacologische Sammlung, die sehr hübsch ist, und schließlich führten mich die Herren zu dem Lecturer für medicinische Chemie Hr. **Dr. Marshall,** der in Deutschland studirt hat. Bald wurden wir warm. Er zeigte mir einige seiner Sachen, auch eine neue Reaction auf Blei, die — ich vor fünf Jahren veröffentlicht habe u. wollte mir noch die Stadt zeigen. Ich hatte aber heute morgen einen besonderen Gedanken. Ich befand mich in dem größten Petroleumdistrict der Welt u. wollte die Reise doch auch wissenschaftlich ausnutzen, um die Petroleumwirkung auf Menschen, die wenig oder gar nicht bekannt ist, zu studiren. Das theilte ich M. mit u. bat, mir behülflich zu sein. Ja, sagte er, hier in Amerika herrscht die **Standard Oil Co.** Wir wollen versuchen, diese aufzusuchen u. den Präsidenten dafür zu interessiren. Bald waren wir unterwegs. Erst sollte ich mit ihm noch frühstücken. Dieses Austernfrühstück wurde absolvirt. Dann führte er mich noch zu dem vielleicht größten Geschäft der Welt — **Wanemaker** — über das ich Dir noch schreiben werde, dann zum Hotel, wo Onkel vor der Thür auf mich wartete. Viel Zeit hatten wir nicht — wir eilten weiter. Die nöthigen Informationen holten wir uns in zwei großen Geschäften, mit denen M. bekannt oder verwandt ist. Nun sind wir in dem Gebäude der **Standard Oil Co.** Ein Heer von Bureaubeamten sitzt hinter Schaltern. Da sitzen Telegraphenbeamte der Compagnie, die ihre eigenen Leitungen nach den Oeldistricten besitzt — hier schreiben Stenographen nach Dictat — dort wird

der Brief gleich gedruckt — überall Hast, Jagd und alles imponirend. Diese Gesellschaft hat den ganzen Petroleumhandel in der Hand — sie ist, wie man hier in Amerika sagt, 400 Millionen Dollar = 2000 Million. Mark werth! M. läßt sich beim Präsidenten melden. Wir werden in einen großen Salon geführt. Bald erscheint Hr. **Davis,** ein noch jugendlicher schöner Mann. M. kennt ihn auch nicht. Er trägt ihm mein Anliegen vor. Sehr bedächtig kommt die Antwort. Es seien keine Krankheiten beobachtet. Ich lasse ihm sagen, ich wollte 1) die allgemeinen Einwirkungen des Petroleums bei den Arbeiten in den Petroleum-Tanks u. 2) die Einwirkungen auf die Haut kennen lernen. Er sah, daß ich die Sache kenne u. nicht locker ließ. Ich lasse ihm sagen, daß die Wissenschaft, nicht nur die deutsche, ihm dankbar sein wird, wenn er, der einzige Mann, der dies konnte, mir dazu verhelfen wollte. Das machte Eindruck! Ja, er wolle nach ihrer 3 Meilen von hier gelegenen Raffinerie, in die der größere Theil des amerikanischen Petroleums geschafft würde, unsere Ankunft u. die Erlaubniß zum Besuche an seinen Superintendenten telegraphiren u. mir Briefe nach dem **Oeldistrict Washington** in **Pennsylvanien** sowie nach **Cleveland** geben. Der Mann imponirte mir durch seine Bedächtigkeit. Andrerseits sah ich wieder, daß Wissen u. Wissenwollen in der Welt immer noch geachtet, hier aber besonders geachtet wird. Das ist schön und herzerfreuend! Der Mann sah nicht auf meinen schäbigen Rock u. meine fleckigen hellen Beinkleider, die ich hier überall spazieren führe, da ich keine anderen habe — das Wort, die Sprache, macht dies übersehen! Wie danke ich Gott, daß er mir diese Gabe so reich verliehen hat!

Bieder drückte mir der Mann, der vielleicht die größte Capitalgesellschaft in Amerika vertritt, von dessen Willen Tausende u. Abertausende abhängen, der Europa Licht liefert, die Hand und, wenngleich er nicht viel that, ich freute mich doch über diese einfache, anspruchslose Art, wie er es that!

Nun hieß es aber schnell sein! Um 6 Uhr werden die Werke geschlossen. Wir jagen nach dem Hotel. Ich finde Onkel nicht und hinterlasse ihm einen Zettel... Schweißgebadet sitze ich im Wagen zur Fahrt über Land. es ist 1/2 5 Uhr, als wir draußen in **Point Breeze** ankommen.

Wir befinden uns in einer Petroleumdampfathmosphäre. Der Superintendent, Hr. **Livingstone,** erwartet uns und — spricht deutsch! Meine Wünsche sind ihm telegraphirt. Um die Zeit nicht unnütz plaudernd verfließen zu lassen, bitte ich ihn, meine Fragen, die ich mir vorher überlegt habe, kurz u. knapp zu beantworten. Ich frage, er und die anderen Herren im Comptoir antworten — das englische wird sofort verdolmetscht u. ich schreibe, daß mir die Finger weh thun. Abgesehen von anderen schönen Dingen bekomme ich heraus — was ich eigentlich nur als **ballon d' essai** ausgesprochen — daß die Arbeiter an einer Hautkrankheit leiden. Telegraphisch werden solche herbeigerufen. Mittlerweile führt uns Herr L. ein wenig im Etablissement „der **Atlantic Refinning Co.**", einer Abteilung der **Standard Oil Co.**, herum.

Das allein lohnt sich schon, hierherzureisen. Riesige Tanks — große eiserne, zum größeren Theil in die Erde versenkte eiserne Behältnisse oder besser geräumige Thürme, stehen in großer Zahl hier und da auf diesem weiten Fabrikterrain. Alle sind durch Rohrleitungen mit der eigentlichen Raffinerie, d. h. den Räumen, in welchen das Rohpetroleum in seine Componenten zerlegt wird, verbunden u. gestatten andrerseits, ihren ganz colossalen Inhalt durch Rohre auf die Schiffe zu führen, die hier liegen u. das Petroleum nach Europa bringen. Auch in Fässer kann es in besonderen Räumen geleitet werden, um so die Welt, Wohnräume u. Studirstuben zu erleuchten. Wenn wir, so Gott will, im Winter beim Schein unserer Lampe Hand in Hand sitzen werden und ich Dir erzählen soll, so werden meine Gedanken nach diesen Räumen zurückschweifen, in denen der Mensch die Gaben der Natur in so reichem Maße einheimst, um sie veredelt Anderen zum Nutzen gereichen zu lassen. Diese Veredlung geht bei einem so leicht entzündlichen Produkt nicht ganz leicht vor sich u. die Destillation, die hier in so riesigen Verhältnissen betrieben wird, ist eine gefährliche Manipulation — so gefährlich, daß ich nach dem, was ich hier gesehen habe, nicht der leitende Fabrikinspector oder Abtheilungsvorsteher sein möchte. Wir kehrten zum **Office** zurück. Dort waren bereits die 3 beorderten Arbeiter. Sie sprachen alle deutsch, so daß die Verständigung leicht vor sich gieng. Ich constatirte bei allen die gleichen Veränderungen an der Haut. Bei einem waren sie so stark, daß mir der Gedanke kam, die Arme dieses Mannes photographiren zu lassen. Gegen Zahlung eines Tageslohnes sollte er mir Morgen zur Abkonterfeiung zur Verfügung stehen und am Morgen ins Hotel kommen. Dorthin sollte auch eine Probe des Petroleums geschickt werden, mit dem gerade diese Arbeiter Umgang haben. Die Herren standen, das merkte ich ihnen an, schon auf Kohlen. Sowohl M. als L. wurden von ihren Hausfrauen zum Dinner erwartet. Nun ließ ich sie erst los. Ich hatte, obwohl mit Anstrengung, erreicht, was ich wollte, und hatte **News**. Auf den Bahnzügen befindet sich immer hier zu Lande ein Mann, der neben neuester Literatur auch frischeste Früchte, Streichhölzer etc. verkauft. Das ist, wie sein Mützenschild kündigt, der **News Agent**. So kam ich mir jetzt vor! Ich hatte den Wagen warten lassen — nun hinein u. mit **Livingstones Buggy**, das er selbst kutschirte, um die Wette zur Stadt, vorbei an den Schaaren von Arbeitern, die nach schwerer Tagesarbeit in diesem Werke ihr Heim suchten! Meine Notizen hielt ich sicher geborgen. Was man so erlangt hat, das macht einem mehr Vergnügen, als wären alle diese Papierstücke Hundertdollarnoten.

Auf dem Wege zur Stadt kamen wir an endlos langen Tribünen vorbei, an denen rege gearbeitet wurde. M. hatte auch 2 Plätze, jeden zu 12 Mark, gemiethet. Von Strecke zu Strecke war an den dicken Telegraphenstangen ein Sitz, roh gezimmert, in etwa 1 Stock Höhe angebracht. Dort sollten Telegraphenbeamte sitzen, die die Commandos der die Parade oder besser den Festzug Leitenden den ganzen Zug entlang nach jeder gewünschten Stelle hinbringen sollten. Auch für den Präsidenten war an einer Stelle auf einer Tribüne eine besondere Brüstung angebracht, dicht bei dem schönsten Stadthause, das wohl in der Welt vorhanden ist, einem ganz in Marmor in altfranzösischem Chateaustile ausgeführten, mit großen Portalen geschmückten Gebäude. M. brachte mich zum Hotel. Dort bezahlte ich dem Kutscher — 14 Mark — und nun führte mich der unermüdliche gute Kerl noch zu einem Photographenhause, damit ich am anderen Morgen nicht zuviel suchen brauchte.

Ist es nicht nett, daß man den Lohn für seine Arbeit doch einheimst? Manche Nacht habe ich arbeitend verbracht, habe oft gefroren, Entbehrung gelitten, gedurstet, auf dem Erdboden geschlafen, aber ich habe doch etwas gelernt und selbst etwas geistig geschaffen! Hier im fernen Erdtheile wird es anerkannt, vielleicht mehr als in der Heimath, und wenn ich nach Indien käme, auch dort würde ich Leute finden, die meinen Namen kennen und sichtbar durch freundliches Entgegenkommen ihre Achtung vor Arbeit bezeigten. Das empfand ich schon in **Washington**, wo mir **à discré-**

tion die Schätze der großen Sammlung pharmakologischer Agentien zur Verfügung gestellt wurden, u. auch heute hier. M. hatte mich am Morgen zu dem Toxikologen **Wormley**, der eine enorm umfangreiche Toxikologie geschrieben hat, im Universitätsgebäude geführt. Es ist ein alter etwas griesgrämig dreinschauender Herr, der in seinem geschmackvoll ausgestatteten Arbeitsraum saß. Bald waren wir, obgleich er in mir — es lag ja noch in unerkennbarer Ferne, aber ich sagte es doch — einen toxikologischen Concurrenten erkennen mußte, gute Bekannte und beschenkt gieng ich von dannen. Das erfreut u. spornt zu weiterer Arbeit an!

Jetzt war meine nächste Aufgabe, Onkel zu suchen. Das Zimmer war verschlossen, er nicht zu finden. Ich hungerte und aß Suppe, stand auf u. fand Onkel endlich schreibend. Denke Dir, ich hatte den Stubenschlüssel in der Tasche u. er hatte so den Tag über in dem Corridor u. auf der Straße sich herumdrücken müssen. Es war wirklich rührend wie er jede Entschuldigung abwehrte u. sich freute, daß ich meine Absicht ausgeführt hatte! Wir speisten nun zusammen weiter u. giengen — Du kennst ja Onkels Vorliebe dafür, in jeder Stadt das Theater zu besuchen — in ein für englischen Geschmack zugerichtetes Sardousches Stück. Es wurde gar nicht schlecht gespielt. Das Stück selbst ist geschickt im Dialog, basirt aber auf Nichts. Onkel schlief wie immer im Theater. Von Zeit zu Zeit stieß ich ihn an, dann wachte er wieder auf.

Zu Hause begnügten wir uns mit einem Bett u. einem Tisch. Aber obgleich es nicht regnete, schlief ich doch wenig — denn selbst ein im Lande der Juba weilender Löwe würde sich bei solchem Schnarchen gefürchtet haben!

Dienstag 13 Sept.

Ich wartete u. wartete auf den Arbeiter — er kam nicht. Ich gieng mit Onkel zu **Wannemaker**, einem Geschäft von solchen Dimensionen, wie es einschließlich der **bon marché** kaum noch existirt. In diesem Geschäft, in dem 12 Elevatoren zur Beförderung des Publicums vorhanden sind, bekommt man eben alles, was der einzelne Mann, oder die Frau oder eine Familie für ihren Körper u. ihr Haus braucht. Zur Centinnialfeier hatte der Eigenthümer in sein Geschäft ein altenglisches Haus hineinbauen lassen, genau so wie sie vor 150 Jahren hier in **Philadelphia** standen. In dem Hause war ein Laden mit Gegenständen, die den antiken nachgebildet waren — ein Kramladen mit rothen Kattuntaschentüchern, Laternen, Schnupftabakdosen, Frauencapotten, Nadeln etc. Hinter dem Ladentische standen altmodisch costümirte u. mit Perrüken versehene Verkäufer. Eine enorme Menschenmenge drängte sich durch den Laden hindurch. **Vis à vis** von dem Haus befand sich ein alter Bretterzaun mit nachgedruckten altmodischen Anzeigen.

Die Warenräume erregen Erstaunen. Wie ist es möglich, hier Controle zu üben! Kein Tischler besitzt in Berlin ein solches Möbellager u. so viel fertig möbilirte in bestimmten Stilen gehaltene Zimmer, wie man hier findet. Das Gleiche gilt von Teppichen, u. Bijouterien, von französischen Damenstrümpfen u. Kinderspielzeug, von Koffern u. Seide, Herrengarderobe u. Tapeten etc. etc.

90.0	Lv. **PHILADELPHIA**	11 20
110.8	Malvern	
113.1	Frazer	
115.0	Glen Loch	
122.3	Downingtown	
128.3	Coatesville	
133.4	Parksburg	
136.4	Atglen	
137.9	Christiana	
140.5	Gap	
146.5	Leaman Place	
151.0	Bird-In-Hand	
158.5	**LANCASTER**	
165.8	Landisville	
170.4	Mount Joy	
171.1	Springville	
177.0	Elizabethtown	
185.8	Middletown	
195	Ar. **HARRISBURG**	1 55 p m
195.3	Lv. **HARRISBURG**	2 00
200.5	Rockville	
209.8	Duncannon	
222.8	Newport	
228.0	Millerstown	
244.4	Mifflin	
256.1	Lewistown Junction	
268.1	McVeytown	
281.1	Mount Union	
287.2	Mill Creek	
292.8	Huntingdon	
299.3	Petersburg	
305.2	Spruce Creek	
306.7	Union Furnace	
309.7	Birmingham	
312.6	Tyrone	
320.0	Bellwood	
322.4	Elizabeth Furnace	
326.9	Ar. **ALTOONA**	5 15
326.9	Lv. **ALTOONA**	5 20
341.8	**CRESSON**	f5 50
363.2	Conemaugh	
365.6	Johnstown	
375.0	Nineveh	
379.1	New Florence	
383.7	Lockport	
385.4	Bolivar	
390.3	Blairsville Intersection	
394.3	Hillside	
395.8	Millwood	
397.7	Derry	
400.2	Bradenville	
402.8	Latrobe	
405.1	Beatty	
409.2	George	
412.5	Greensburg	
416.3	Grapeville	
418.2	Penn	
419.8	Manor	
422.1	Irwin	
423.5	Larimer	
426.8	Stewart	
428.9	Wall	
439.1	East Liberty	
443.6	Ar. **PITTSBURG**	8 30

(This train is composed entirely of Palace Cars, on which an extra rate of fare is charged.)

Auf dem Rückwege fragte ich nach in einer sehr großen Buchhandlung nach deutschen oder französischen Büchern — keines von beiden konnte ich bekommen. Wie wenig international sind doch die Amerikaner! Kein fremdländisches Buch in einem zwei Straßenfronten einnehmenden Buchladen u. in keinem Hotel von den vielen amerikanischen, in denen wir waren, ein deutsch oder französisch sprechender **Clerk**!

Ohne den Mann photographirt zu haben, reisten wir 11 Uhr 20 nach **Pittsburg**, nachdem wir uns vorher directe Billets bis **Cleveland** genommen hatten. Unsere Richtung war nach **Detroit**, u.

wieder einen **Palace Car** u. fuhren nun in demselben durch freundliche, an die Schweiz erinnernde Gegenden.

Sobald wir aber nach **Harrisburg** in die **Alleghanies** gekommen waren — wir hatten ja diese Tour schon einmal gemacht — wurde es herrlich. Die Sonne beleuchtete die wundervoll bewaldeten Höhenzüge. Grünes, gelbes, rothes Laub, wohin das Auge blickte, Fels u. Gestein, wo der Zug vorbeifuhr. Ganz entzückende Fernsichten über Wald u. Flur genießt man fast an jeder Stelle dieser Fahrt. Und dabei die Mannigfaltigkeit der Scenerie! Eben noch dichter Wald u. dort schon feuersprühende Essen, Eisenwerke, und dort in breitem Laufe der **Susquehanna**, dessen Felsdurchbrüche sich die Bahn zu Nutze gemacht, indem sie ihm treu folgt. Ueberall sind diese **Alleghanies**, soweit ich sie auch später noch gesehen habe, lieblich, nirgends wild. Ueberall ist das Terrain ausgenutzt, mehr vielleicht als in den bevölkertsten Districten Deutschlands.

Ich müßte alles wiederholen, was ich Dir schon von diesem herrlichen Stück Erde geschrieben habe, um den Eindruck wiederzugeben, den es auf mich gemacht hat. Dieses Herumschlingen der Bahn um die Felsberge, die Ueberbrückung von Schluchten, das Hinüberjagen über ein scheinbar jungfräulich unberührtes Land, in dessen Innern doch Tausende von Menschen beim Lampenschein schwere Arbeit verrichten, Erz und Kohle loshämmern, um ihre Familie zu ernähren, das Durchfahren von langen Tunnels, bei deren Betreten das electrische Licht unseres Wagens entflammt, um beim Hinauskommen augenblicklich wieder zu erlöschen, der Anblick von 20 und mehr Feuerschlünden bei denen die Familiarität u. Unverschämtheit, die hier die Eisenbahnbeamten zeigen, indem sie z. B. breit auf den Polstern hingegossen liegen, anstatt bei der Bremse zu sein, u. selbst nicht aufstehen, wenn ein Reisender, der sonst keinen Platz findet, diesen einnehmen will — dies alles sind Bemerkungen, die ich weit häufiger schon gemacht habe u. die mir auch hier wieder auffielen.

Trotzdem dieser Zug ein **Limited Express** war, hielten wir aus unbegreiflichen Gründen ca. 1 1/2 Stunden dicht vor **Pittsburg** angesichts des Bahnhofes still und kamen erst gegen 1/2 11 Uhr in unserem Hotel — **Duquesne** — an.

Mittwoch d. 14 Sept.

Wir waren in zwei durch eine Tür voneinander getrennten Zimmern untergebracht, die beide sehr comfortabel aussahen u. durch electrisches Licht erleuchtet wurden. Als wir uns am anderen Morgen sahen, stöhnten wir uns gegenseitig an. Ohne daß wir einander gehört hatten, verbrachten wir beide die Nacht fast schlaflos. Ich war mehrmals aufgestanden, hatte Gas angezündet, war herumgegangen, hatte zu schreiben versucht, mich dann wieder hingelegt, mich vollkommen entkleidet u. nur in ein Laken eingehüllt — alles war vergeblich! Ich war am Körper, den Händen u. Füßen hauptsächlich, ganz von Mosquitos zerstochen. Meine Handrücken waren dadurch vollkommen gewölbt. Außerdem herrschte eine erdrückende Schwüle im Zimmer, die förmlich den Athem benahm. Dem deutschen Wirthe, der sich beim Kaffee nach unserer Nachtruhe erkundigte, versicherte ich mit der freundlichsten Miene der Welt, dieselbe sei vorzüglich gewesen und Onkel stimmte bei. Er zeigte uns von seinem höchsten Zimmer aus das Stadtpanorama und führte uns dann in ein Geschäft von Spirituosen, vorzüglich, von **Monongaheli — Whisky** — vielleicht das größte in den Ver. Staaten. Der Besitzer fuhr mit uns durch alle Etagen, zeigte die enorme Fässerzahl, **Cognaks**, von denen die Flasche 25 Mark kostete, u. kredenzte uns zuletzt einen vorzüglichen **Cognak-Drink**, der uns belebte und nach der Ermattung der Nacht Unternehmungsfeuer einflößte.

Wir giengen zuerst zu einer der Auffahrtsstellen, von denen man von der am Flußufer gelegenen Stadt zu den auf hohen Felsen gelegenen Theilen gelangen kann. Das ist etwas außerordentlich Sehenswerthes. Schon als wir zuerst die Stadt berührten, sah ich ein Gefährt den Berg sich herabbewegen über den Bahnkörper hinfort, so daß ich eine Bemerkung machte, „die Leute fliegen dort den Berg hinunter." Wir flogen nun auch bald herauf und herunter. Du wirst es verstehen. Du siehst, es ist eine Drahtseilbahn wie die anderen, d. h. oben ist eine Dampfmaschiene aufgestellt, die das am Wagen befestigte Kabel auf ein großes Rad aufwickelt u. so den Wagen in die Höhe zieht, resp. herabläßt. Aber bei allen diesen Bahnen hängt der Wagen entsprechend dem Winkel der Steigung. Dies ist hier vermieden. Das Gerüst hat zwei lange u. zwei kurze Beine, die derart justirt sind, daß man oben horizontal auf der mit einem oder zwei Häuschen versehenen

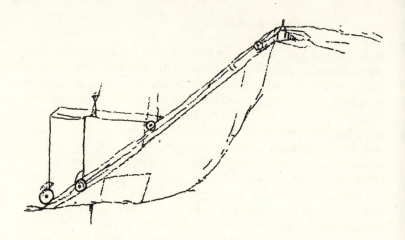

Plattform steht. Man ist ein solches Emporkommen gar nicht gewohnt u. deswegen macht es einen so besonderen Eindruck. Diese **„Penn Incline"** Auffahrt befriedigt uns vollkommen, ebenso der Anblick der Doppelstädte **Pittsburg** u. **Alleghany**, die nur durch den Fluß von einander getrennt, aber durch zahlreiche Brücken mit einander verbunden sind. Die letztere sieht sauber aus, während **Pittsburg** rauchgeschwärzt u. schmutzig sich präsentiert. Hier sind riesige Eisen- u. Glaswerke, deren Hämmern u. Pochen Tag u. Nacht fortdauert u. die Nachts in ihren Schornsteinen Feuerschlünde darstellen. Man wird von dem anhaltenden Geräusch ganz betäubt. Wir suchten einen Herrn auf, an den ein Empfehlungsbrief gerichtet war. Er führte uns zu einem anderen u. dieser gab einen Empfehlungsbrief nach **Washington Pa.**, führte uns auch, weil es Onkel interessirte, auf die Petroleumbörse, wo ein junger Mensch gerade für ca. 500 000 Mark Petroleum für einen Preis kaufen wollte, für den es die anderen nicht geben mochten.

    Nachmittags fuhren wir nach **Washington**. Dies ist eine der interessantesten Fahrten, die ich bisher gemacht habe. Die Bahn zwängt sich fast überall hier durch Felsen hindurch, bald durch aufgebrochene Felspartieen hindurch, bald lange Tunnels passirend. Die Gegend ist schön, fast wie ein großer Park, aber nicht so schön, daß ich davon nach dem, was ich bisher gesehen, viel Aufhebens machen würde, trotz jener Felsstrecke, an deren Basis so viel Gestein ausgesprengt ist, daß die herüberhängenden Gesteinsmassen einen fortlaufenden, ein Stockwerk hohen Balkon darstellen. Ich würde auch nicht die intensive Cultur oder die enge Bebauung aufführen, die kaum auf dieser Strecke gestattet, für eine Minute den Blick in die Ferne zu richten, ohne ein Haus zu erblicken! Was Erstaunen erregt, ist, daß inmitten von Wiesenflächen gut bebautem Lande, plötzlich

¶ Leaves Daily.	13†	19†	21†	17†	23†	3†	25†
	A.M.	A.M.	A.M.	A.M.	A.M.	P.M.	P.M.
Pittsburgh, Leave,	5 55	7 15	8 35	10 10	11 00	12 05	1 55
Fourth Avenue,	5 57	7 17	8 37	10 13	11 03	....	1 58
Birmingham,	6 02	7 21	8 42	10 18	11 07	12 11	2 03
Point Bridge,	6 05	7 24	8 45	10 22	11 10	12 14	2 06
Temperanceville,	6 08	7 26	....	10 24	11 12	....	2 09
Nimick,	6 12	7 29	....	10 28	11 15	....	2 13
Sheridan,	6 15	7 31	8 52	10 31	11 17	....	2 15
Ingram,	6 18	7 34	8 55	10 34	11 20	12 23	2 18
Crafton,	6 21	7 37	8 57	10 37	11 22	12 25	2 21
Idlewood,	6 24	7 39	8 59	10 39	11 24	....	2 24
Lockton,	6 25	7 40	....	10 40	11 25	....	2 25
North Mansfield,	6 28	7 42	9 02	10 42	11 27	....	2 27
Mansfield,	6 30	7 45	9 05	10 45	11 30	12 31	2 30
Leesdale,	6 43	....	....	....	....	....	2 36
Bower Hill,	6 45	....	9 17	....	....	....	2 40
Bridgeville,	6 50	....	9 25	....	....	....	2 43
Hastings,	6 50	....	9 28	....	....	....	2 48
Boyce,	6 58	....	9 32	....	....	....	2 53
Hill's,	7 05	....	9 35	....	....	....	2 57
Greer's,	7 09	....	9 38	....	....	....	3 01
Van Emmans'	7 12	....	....	....	....	....	3 05
Morganza,	7 15	....	9 42	....	....	....	3 06
Canonsburg,	7 20	....	9 46	....	....	....	3 13
Houston's,	7 25	....	9 48	....	....	....	3 17
Johnson's,	7 28	....	....	....	....	....	3 20
Ewing's Mills,	7 31	....	9 54	....	....	....	3 25
Cook's,	7 37	....	9 58	....	....	....	3 31
Washington,	7 45	....	10 05	....	....	....	3 40

10, 20 riesige Petroleumtanks auftauchten, bald von weiteren 50 und sofort gefolgt, die Luft nach Petroleum riecht u. primitive Pumpen allenthalben arbeiten, die den unermeßlichen Schatz des Bodens in die Tanks bringen. Damit nicht genug! Plötzlich erblickt man eine Fläche so groß wie etwa eine große Fontäne, die lichterloh brennt! So brennt sie heute wie gestern und ehegestern und wird nach Jahren u. Jahren brennen, bis die Menschen auch diesen ihnen mühelos zukommenden Schatz aufgebraucht haben. Man braucht nicht nach Baku zu gehen, um die heiligen Feuer zu sehen. Was wir in der Jugend von jenen fabelhaften, der Erde entquellenden brennu. leuchtbaren Gasen gehört und gelesen haben — hier ist es verwirklicht! Nicht nur jene brennende Fläche zeigt es Dir, auch jenes Haus, vor dem am hellen Tage aus einer in die Erde gesetzten eisernen Röhre ein mannsarmdicker Feuerstrahl brennt, auch jenes u. jenes u. viele Stellen am Wege. Das ist das **„Natural Gas"**, Gas, das sich in der Erde ansammelt, und wo es nicht von Compagnieen in Städte wie z. B. **Pittsburg** geleitet u. wie künstliches Gas verkauft wird, wo es nicht an Ort u. Stelle verbrannt werden kann, um Arbeit leisten zu helfen, da wird es nutzlos verbrannt. Wie viele Menschen könnten im harten Winter bei uns ihre Zimmer heizen mit dem, was hier nur die athmosphärische Wärme erhöhen hilft!

Dies kleine **Washington**, in dem wir nun, nachdem wir auch diese Äußerung der gewaltigen Gottesschöpfung auf uns hatten wirken lassen, einfuhren, ist eine reiche Stadt, die sogar eine Universität besitzt. Alle Leute scheinen hier wohlhabend oder reich zu sein.

Alle sind fein angezogen, keinen sieht man arbeiten, viele in den Veranden ihrer Häuschen in Hängematten ruhen. Der Herr, den wir aufsuchen wollten sei, so erfuhren wir schon am Bahnhof verreist, sein Superintendent eben ausgegangen. Ich wollte die Tour nicht vergeblich gemacht haben. Beim Vorbeifahren mit der Bahn hatte ich Pumpen arbeiten sehen, die ich für Petroleumpumpen hielt. Dorthin zogen wir. Vor der einen saß ein Arbeiter, dem Onkel sagte, was wir wollten, u. auch erwähnte, daß ich einen Brief an den Vertreter der **Standart Oil Co.** hätte. Der Arbeiter las diesen offenen Brief u. meinte bedächtig, er sehe nicht ein, was der Vertreter davon mehr verstehe als er selbst. Er sei schon einige 20 Jahre bei dieser Arbeit.

Meinen Fragebogen hatte ich fertig. Onkel fragte, er antwortete u. Onkel übersetzte. Die Hauptaffection kannte er sehr gut, er selbst besäße sie. Wir giengen in den Maschienenraum, dort entkleidete sich der Mann ohne Weiteres u. ich constatirte die vollständige Identität des früher gesehenen mit den eben besichtigten Veränderungen der Haut.

Der Mann erklärte uns ferner die Arten der Petroleumgewinnung u. zeigte uns, wie der Dampfkessel, der die Pumpen in Bewegung setzt, mit dem aus der Erde strömenden, in den Ofen geleiteten natürlichen Gas geheizt wird. Ein Flammenmeer erblickten wir, als er die Ofenthür öffnet. Wie verschwenderisch gehen die Menschen mit diesem Gas-Capital um! Freilich brauchen sie nie auch nur das kleinste Stückchen Holz oder Kohle. Ein Streichholz und der Ofen steht in Flammen!

Die Fahrt heimwärts werde ich nie vergessen. Rechts u. links nah u. fern der Feuerschein verbrennenden Gases, das in breiten Strahlen in die Luft strömt. Alles umher ist finster und aus dieser Dunkelheit leuchteten solche Gasflambeaus, und dazwischen erblickt man die Feuersäulen der großen industriellen Werke, die hier überall vorhanden sind. Ein bewältigender Anblick, gegen den derjenige, den ich in der Eisenregion Westfalens hatte, als ich an Hochofen, Cokereien etc. vorüberfuhr, doch klein ist. Wie sitzen die Menschen hier bei den Naturschätzen zu Gast. Sie kommen mir wie Menschen vor, die immerfort in den feinsten Restaurants speisen, sich alles fertig serviren lassen oder doch es nur insofern mit Gewürzen, Salz, Pfeffer zurichten, daß es ihnen und ihren mitgeladenen Gästen mundet. Wehe aber, wenn die verschwenderische Hand der Erde sich schließt — dann müssen diese alle wie bei uns tagelöhnern! Freilich dieses Volk ist erfinderisch! Sie werden immer aus dürrem Boden und aus Felsen mehr machen als der Deutsche, und sie benutzen ihren natürlichen Reichthum ebenfalls großartiger, als wir es gethan haben würden. Indeß in letzter Instanz kommt es auf das gleiche hinaus. Wo so verschwendet wird, da kommt in absehbarer Zeit Erschöpfung. Muß schon jetzt der niedere Arbeiter so schwer wie drüben arbeiten, so wird auch hier die Zeit kommen, wo Arbeitsleistung und Gewinnst in so abnormen Mißverhältniß steht, daß die sociale Misère wegen der höheren hiesigen Preise für Bedürfnißartikel größer wie bei uns werden wird.

Abends plauderten wir noch mit dem Wirth und seiner Schwester. Der Wirth zeigte mir, wie er im ganzen Haus für keinen Ofen in der Küche, nicht für seine Dampfmaschienen, nicht für seinen großen Backofen, in dem er sein eigenes Brod backt, nicht für die Dampfwaschanstalt, nicht für die Maschiene, welche electrisches Licht erzeugt — nirgends, nirgends mehr als eines Streichholzes bedarf, um all das zu leisten, was sonst hunderte von Centnern an Steinkohle schaffen würden. Ein Streichholz — und ein behagliches Feuer leckt die inneren Kaminflächen empor — ein Ruck und das Feuer ist verschwunden. Kein Geruch verräth die Art der Feuerung, kein Stäubchen beschmutzt den Teppich! Ein Zündholz in den Backofen und dieser wird von einem Flammenmeere erfüllt. Es ist ein wunderbarer Anblick!

Unsere Sachen sind gepackt. Fort nach **Cleveland**! Wir passiren die Perronbarriere, passiren den Schaffner vor dem Wagen, wir sitzen im Wagen u. lassen zum dritten Male unsere Billets revidiren — alles ist in Ordnung. Noch fehlen 3 Minuten zum Abgehen des Zuges, da kommt wieder einer zum Revidiren, wirft einen Blick auf unsere Billets u. sagt, diese seinen ungültig. Ich sagte, mir sei das gleichgültig, ich werden den Wagen nicht verlassen. Der Mann — es ist ein süddeutscher Lump — droht mit der Polizei, uns herauswerfen zu lassen. Ich sage ihm, daß ich es darauf ankommen lasse. Er solle mich nun in Ruhe lassen; die Billets seinen richtig. Er behauptet, wir hätten hier nicht Station machen dürfen. Endlich geht Onkel mit zum Stationsvorsteher. Nach einer Weile gehe ich nach. Draußen aber sehe ich, daß Onkel nicht mit dem Mann fertig wird. Ich fordere ihn auf, wieder in den Wagen zu kommen. Mittlerweile haben die Kerle all unser Gepäck herausgeworfen u. der deutsche Schuft hindert mich am Hineingehen in den Wagen, indem er mich an die Schulter faßt. Du kannst Dir meine Erregung denken. „Wenn Sie Kerl mich noch einmal berühren, schlage ich Sie nieder". Ich werde von einer Schaar von Bahnbeamten umgeben, der Hallunke schwingt sich auf den Wagen und wir bleiben mit unseren sieben Sachen stehen. So trollen wir wuthschnaubend wieder nach dem Hotel zurück, wo wir wuthschnaubend ankommen. Unser Handgepäck fuhr nach **Cleveland** — nichts hatten wir mehr bei uns als eine Reisedecke. Nachthemden, Rasirzeug, alles fuhr; wir mußten eben sehen, wie wir fortkamen.

Merkwürdigerweise schliefen wir diese Nacht leidlich, standen um 5 Uhr auf, kauften wirklich nochmals unter Protest Billets u. fuhren nach **Cleveland.**

Donnerstag den 15 Septemb.

Leave.	A. M.	P. M.	P. M.	A. M.	P. M.
Pittsburgh..	†6 30	†12 55	¶11 00	¶7 30	3 30
Wellsville....	*8 35	2 45	12 50		5 36
YellowCreek	8 45	2 53	1 00.		
Hammondsv	8 52	2 59	1 07		
Irondale	8 56	3 03	*1 11		
Salineville...	9 11	3 17	1 27		
Summitville	9 23		*1 41		
Kensington..	*9 37	3 40	1 55		
E. Rochester	9 48		*2 05		
Bayard	9 52	3 51	2 09		†A. M.
Alliance	10 40	4 25	2 55	10 40	7 10
Lima	10 50		*3 05	10 50	7 20
Atwater	10 56	*4 41	*3 12	10 56	7 27
Rootstown...	11 09		*3 27	11 09	7 40
Ravenna	11 18	4 59	3 38	11 18	7 50
Earlville......	11 33		*3 54	11 33	8 05
Hudson	11 46	5 24	4 08	11 46	8 30
Macedonia...	11 59	*5 36	*4 23	11 59	
Bedford	12 11	5 47	4 35	12 11	8 52
Newburgh...	12 24	5 59	4 50	12 24	9 05
Euclid Aven	12 40	6 15	5 10	12 40	9 21
Cleveland A.	12 55	6 30	5 25	12 55	9 35
Arrive.	P. M.	P. M	A. M.	P. M.	A. M.

Wir freuten uns, als wir so im Sonnenschein durch ein wirkliches Gartenland längs des **Ohio** dahinfuhren. Wir hätten in der Nacht von diesen schönen Gegenden, die anmuthig und durch ihren Anblick erfrischend daliegen, nichts gemerkt. Der **Ohio** selbst imponierte mir nicht in diesem Theile, wohl aber die merkwürdige Erscheinung, die wir plötzlich wahrnahmen, daß nämlich mitten im Strom ein breites helles Feuer herausschlug. Es sieht märchenhaft aus. Hier entströmt natürliches Gas dem Flußbette, das herausgeleitet und angezündet, eine natürliche Leuchte für die Nächte, eine überflüssige für die Tage darstellt. Die schönen Waldregionen, die hübschen Gärten u. Wiesenflächen hören nach ca. 2 Stunden auf. Die Gegend wird ganz flach, sieht dürr aus u. mangelt jeden äußeren Reizes. Vor **Cleveland** sieht man wieder Oelpumpen und riesige Fabriken. Unsere aergerliche Stimmung war bereits so ziemlich verflogen. Wir kommen mit reinen, friedlichen Seelen u. furchtbar verstaubt im Äußeren in **Cleveland** an, ließen, da wir zu Schiff über den **Erie-See** nach **Detroit** wollten, unser Gepäck nach dem Landungsplatze der **Steamer** bringen u. begaben uns selbst zu einem Barbier. Onkel ließ sich hier rasiren. Ich wusch mich, seifte meine Manschetten **coram publico** — man wird ungenirt — bürstete mein Zeug, ließ Onkel gut reinigen u. giengen dann in die Stadt. Wundervoll breite, wie mir schien, reine Straßen nahmen uns auf. Hohe, 6—7stöckige Häuser stehen hier schnurgerade aufgepflanzt in endlos langen Straßen. Weit hinaus durch eine imponierend breite Avenue fuhren wir zu Hr. **Rockefeller**, dem Vizepräsidenten der **Standard Oil Co.**, fanden ihn aber nicht in seinem Hause und mußten darauf also resigniren. Wir wollten ihn nicht erst abwarten. Wir hatten beide schon das Heimkehrfieber u. wollten die Reise beenden.

Aber die Stadt durchfuhren u. durchgiengen wir kreuz und quer. Auf einer Strecke, die wir fuhren, sah ich sehr wenig — ich kämpfte u. kämpfte mit der Müdigkeit und konnte ihrer nicht Herr werden — die Augen fielen mir zu. Auf der Rückfahrt war ich wieder wach u. konnte erkennen, daß wir durch ein durchweg deutsches Quartier fuhren. Wie in **N. York**, sitzen auch hier die Deutschen zusammen u. wie ich später erfuhr, halten wohl auch mehr zusammen, als es eigentlich den Amerikanern gegenüber politisch klug ist.

Besonders erfreuten mich an dieser Stadt die geraden, sauberen luftigen Straßen. Ich bin überzeugt, daß diese Städte, die so regelmäßig gebaut sind, u. der Luft u. der Sonne reichlich Eingang gewähren, auch selbst wenn das Innere der Häuser nicht den Anforderungen der Hygiene entspricht, doch im Falle des Eintreffens einer Epidemie in sanitärer Beziehung sich besser halten werden, wie sich die alten europäischen dunklen, winkligen Gassen halten. In diesen Städten kann frisch Hygiene getrieben werden, u. soweit die Technik hierbei ein Wort mitzusprechen hat, glaube ich wohl, daß das beste schon heute hier gethan wird. Es war wieder ein herrlicher Tag, frische Luft, Sonnenschein — wir fühlten uns wohl. u. der Gedanke, der Heimath doch näher zu kommen, stimmte uns beide, wenngleich wir es nicht aussprachen, froh. Beim Dahinbummeln entdeckte ich einen deutschen Buchladen u. noch dazu einen, der die Nachdrucke deutscher Werke vertrieb. Wir waren nicht so scrupulös, diese zu verschmähen und Onkel so generös für mich, diejenigen zu kaufen, die ich mir aussuchte. Erfreut gieng ich mit den Heften von dannen. Dich, mein geliebtes Herz, hatte ich bei der Auswahl besonders im Auge, u. wählte vieles, was Du zu lesen längst beabsichtigt hattest. Was — sage ich Dir aber heute nicht! Allmählich kam auch so der Abend heran u. wir zogen langsam zu unserem Schiffe. Dort erhielten wir eine nette Kajüte. Das Schiff (war) bei weitem nicht so groß u. so schön wie die **Hudsonboote** eingerichtet, erinnert doch durch seine Sauberkeit und Eleganz dessen, was es bietet, an jene.

Die „**City of Detroit**" begann zu fahren, als wir schon schliefen. Ich wachte in der Nacht mehrmals auf, weil das Boot sehr schaukelte und eine Fensterklappe, die ich erst nach längerem Bemühen fest machen konnte, immerfort klapperte. Während diese Klappe mit Recht sagen konnte, daß ihr Klappern zu ihrem Handwerk gehöre, so gilt das Gleiche doch nicht von den Lampenglocken im Parlor, die während der Schiffsbewegung herunterfielen u. einen heillosen Lärm verursachten.

Freitag d. 16 Septemb.

Ganz früh am Morgen trafen wir in **Detroit** ein. Onkel machte sehr lange Toilette, während ich draußen auf dem Quai frierend und lesend herumlief. Endlich kam er fein u. elegant aus der Cabine u. wir fuhren nach dem **Russel House**. Mir that es leid, nur so schlechtes Zeug mit mir zu führen.

So war ich wirklich in dem Orte, nach dem ich so oft Briefe gesandt, und den ich so oft in meinem Leben genannt hatte. Was wir bis jetzt von der Stadt sahen, war musterhaft. Unser Blick fiel vom Fenster aus auf die schöne **City Hall**, und ein Kriegerdenkmal. Die Straßen sind enorm breit und erinnern an **Washington**. Die Häuser, 5, 7 u. mehr Stockwerke hoch, bergen so große Läden, wie wir deren nicht viele in Berlin finden. Die Schaufenster prunken mit schönen Gegenständen für Gebrauch u. Schmuck — kurz, diese in meiner Vorstellung kleine Stadt ist eine große u. schöne. Ich kann gleich sagen, daß dieser erste Eindruck durch das, was wir später noch zu sehen bekamen, nur gesteigert wurde.

Der erste Weg war natürlich zu **Parke, Davis**. Eine prächtige, breite nur mit gärtenumringten Villen besetzte Avenue führte uns dahin. Wir staunten, bald einen mächtigen, mit Sandstein verzierten großartigen Bau, der noch nicht ganz fertig ist, als zu dem Etablissement gehörig an, kamen in die Comptoire, in denen wohl an 50 Buchhalter und Buchhalterinnen, Kassirer, Schreiber, Stenographen etc. beschäftigt sind, u. sprachen nun Hr. **Wetzell** in seinem Office. Auch er hatte gerade seinem Specialstenographen einen Brief dictirt. Er führte uns nun in der Fabrik und ihrer Drukkerei herum, und ich muß sagen, daß ich in der ersten eine solche Großartigkeit und eine solche virtuose Exactheit in der Arbeit, selbst bei aller Vorliebe, die ich seit Jahren für diese Leute hatte, nicht zu erwarten glaubte. Ich kann Dir nicht Einzelheiten aufzählen. Summarisch will ich Dir nur sagen, daß die einzelnen Departements für Saftbereitung, Extractdarstellung, Drogenextrahiren, Flaschenabfüllen, Etiquettiren, Pflanzencomprimiren, Pillenteigmachen, Pillendarstellen, Pillendragiren u. -überziehen etc. etc. musterhaft, und Amerikas in maschineller Beziehung und Deiner in exactem und sauberem Gebrauche für die Darstellung der Heilmittel würdig sind.

Er führte uns dann zu Herrn **Davis**, einem in der äußeren Erscheinung und im Sprechen außerordentlich feinen Mann, der Onkel ebenso außerordentlich imponierte. Ich hatte W. vorher gefragt, wie theuer oder wie billig sie mir den „**Index medicus**", jenes große bei **Davis** erscheinende, fast nur von Bibliotheken u. sehr reichen Privaten gehaltene Sammelwerk über alle in der Welt erscheinenden medicinischen Abhandlungen und Bücher, geben könnten. Ca. 100 Dollar = 400 Mark kostet es für andere — 90 für mich. Dabei meinte er, sie hätten nur wenig ganze Exemplare, die ja natürlich, da sie wegen der enormen Kosten nicht nachgedruckt werden könnten, alljährlich kostbarer würden. Mir war dies natürlich zu theuer. Nun — Herr **Davis** machte mir dieses kostbare

Werk zum Geschenk! Das ist wirklich fürstlich u. entspricht dem sonstigen, was ich hier gesehen, an Großartigkeit und Feinheit. Er entschuldigte sich für heute — er ist lieber auf seinem Landgute und das kann ich ihm nicht verdenken — u. bat uns, mit Hr. **Wetzell** fürlieb zu nehmen. Was ich sonst noch alles an Präparaten, Drogen geschenkt erhielt, wirst Du noch sehen, wenn es in Berlin eintrifft.

Wir fuhren wieder nach unserem Hotel, von wo uns Herr **Wetzell** mit einer Kutsche abholte, um uns die Stadt zu zeigen. Ihm übergab ich auch die Klageschrift gegen die Bahn und den schuftigen deutschen Conducteur sowie die angeblich werthlosen Bahnbillets aus **Pittsburg**, da er meinte, uns zu unserem Rechte verhelfen zu können. Wir gewannen nun eine noch bessere Vorstellung von dieser Stadt, die wie Du auf den mitgeschickten Karten sehen kannst, so außerordentlich günstig zwischen den großen Seen, dicht bei **Canada** — kaum einen Büchsenschuß davon entfernt liegt, und wahrscheinlich im Laufe der Zeit noch viel bedeutender werden wird. Heute sahen wir überall schöne Straßen, schöne Villen oder besser Wohnhäuser für je eine Familie aus allem erdenklichen Steinmaterial, meist architektonisch angenehm und schön von Grasplätzen und Bäumen umgeben straßauf, straßab. Auch außerhalb der Stadt ist es schön. Wir fuhren nach dem **Fort Wayne**, das ursprünglich gegen die Indianer erbaut, heute gegen das gegenüberliegende, nur durch den **Detroit River** getrennte **Canada** gerichtet ist. Die Festung schien mir so winzig zu sein, daß sie kaum den Namen **Fort** verdient. Hier sah ich zuerst amerikanische Soldaten u. sogar exerciren. Schauderhaft schlecht machen sie es! Ein preußischer Unterofficier würde sich die Haare ausraufen, wenn er das sähe.

Es war schon dunkel geworden. Wir fuhren mit W. zum Clubhaus, wo uns ein warmer Kamin und ein **joli petit diner** erwartete. Es schmeckte uns vorzüglich. Alsdann promenirten wir noch in Begleitung von W.

Wir giengen vor unserem Hotel die Straße auf- und abwärts und sahen uns das Treiben der Menschen an. Trompetenmusik lockte uns gleich vielen hunderten anderer zu einem Geschäft, das natürlich schon geschlossen war, aber doch noch Reclame machte. Das Orchester bestand aus Angestellten des betreffenden Geschäftes und war **vis à' vis** von demselben postirt. An dem Geschäftshause selbst war ein riesiges, wohl durch drei oder vier Stockwerke gehendes Transparent oder besser ein Stück Leinwand ausgespannt, auf das Bilder aus einer Camera geworfen wurden. Auf etwa fünf, die antike Bilder oder bekannte amerikanische Persönlichkeiten oder Genrebilder darstellten, folgte immer eines, das die Waaren dieses Geschäftes anpries!

Wir waren müde u. verabschiedeten uns von unserem Cicerone, zumal wir am anderen Morgen sehr früh am Bahnhofe sein mußten.

Central Standard Time.	Day Express	Limited N.Y. & Bos. Ex.	Atlantic Express
Lv. DETROIT, via Mich. Cent.	7.15 PM	*10.55 PM	* 6.10 AM
" St. Thomas	11.10 PM	2.05 AM	9.50 AM
Ar. Falls View		4.54 "	1.12 PM
" Niagara Falls, Ont.	2.21 AM	5.03 "	1.22 "
" Suspension Bridge	2.35 "	5.17 "	1.36 "
" Niagara Falls, N.Y.	2.51 "	5.30 "	1.55 "
Ar. BUFFALO (Exchange St.)	3.35 AM	6.15 AM	2.40 PM
Eastern Standard Time.			
Lv. BUFFALO, N.Y.C. & H.R.R.R.	† 4.50 AM	* 7.25 AM	* 4.15 PM
Ar. Batavia	5.55 "	8.20 "	5.20 "
" Rochester (Central Ave.)	6.50 AM	9.10 AM	6.15 PM
" Canandaigua	8.46 AM	† 1.10 PM	† 7.57 PM
" Clifton Springs	9.08 "	1.35 "	10.00 "
" Geneva	9.40 "	2.10 "	10.35 "
" Seneca Falls	10.02 "	2.32 "	10.57 "
" Auburn	10.40 AM	3.15 PM	11.35 PM
" Lyons	8.05 AM	*10.20 AM	* 7.25 PM
" Clyde	8.17 "		7.37 "
" Syracuse (Railroad St.)	9.30 "	11.35 AM	8.40 "
" Canastota		12.25 PM	
" Oneida	10.37 "	12.34 "	
" Rome	10.58 "	12.53 "	10.15 "
" Utica (Genesee St.)	11.30 AM	1.17 "	10.41 "
" Palatine Bridge	12.38 PM		11.53 PM
" Fonda	12.58 "		12.12 AM
" Amsterdam	1.17 "		12.31 "
" Schenectady	1.45 PM	3.20 PM	1.00 AM
" Saratoga, D. & H.C. Co	† 2.50 PM	† 6.20 PM	
" Rutland, "	5.15 PM	9.00 PM	
" ALBANY (Maiden Lane)	2.20 PM	* 8.50 PM	1.30 AM
" Troy	2.35 "		
" Hudson	3.35 "	5.04 "	2.58 "
" Poughkeepsie	4.40 "	6.05 "	4.15 "
" Fishkill (Newburgh)	5.15 "		
" Garrison's (West Point)	5.30 "		
" Mott Haven (138th St.)		8.05 "	
Ar. NEW YORK (42d St. and 4th Ave.)	7.00 PM	8.15 PM	6.45 AM
Lv. ALBANY, Boston & Albany R.R	† 2.30 PM	† 4.05 PM	* 1.50 AM
Ar. Chatham	3.25 "		2.40 "
" Pittsfield	4.32 "	5.35 "	3.40 "
" North Adams	6.15 "	9.25 "	8.20 "
" Westfield	6.09 "		5.07 "
" Springfield	6.30 PM	2.12 PM	5.25 AM
" Hartford (via N.Y., N.H. & H.)	* 7.40 PM	* 9.05 PM	† 8.05 AM
" Chicopee Falls, via Conn. Riv	6.50 "	9.05 "	7.00 "
" Holyoke	7.32 "	8.31 "	7.00 "
" Greenfield	8.40 "	9.25 "	9.35 "
" Bellows Falls	10.57 PM	10.57 PM	11.25 AM
" Palmer	* 8.24 AM	† 7.41 PM	* 6.06 PM
" West Brookfield		8.05 "	6.35 "
" East Brookfield			6.47 "
" Worcester	9.23 "	8.51 "	7.25 "
" Providence (via P. & W.)			11.30 "
" Ayer Junction, via B. & M.			9.06 "
" Nashua			9.34 "
" South Framingham	9.58 "	9.32 "	
" BOSTON (Kneeland St.)	10.30 PM	10.10 PM	8.55 "

Sonnabend d. 17 Sept.

Wie immer, wenn ich früh am Morgen etwas vorhabe und zu einer bestimmten Zeit aufzustehen mir vorgenommen habe, wachte ich um 1/2 3, 1/2 4 um 4 Uhr auf. Kurz nach vier zogen wir uns an, mußten dann ziemlich lange auf den Hotelwagen warten u. fuhren zur Bahn, um noch **Neu England**, die Wiege der amerikanischen Freiheit, und besonders **Boston** zu besuchen. Die Specialkarten, die ich Dir sandte, und der beigefügte Fahrplan werden Dir die Route erläutern. Dieselbe geht, wie Du siehst, zum Theil auf **canadischem** Gebiete. Der ganze Bahnzug fuhr auf eine Dampffähre, um über den **Detroit-River** zu kommen. Auf dieser Fähre befindet sich auf einer Seite das englische Zollamt, auf der anderen das amerikanische. Unser Gepäck erhielt eine Marke. Der Zug kam bald auf das Land und wir jagten nun durch das Land, das wir beide lieben, durch **Süd-Canada**. Welcher Unterschied zu dem eben verlassenen Gebiete! Während in dem letzteren sich schon jede Fläche Landes in voller Cultur und Ausnutzung befindet, fährt man hier wieder meilen- und meilenweit über Strecken, die eben erst zu cultiviren begonnen werden, weite Ländergebiete, die durch zaunartig übereinandergelegte Holzlatten abgetheilt sind, auf denen wieder überall angebrannte oder abgehauene Baumstümpfe noch im Boden stecken und nur in großen Distanzen Farmen zu erblicken sind oder Ortschaften stehen. Keinen Fabrikschornstein, kein Bergwerk sah ich. Und doch kann sich auch dieses Stück Land mit den anliegenden in den Vereinigten Staaten messen! Hier ist die Zukunft. Wenn Amerika einst übervölkert und ausgesogen sein wird, dann kommt das von **Canadas** Boden, was noch jungfräulich daliegt, an die Reihe!

Um 1/2 2 Uhr sind wir an **Falls View Station** angelangt. Der Zug hält 5 Minuten, um den Reisenden Gelegenheit zu geben, diese herrliche Stück Natur zu beschauen. Wir genießen so zum zweiten Male dieses Vergnügen auf der canadischen Seite. Unser Wetterglück folgte oder besser begleitete uns auch heute. Im herrlichsten Sonnenglanze lag der **Niagara-Fall** da. Ein mächtiger Regenbogen überspannte das Bild — wie auf jenen Raphael'schen Fresken ein mächtiges Porticusstück das dargestellte Leben überwölbt. Gewaltige Staubbögen stürzen mit weithinschallendem Tosen in die jähe Tiefe — eben noch Wasserstaub werden sie, unten angelangt, Schaum, um bald wieder ihren alten Zustand einzunehmen

u. als grünliches Wasser strudelnd in die Ferne zu eilen. In mich versunken nahm ich diesen fesselnden Eindruck auf — ist er doch das Sinnbild des menschlichen Lebens! Unvergänglich ist die Materie und ihre Wesenheit! Ob sie wie der **Niagara** in ungestörtem Laufe hoch oben im Leben verweilt — ob sie herunterstürzt in jene Tiefe, wo scheinbar das Nichts ist — sie bleibt, was sie ist — ewig Materie mit ihren ganzen Eigenheiten. Sie ist unsterblich! Ihre Gestalt kann sich ändern — aber ihr Wesen bleibt!

Du verstehst mich, mein gutes Herz! Viel mehr will ich Dir darüber sagen, wenn ich Dich, die andere Hälfte meines unsterblichen Ichs, umfangen kann!

Ueber die **Suspension Bridge** gelangen wir bald wieder in die Verein. Staaten. Noch einmal kam vor **Buffalo** ein Stück des **Erie-Sees** zum Vorschein — eine immense Wasserfläche, dann fuhren wir in **Buffalo** ein und bald — hungrig wieder hinaus.

Fett kann man auf einer solchen Reise nicht werden — aber daß man so oft u. so lange hungern müsse u. wie die Dachse im Winterschlafe von seinem eigenen geringen Körperfettvorrath zehren muß, hätte ich doch nicht geglaubt. Aber uns beide ekeln schon die amerikanischen Gerichte an, so daß wir lieber hungern, als uns zu einer solchen Meal an der Bar entschließen. O, diese ekelhaften Steaks u. das warme Bier! Schon eine Reihe solcher Menschen Milch zu ihren Mahlzeiten trinken zu sehen, macht mir Uebelkeit!

Spät am Abend waren wir auf klassischem Boden, in **Syracus**, wo wir gegen Erlegung von 6 Mark ein paar Bissen aßen. Lebte der Tyrann **Dionysios** heute u. käme hierher — hinauszujagen brauchten ihn die **Syracusaner** nicht! Er gienge freiwillig, wenn er am Bahnhofe sich bewirthen ließe.

Wir giengen zu Bett — hoffentlich hier zu Lande das letzte Mal im Schlafwagen. Eigenthümlich — die erste Fahrt machten wir in einem **Wagners Palace Car** und heute die letzte! Der erste Wagen war so schlecht wie dieser — aber wir sind abgehärtet geworden. Ein bischen Unbequemlichkeit mehr oder weniger macht nichts aus — geht es doch bald der Heimath zu, in die Arme meiner Liebsten!

Sonntag d. 18 Septemb.

Als wir erwachten, befanden wir uns in **Neu-England** — einer dichtbevölkerten, wohlhabenden Provinz. Schöne, anmuthige Gegenden durchfahren wir. Wellige Hügel, dichter Baumwuchs, hübsche Flußläufe, hier und da auch Felsen, deren Material verarbeitet wird — folgen fast ununterbrochen auf einander bis **Boston** hin, wo wir um 10 Uhr einfuhren.

Dicht beim Bahnhof ist das **Unit. States Hotel,** in dem wir einkehrten. Von dem Puritanismus und der exacten Sonntagsheiligung bekamen wir bald eine Vorstellung. Obgleich wir unten unser Gepäck heraufbeordert hatten, erwarteten wir es oben lange vergeblich. Wir klingelten einen dieser faulenzenden Nigger herbei mit dem gleichen Auftrage. Das Gepäck kam wirklich nicht u. wir mußten es nach oben selbst schleppen. Die Straßen waren wie ausgestorben — alle Läden geschlossen — kein Bogen Papier zu haben! Und doch brauchte ich gerade dies am nothwendigsten, um meinem herzigen Mummchen zu schreiben! Wir sahen uns die Stadt etwas an. Wir wohnten im häßlichsten Stadttheile u. fuhren nun in einen anderen häßlichen zu Hr. Heberlein, der ein kleines, schmales Häuschen etwa wie der Klausner bewohnt. Wir plauderten kurze Zeit mit ihm u. seiner Frau, lehnten eine etwaige Einladung dadurch ab, daß wir uns gleich abschiedlich empfahlen, und fuhren an unzählbaren Kirchen und einem hellgeputzten Sonntagspublicum vorbei für 5 Cents endlos hinaus zu **Bunker Hill**.

Ueberall ist von **Bunker Hill** die Rede — das muß doch etwas imponirendes sein! Auf einem kleinen quadratischen, mit Rasenanlagen versehenen Erdhügel steht die übliche — diesmal aber niedrige — aus Granit gefertigte Pyramide ...**memory of**! Wir hatten genug u. irrten nach Hause — ruhten und schrieben.

Es war heute **Eren Rosch haschono**. Eigenthümlich bewegt war mein Herz. Ich war fern von meinen Theuren und so lange ohne Nachricht von ihnen. Es drängte mich in den Tempel, um im stillen Gebete für sie, für mich Erleuchtung zu finden. Möge Gott meine Wünsche erhört haben! —

Montag d. 19 September

Auch heute war mein erster Gang in den Tempel, um das Neujahrsfest zu begehen. **Schono tauwo!** Glück für das neue Jahr! Aus tausend und abertausend Herzen klingt heute dieser Wunsch zu dem Lenker der Welt, der geheimnisvoll und ewig unentschleiert die Schicksale der Erdgeborenen lenkt. Gute und Böse beten das Gleiche! Ja, ich weiß, daß solches Beten aus tiefem, tiefem Herzen eine Stätte findet! Ich betete so, wie es ein Mensch nur kann, betete um Glück für die Meinen u. dankte Gott für die Zufriedenheit, die er in mich gesenkt. Bin ich gut, bin ich schlecht? Ich strebe danach, gut zu werden — vielleicht ist es besser als gut zu sein! —

Die Sehenswürdigkeiten **Bostons** wollten wir heute absolviren. Aufzuzählen brauche ich sie Dir nicht — denn sie sind in jeder Reisebeschreibung aufgeführt. Von Monumenten fiel mir besonders die **Franklin**statue auf. Was hatte doch dieser kleine, behäbige **Bostoner** für ein pfiffiges Gesicht! Man sieht ihm an, daß er bei allen seinen humanitären und aufklärenden Bestrebungen doch sein rundes Bäuchlein — wenn ich diesen **pars pro toto** gebrauchen darf — nicht vergessen hat!

Vom **State House** genossen wir einen schönen Ueberblick über das ganze verzwickt liegende **Boston**. Wir sahen alle jene Einschnitte des **Chaules River**, die zahllosen Inselchen, die das Meer gebildet u. dieses selbst bis zu der Begrenzung durch den Horizont — ein farbenprächtiges Bild, das man nicht leicht vergißt.

Vor allen Dingen lag mir daran, die berühmteste aller amerikanischen Universitäten, die **Harvard Universität**, zu besuchen. In dem schönsten Theile der Stadt ist deren **Medical Colleg** gelegen. Kirchen aus den schönsten Marmor u. Sandstein in reinsten Stielen gothisch, normännisch, romanisch kann man hier finden. Ich bin überzeugt, daß sie durchweg Copien sind — nichtsdestoweniger sind die wunderbar schön aufgeführt. Hier giebt es wieder breite Avenüen, schöne Privathäuser und Schmuckplätze. Hier liegt ein Stück Park mit ganz entzückenden Pflanzenanlagen, die nur die geschulteste gärtnerische Kunst erzeugen kann.

Eine breite Treppe führt in das Vestibül des Colleg. Der Janitor erklärte sich bereit, uns zu führen. Ich kann nur sagen, daß es ein herrliches Institut von der zweiten Etage bis zum Parterreraum ist. Nicht nur die Hörsäle, die Examinationsräume, die

Thüren u. Fenster sind in vollkommenster Gediegenheit — auch der Inhalt dieser Räume an Apparaten, die Präparate der anatomischen Sammlung, Gas- und Wassereinrichtung stehen auf der Höhe der Zeit. Prof. **Wood**, der mich kannte, begrüßte ich. Die übrigen Herren waren, da die Collegien erst eine Woche später anfangen, nicht anwesend. Es wird Dich aber freuen, wenn ich Dir mittheile, daß meine „Nebenwirkungen" in der englischen Ausgabe in der Handbibliothek von **Prof. Williams,** dem Pharmakologen, stand. Der Janitor bekam höllischen Respect vor mir! So schön auch alles eingerichtet ist, man kann auch hier sehen, wie fast alles dem Auslande, besonders Deutschland, nachgebildet ist — die Amerikaner sind wirklich hierin noch Schulkinder, werden sicher aber größer werden. Wer weiß, ob Europa nicht greisenhaft ist, wenn Amerika in Manneskraft sich befindet!

Abends giengen wir ins Theater, um ein erbärmliches, aber gut gespieltes Stück mit Pferden auf der Bühne, Wettrennen etc. zu sehen.

Dienstag d. 20 September

Wir hatten gestern in einem Schaufenster sehr hübsche Lampen u. vor allen Dingen eine etwa 3/4 Met. hohe **Liberty** aus schöner Bronze gesehen, die ich für R. als Hochzeitsgeschenk gekauft hätte, wenn sie billig gewesen wäre. Ich fragte heute morgen. Jede der Lampen sollte 45 Dollar = 180 Mark u. die **Liberty** (die statt der Fackel eine Lampe trug) 75 Dollar = 300 Mark kosten. Ich verzichtete natürlich.

Um 11 Uhr fuhren wir nach **N. York**. Ich hatte schon Sehnsucht danach. Ich zählte wirklich die Stunden, die auf der Fahrt ver-

BOSTON	9.00	11.00	4.30	10.30
So. Framingham				11.11
Worcester	10.13	12.20	5.38	12.00
E. Brookfield		12.58		
W. Brookfield				12.53½
Palmer		1.29		1.19
Springfield { Arr.	11.41	1.54	6.59	1.47
Lve.	11.45	1.58	7.03	1.51
Hartford	12.24½	2.40	7.40	2.41
Meriden	12.56	3.12	8.08	3.19
New Haven	1.24	3.42	8.33	3.53
Bridgeport	1.57	4.17	9.06	4.30
So. Norwalk				4.56
Stamford				5.15
NEW YORK	3.30	5.50	10.30	6.20
(Grand Central Stat'n.)	P.M.	P.M.	P.M.	A.M.

flossen — konnte mich aber doch nicht den herrlichen Ausblicken verschließen, die man zumal auf der Fahrt durch **Connecticut** hat. Es sind keine gewaltigen Scenerien, die sich hier darbieten. Aber die wundervolle Abwechselung von herrlichem Laubwald, durch den der Zug hier u. da hindurchfliegt, mit dem plötzlichen Auftauchen des Oceans — wir fuhren von **Springfield** direct an die See u. längs dieser — die wenngleich niedrigen Höhenzüge, die weiten Felder, die schönen Gartenanlagen um die Farmhäuser — alles das zieht den Blick auf sich und erfrischt. Auf halber Fahrt mußten wir uns in einen anderen Wagen setzen, weil in dem unseren zu ekelhaft gespien wurde.

Immer näher rückte **N. York** — noch eine Stunde, eine halbe — endlich sind wir da! Ich weiß nicht warum, aber ich athmete auf! Vor allem konnte ich erwarten, endlich von Euch Briefe zu finden, da ich vorsorglich von **Boston** aus Onkel veranlaßt hatte, an Hr. **Schlesinger** zu schreiben, daß er die Briefe im Hotel deponieren solle.

Nun, wir fanden sie und ich flog sie durch u. sog jedes Liebesu. Sehnsuchtswort von Dir, mein süßes Herz, ein. Gott sei Dank, daß es Euch allen gut geht. Wohl hätte ich gewünscht, daß Du mir mehr über Dich geschrieben hättest, wie Du Dich fühlst, ob Du Dich körperlich erholt hast — indeß ich war zufrieden!

Die Tage, die wir nun in **N. York** zubrachten, will ich Dir ein anderes Mal schildern. Für heute laß mich schließen. Das Aufnahmevermögen für Eindrücke ist jetzt bei mir auf ein Minimum zusammengeschrumpft. Ich habe so viel, so herrliches gesehen, habe so viel gelernt, daß in meinen Sinn nichts mehr eindringen kann. Mein Herz kommt nun an die Reihe. Deine Liebe will ich, meine Kinder will ich herzen — Gott gebe, daß ich gesund bald zu Euch komme.

                                       Leb' wohl! mein geliebtes Weib!

25 August 1887

Mein theures Weib, ihr süßen Kinder,
An wen als Euch hab' ich gedacht,
Als jähes Unglück mich bedrohte
In der vergangenen, finstern Nacht!

Ihr wart die Engel, die mich schützten
Und Euer Beten war mein Hort —
„Den Vater gieb gesund uns wieder"!
So tönt zu Gott auf dieses Wort.

Erhörung fand der Liebe Flehen,
Das Fallen aus dem Kindermund —
Für sie, die meiner noch bedürfen
Erhielt der Höchste mich gesund.

Heimkehr
Zur Heimath! Welch' wonniger Klang!
Nie ahnte ich, was die Heimath ist!
Jetzt weiß ich's, wo ich so lang
Kinder, Weib und heimische Sitte vermißt.

Großes sah ich in Ost und West —
Gewaltige Ströme, üppigsten Wald
Himmelstrebende Felsen mit dem Adlernest
Und Flächen schier endlos in Gestalt!

Staunen ergriff mich allüberall
Sinn und Geist war gefangen —
Doch das Herz im nachtönenden Wiederhall
Nach der Heimath trägt es Verlangen

Sei ruhig Meer, seid günstig Winde
Führt schnelle mich den langen Pfad,
Daß in der Heimath die Lieben ich finde
Und auf die Ruhe folget die That.

STEAMSHIP WIELAND.

A. ALBERS, COMMANDER.

SALOON PASSENGER LIST

From New York, Sept. 29, 1887.

- Mr. John R. Warburg.
- Dr. Louis Lewin.
- Mrs. Mathilde Begerow.
- Miss Begerow.
- Miss L. Homer.
- Mrs. H. F. Rice.
- Miss M. Chapman.
- Mr. F. Cranz.
- Miss M. Lucy.
- Mr. Herman Marcus.
- Mr. Emil Silverstein.
- Mrs. Kenneth McKenzie.
- Miss Bella McKenzie.
- Mrs. Emilie Klode.
- Miss Julie Gesswein.
- Dr. Carl Thieme.
- Dr. Herman Rathgen.
- Dr. & Mrs. Joseph Heckscher.
- Mr. & Mrs. Emil Schmid.
- Miss Dorothea Schmid.
- Mr. Wm. Goodenough.
- Mr. Gottfried Graf.
- Miss Margarethe Kreusler.
- Mrs. Beatrice Hee.
- Mr. August Finnen.
- Miss F. H. M. Patterson.
- Mrs. Friederike Bachmann.
- Miss Gretchen Bachmann.
- Miss Johanna Kakerbeck.
- Mr. Mor. Roth.
- Mr. J. E. Dorrinck.
- Mr. T. H. Vallentin.
- Mr. I. Haines.
- Miss Josephine White.
- Dr. Robert Goehring.

OFFICERS OF THE S. S. "WIELAND."

A. ALBERS, Commander.

H. Martens, - - Chief Officer	L. Jonas, - - - Chief Engineer
W. Kühlewein, - - 2d "	H. Nagel, - - 2d "
A. Raedsch, - - 3d "	J. Pete, - - - 3d "
C. Wahlert, - - 4th "	W. Holtorp, - - 4th "

Dr. Otto Ziegenhorn, Physician.   H. Goedeke, Purser.

H. Steffens, Chief Steward.

PHARMAKOLOGISCHE UND TOXIKOLOGISCHE UNTERSUCHUNGEN ABHANDLUNGEN UND WERKE
1874—1929

von

Prof. Dr. Louis Lewin

Fünfte Ausgabe
Berlin 1929

Chronologisches Verzeichnis

1874
1. Über die Wirkung des Alkohols auf den thierischen Organismus. Vorläufige Mitt. Centralblatt f. d. medicinischen Wissenschaften 1874, Nr. 38

2. Über Morphiumintoxication. Deutsche Zeitschrift für praktische Medizin 1874, Nr. 28

3. Über die Verwertung des Alkohols in fieberhaften Krankheiten. Vorläufige Mitteilung. Centralblatt f. d. med. Wissenschaften 1874, Nr. 38

1875
4. Über den Nachweis des Gallenfarbstoffs im icterischen Harn. Centralblatt f. d. med. Wissenschaften 1875, Nr. 6

5. Über die Wirkung des Aconitin auf das Herz. (Preisarbeit.) Centralblatt f. d. med. Wissenschaften 1875, Nr. 25 und Inauguraldissertation.

6. Das Thymol, ein Antisepticum und Antifermentativum. Archiv für path. Anatomie 1875, Bd. LXV

7. Das Thymol, ein antiseptisches und antifermatives Mittel. Centralblatt f. d. mec. Wissenschaften 1875, Nr. 25

8. Über die Verwerthung des Alkohols in fieberhaften Krankheiten. (Preisarbeit.) Deutsches Archiv für klin. Medizin 1875, 16

1878
9. Das Thymol, ein Antisepticum und Antifermentativum. Deutsche med. Wochenschrift 1878, Nr. 15

10. Über die Umsetzung des Natriumsulfantimoniats im thierischen Organismus. Monatsbericht der königl. Akademie der Wissenschaften 1878, 27. Juli

11. Über die practische Verwerthung des Thymol. Deutsche medic. Wochenschrift 1878, Vierter Jahrg.

12. Über die Veränderungen des Natriumsulfantimoniats im thierischen Organismus und die Einwirkung des Schwefelwasserstoffs auf das lebende Blut. Archiv für path. Anatomie 1878, Bd. XXXIV

13. Untersuchungen über Eisenschwamm und Thierkohle als Reinigungsmittel für Trinkwasser. Zeitschrift für Biologie 1878, Bd. XIV

1879	14.	Über einen Apparat für die künstliche Respiration. Archiv f. Anatomie und Physiologie. 1879

15. Über den Einfluß des Glycerins auf den Eiweißumsatz. Zeitschrift für Biologie 1879, Bd. XV

16. Über eine Elementareinwirkung des Nitrobenzols auf das Lebende Blut. Archiv für path. Anatomie 1879, Bd. LXXVI

17. Über das Verhalten des trisulfocarbonsauren Alkalien im Thierkörper. Archiv für path. Anatomie 1879, Bd. LXXVI

18. Das Verhalten des Xanthogensäure und der xanthogensauren Alkalien im thierischen Organismus und die Giftwirkung des Schwefelkohlenstoffs. Archiv für path. Anatomie 1879, Bd. LXXVIII

19. Abhandlungen (etwa 45) für die Real-Encyklopädie der gesamten Heilkunde. Darunter: Abführmittel, Antiseptica, Arsenik, Antimon, Brechmittel, Carbolsäure, Glycerin, Morphin, Opium, Pikrinsäure, Rheum, Salicylsäure, Thymol.
Für alle folgenden Auflagen (bis 1908) sind diese Kapitel neu bearbeitet worden.

1880 20. Über den Einfluß des Tannins auf die Elastizität des Muskels. Verhandlungen der phys. Gesellschaft zu Berlin, März 1880

21. Untersuchungen über Wirkung und Verhalten des Tannins im Thierkörper. Archiv für path. Anatomie 1880, Bd. LXXXI

1881 22. Die Nebenwirkungen der Arzneimittel. Pharmakologisch-klinisches Handbuch. Berlin. A. Hirschwald, 1881

23. Respirationsversuche am schlafenden Menschen. Zeitschrift für Biologie 1881, Bd. XVII, 71—78

1882 24. mit Rosenthal: Das Verhalten des Chrysarobins bei äußerlicher und innerlicher Anwendung. Archiv für path. Anatomie 1882, Bd. LXXXV

25. The incidental effects of drugs. Translated by W.T. Alexander, New York, 1882

26. Über neuere Formen der Tannindarreichung. Deutsche med. Wochenschrift 1882, Nr. 6

27. Über Jodoform. Berlin, klin. Wochenschrift 1882, Nr. 42

1883 28. The untoward effects of drugs. Translated by Prof. Mulheron, Detroit, 1883

29. Das Verhalten des Santonins im Thierkörper und seine therapeutische Anwendung. Berlin klin. Wochenschrift 1883, Nr. 12

30. Untersuchungen über das chemische und pharmakologische Verhalten der Folia Uvae Ursi und des Arbutins im Thierkörper. Archiv für path. Anatomie 1883, Bd. XCII Heft 3 und The Therap. Gazette, Sept. 1883

31. Über das Resorptionsvermögen der Haut, insbesondere für Bleiverbindungen. Deutsche Medicinalzeitung 1883

1885	32.	Lehrbuch der Toxikologie. Wien, Urban u. Schwarzenberg, 1885
	33.	Über Piper methysticum. Berlin. klin. Wochenschrift 1885, Nr. 1 Pharmakologie und Toxikologie. Berlin. klin. Wschr. XXII, 338 bis 340 Pharmakologie und Toxikologie, Berlin. klin. Wschr. XXII, 715—716
1886	34.	A lecture on Piper methysticum. Detroit. Parke Davis.
	35.	Über Piper methysticum (Kawa Kawa). Monographie. Berlin, A. Hirschwald, 1886
	36.	Die Structurformeln einiger neuerer Antifebrilia. Deutsche Medicinalzeitung 1886, Nr. 102
1887	37.	Ein neuer Extractionsapparat. Archiv der Pharmacie, Januar 1887
	38.	Über maximale Dosen der Arzneimittel. Vorschläge zu einer internationalen Regelung dieser Frage. Transactions of the Intern. Med. Congress, Ninth session, Washington, 1887
	39.	mit Posner: Zur Kenntnis der Haematurie. Centralblatt f. d. med. wissenschaften 1887, Nr. 20
1888	40.	Das Haya-Gift und das Erythrophlain. Archiv für path. Anatomie 1888, Bd. CXI
	41.	Über allgemeine und Hautvergiftung durch Petroleum. Archiv für path. Anatomie 1888, Bd. CXII
	42.	Über die geschichtliche Entwicklung des Begriffes „Gegengift". Deutsche med. Wochenschrift 1888, Nr. 16
	43.	Über Anhalonium Lewinii. Archiv für exper. Path. und Pharmakol. 1888, Bd. XXIV
	44.	Anhalonium Lewinii. The Therap. Gazette, 16. April 1888
1889	45.	Über Areca Catechu, Chavica Betle und das Betelkauen. Monographie: Stuttgart, F. Enke, 1889
	46.	Über Hydroxylamin, ein Beitrag zur Kenntnis der Blutgifte. Archiv f. exper. Path. und Pharmakol. 1889, Bd. XXV
1890	47.	Über das Betelkauen. Internat. Archiv f. Etnographie. 1890, Bd. III
1891	48.	Narcotische Genußmittel und die Gesetzgebung. Berlin, klin. Wochenschrift 1891, Nr. 51
1892	49.	mit E. Küster: Ein Fall von Bleivergiftung durch eine im Knochen steckende Kugel. v. Langenbecks Archiv 1892, Bd. XI, III. Jubil.-Heft; -Arch. f. klin. Chirurgie 43, 1892, Jubelheft
	50.	Über die Ähnlichkeit mancher Blattkrankheiten mit Hautkrankheiten des Menschen. Vortrag gehalten auf dem Dermatol. Congress. Wiener med. Presse 1892, Nr. 43
1893	51.	Die Nebenwirkungen der Arzneimittel. Pharmakologisch-klin. Handbuch. 2. Aufl. Berlin, A. Hirschwald, 1893

52. Über einige Acokanthera-Arten und das Quabain. Archiv f. Path. Anatomie 1893, Bd. CXXXIV, Heft 2

53. Beiträge zur Kenntnis einiger Acokanthera- und Carissa-Arten. Englers Botan. Jahrb. 1893, Bd. XVII, Heft 3 u. 4. Beiblatt 1893, Nr. 41

54. Wie viel Morphium darf ein Arzt einem Kranken als Einzeldosis verordnen? Ein gerichtliches Gutachten. Berlin, klin. Wochenschrift 1893, Nr. 41

55. mit H. Goldschmidt: Versuche über die Beziehungen zwischen Blase, Harnleiter und Nierenbecken. Archiv für path. Anatomie 1893, Bd. CXXXIV, Heft 1

56. mit H. Goldschmidt: Experimentelle Studien über die Beziehungen zwischen Blase und Harnleiter. Berlin, klin. Wochenschrift Nr. 32. The Lancet. Coimbra medical 1893, nr. 21

1894

57. Die ersten Hülfsleistungen bei Vergiftungen. Arbeiten des VIII. internat. Congresses für Hygiene in Budapest. 1894

58. Über Geschmacksverbesserungen von Medikamenten und über Saturationen. Berlin, klin. Wochenschrift 1894, Nr. 28

59. Die Pfeilgifte, historische und experimentelle Untersuchungen. 3 Teile. Archiv für path. Anatomie 1894, Bd. CXXXVI und CXXXVIII

60. Die Pfeilgifte. Monographie. Berlin, G. Reimer 1894

61. Über Pfeilgifte. Verhandl. der Berl. Anthropol. Gesellschaft, 19. Mai 1894

62. Über die Eisentherapie. Zeitschrift für klin. Medicin 1894, Bd. XXIV, Heft 3 und 4

63. Über Anhalonium Lewinii und andere Cacteen. Zweite Abhandlung. Archiv für exper. Path. und Pharmakol. 1894, Bd. XXXIV. Berichte der Deutschen Botan. Gesellschaft 1894 1894, Bd. XII, Heft 9

1895

64. mit Rosenstein: Untersuchungen über die Haeminprobe. Archiv für path. Anatomie 1895, Bd. CXLII

65. Die Nebenwirkungen der Arzneimittel, ins Russische übersetzt von Dr. Kamensky, St. Petersburg 1895

66. Die Wirkungen des Phenylhydroxylamin. Ein weiterer Beitrag zur Kenntnis der Blutgifte. Archiv für exper. Path. und Pharmakol. 1895, Bd. XXXV

67. Die Änderungen in dem Arzneibuche. Deutsche med. Wochenschrift 1895, Nr. 17

68. Die ersten Hülfsleistungen bei Vergiftungen. Berlin, klin. Wochenschrift 1895, Nr. 24

69. Die Resorptionsgesetze für Medicamente und die maximalen Dosen des Arzneibuches. Deutsche med. Wochenschrift 1895, Nr. 21

70. Über Anhalonium Lewinii. Pharmaceutische Zeitung 1895, Nr. 41

1896 71. mit Goldschmidt: Resorption körperfremder Stoffe aus der Blase. Archiv für exper. Path. und Pharmakol. 1896, Bd. XXXVII.

72. Über eine forensische Strychnin-Untersuchung. Archiv der Pharmacie 1896, Bd. CCXXXIV

73. Über den Entwurf einer Bekanntmachung betreffend die Einrichtung und den Betrieb der Buchdruckereien und Schriftgießereien. Deutsche med. Wochenschrift 1896, Nr. 22

74. Die Toxikologie vor Gericht. Ein Beitrag zur Sachverständigenfrage. Deutsche med. Wochenschrift 1896, Nr. 17

1897 75. Der Übertritt von festen Körpern aus der Blase in die Nieren. Archiv für exper. Path. und Pharmakol. 1897, Bd. XL

76. Über das Eindringen von Luft aus der Blase in das Herz. Archiv für exper. Path. und Pharmakol. 1897, Bd. XL

77. Über die Beziehungen zwischen Blase, Ureter und Nieren. Verhandl. der Physiologischen Gesellschaft zu Berlin, 15. Dezember 1897

78. Der Übertritt von festen Körpern aus der Blase in die Nieren und in entfernte Körperorgane. Deutsche med. Wochenschrift 1897, Nr. 52

79. Die Spectroskopie des Blutes. Deutsche med. Wochenschrift 1897, Nr. 14

80. Die Spektroskopie des Blutes. Archiv der Pharmacie. 1897, Bd. CCXXXV, Heft 4

81. Lehrbuch der Toxikologie. 2. Aufl. Wien, Urban und Schwarzenberg 1897

82. Der Puls bei der akuten Bleivergiftung. Deutsche med. Wochenschrift 1897, Nr. 12

83. Ueber Suppositorien. Deutsche med. Wochenschrift 1897

1898 84. mit G. Schweinfurth: Beiträge zur Topographie und Geochemie des ägyptischen Natron-Thals. Zeitschrift der Gesellschaft f. Erdkunde 1898, Bd. XXXIII, Ges. f. Erdkunde, Berlin, Zeitschr. 33

85. mit G. Schweinfurth: Der Salzfund von Qurna. Zeitschrift f. ägypt. Sprache 1898, Bd. XXXV

86. Ueber eine angebliche Carbosäurevergiftung. Deutsche med. Wochenschrift 1898, Nr. 24

87. Ueber die Behandlung der Lepra auf den Fidschi-Inseln. Deutsche med. Wochenschrift 1898, Nr. 24

88. Beiträge zur Lehre von der natürlichen Immunität. Theil 1 und 2. Deutsche med. Wochenschrift 1898, Nr. 24, 40

89. Weiteres über Immunität. Deutsche med. Wochenschrift 1898, Nr. 44

1899 90. Beiträge zur Lehre von der natürlichen Immunität. Theil 3. Deutsche med. Wochenschrift 1899, Nr. 3

91. Die Nebenwirkungen der Arzneimittel. 3. Aufl. Berlin, A. Hirschwald
92. Ueber eigenthümliche Quecksilberanwendungen. Berlin, klin. Wochenschrift 1899, Nr. 13
93. Ist der Sauerampfer ein Gift? Deutsche med. Wochenschrift 1899, Nr. 30
94. Die Untersuchung von Blutflecken. Deutsche med. Wochenschrift 1899, Nr. 42
95. Untersuchungen über den Begriff der cumulativen Wirkung. Deutsche med. Wochenschrift 1899, Nr. 43, Jahrgang 25
96. mit M. Brenning: Die Fruchtabtreibung durch Gifte und andere Mittel. Literatur-Beilage der deutsch. med. Wochenschrift 1899, Nr. 25
97. Über eine Reaction des Akrolein und einiger anderer Aldehyde. Berichte der Deutschen chem. Gesellschaft 1899, Bd. XXXII, Heft 17

1900
98. Über die Giftwirkungen des Akrolein und einiger anderer Aldehyde. Archiv für exper. Path. und Pharmakol. 1900, Bd. XLIII
99. Über die toxikologische Stellung der Raphiden. Deutsche med. Wochenschrift 1900, Nr. 15 und 16
100. Über die toxikologische Stellung der Raphiden. Berichte der Deutschen botan. Gesellschaft 1900, bd. XVIII
101. Die Vergiftungen in Betrieben und das Unfallversicherungsgesetz. Deutsche med. Wochenschrift 1900, Nr. 20
102. Untersuchungen an Kupferarbeitern. Deutsche med. Wochenschrift 1900, Nr. 43
103. Über die Behandlung der Lepra durch das Gift der Klapperschlange. Deutsche med. Wochenschrift 1900, Nr. 42

1901
104. Über die Technik in antiken Bronzen. Vortrag gehalten in der Archäol. Gesellschaft, Februar 1901
105. Zur Geschichte der Telegraphie. Annalen der Physik 1901, Bd. IV
106. Das Erbrechen durch Chloroform und andere Inhalationsanästhetica. Deutsche med. Wochenschrift 1901, Nr. 2
107. Verblutung und Erstickung. Deutsche med. Wochenschrift 1901, Nr. 3
108. Die angebliche Immunität des Igels gegen Canthariden. Deutsche med. Wochenschrift 1901, Nr. 12
109. Arzt, Apotheker und Kranker. Deutsche med. Wochenschrift 1901, Nr. 23
110. Sur une substance colorante verte extraite du sang des animaux empoisonnes par la phenylhydrazine. Compres rend. de l'Academie des Sciences, 14. octobre 1901

111. Über Phenylhydrazin. Deutsche med. Wochenschrift 1901, Nr. 44

112. Über einige biologische Eigenschaften des Phenylhydrazin und einen grünen Blutfarbstoff. Zeitschrift für Biologie 1901, Bd. XLII

113. Ein neuer Ätzmittelträger. Berlin, klin. Wochenschrift 1901 Nr. 49

1902 114. Les intoxications dans les exploitations industrielles et la loi. Bull. gener. de Ther., avril 1902

1903 115. Traité de Toxicologie, traduit et annoté par G. Pouchet, Professeur de Pharmacologie de l'Université de Paris. Paris, O. Doin 1903

1904 116. Die Fruchtabtreibung durch Gifte. 2. Aufl. Berlin, A. Hirschwald, 1904

117. Eine wesentliche Grundlage der Arzneiwirkung, besonders der Desinfektionsmittel. Deutsche med. Wochenschrift 1904, Nr. 44

118. Über die Entstehung von Vergiftungen, insbesondere der Phosphorvergiftung. Fortschritte der Medizin XXII, 1904, Nr. 8 und Berichte der Pharmaceut. Gesellschaft Bd. XIV, 1904, Heft 2

119. Zur Pharmakologie des Tannins und seiner Anwendungsformen. Deutsche med. Wochenschrift 1904, Nr. 22

120. Die Hilfe für Giftarbeiter. Deutsche med. Wochenschrift 1904, Nr. 25

121. Des moyens d' améliorer la condition des ouvriers dans les industries toxiques. Annales d'hygiène publique et de médecine legale, août 1904

122. Über die Wirkung des Bleis auf die Gebärmutter. Berlin, klin. Wochenschrift 1904, Nr. 41

123. Krankheit und Vergiftung. Berlin, klin. Wochenschrift 1904, Nr. 42

124. Die chronische Vergiftung des Auges mit Blei. Berlin, klin. Wochenschrift 1904, Nr. 50

125. Über Vergiftungen des Mundes. Vortrag gehalten auf der Jahresversammlung des Standesvereins Berliner Zahnärzte 1904

126. Antwort des Herrn Brat. Deutsche med. Wochenschrift 1904, Nr. 37

1905 127. Die Hilfe für Giftarbeiter. Berlin, klin. Wochenschrift 1905, Nr. 29

128. Der Einfluß der Chemie auf die Medizin. Vortrag gehalten in der Deutschen Gesellschaft für volksthümliche Naturkunde. Naturwissenschaftliche Wochenschrift 1905, Bd. IV, Nr. 15

129. mit Guillery: Die Wirkungen von Arzneimitteln und Giften auf das Auge. Handbuch für die gesamte ärztliche Praxis. 2 Bde. Berlin, A. Hirschwald, 1905

1906 130. Über eine akute Nitrobenzolvergiftung. (Ein dem Reichs-Versicherungsamt erstattetes Obergutachten.) Amtl. Nachrichten des Reichs-Versicherungsamtes, 15. Mai 1906

131. Über eine schwere, in kurzer Zeit tödlich verlaufende Bleivergiftung und die Frage, ob sie als ein Unfall oder als eine Gewerbekrankheit anzusehen ist. (Ein dem Reichs-Versicherungsamt erstattetes Obergutachten.) Amtl. Nachrichten des Reichs-Versicherungsamtes, 15. Mai 1906

132. Der Wortzeichenschutz für Arzneimittel. Deutsche med. Wochenschrift 1906, Nr. 12

133. Über eine örtliche Giftwirkung des Phenylhydroxylamin. Deutsche med. Wochenschrift 1906, Nr. 18

134. Über Maximaldosen von Arzneimitteln, welche im Deutschen Arzneibuche nicht enthalten sind. Deutsche med. Wochenschrift 1906, Nr. 22 und Ergänzungsbuch zum Arzneibuch für das deutsche Reich. 3. Ausgabe

135. mit A. Miethe und E. Stenger: Sur des méthodes pour photographier les raies d'absorption des matières colorantes du sang. Comptes rend. de l'Académie des Sciences, 9. juillet 1906

136. Die Hilfe für Giftarbeiter. Ein allgemeines Belehrungsblatt. Deutsche med. Wochenschrift 1906, Nr. 43

137. mit E. Stadelmann: Über Acokanthera Schimperi als Mittel bei Herzkrankheiten. Berlin. klin. Wochenschrift 1906, Nr. 50

1907 138. Abführmittel. Real-Encyclopädie d. gesamten Heilkunde. 4. Aufl. 68—76, 1907

139. Ueber das Verhalten von Mesityloxyd und Phoron im Thierkörper im Vergleiche zu Aceton. Archiv f. exper. Path. und Pharmakol. 1907, Bd. LVI

140. Allgemeines Belehrungsblatt für Giftarbeiter. Auf Grund der Verhandlungen der XIV. Conferenz der Centralstelle für Arbeiter-Wohlfahrtseinrichtungen. Berlin, C. Heymanns Verlag 1907

141. Über eine akute Benzolvergiftung im Betriebe. (Ein dem Reichs-Versicherungsamt erstattetes Obergutachten.) Ärztliche Sachverständigen-Zeitung 1907, Nr. 5

142. Eine tödliche Wundvergiftung durch das Streuen von Superphosphat und Thomasmehl. (Ein dem Reichs-Versicherungsamt erstattetes Obergutachten.) Ärztliche Sachverständigen-Zeitung 1907, Nr. 11

143. Die Grundlagen für die medizinische und rechtliche Beurteilung des Zustandekommens und des Verlaufes von Vergiftungs- und Infektionskrankheiten im Betriebe. Vorträge gehalten im Reichs-Versicherungsamt. Amtl. Nachrichten des Reichs-Versicherungsamtes 1907, Nr. 3

144. Das Vorige erweitert. Berlin, C. Heymanns Verlag 1907

145. mit A. Miethe und E. Stenger: Über die durch Photographie nachweisbaren spektralen Eigenschaften des Blutfarbstoffs und anderer Farbstoffe des thierischen Körpers. Archiv für die ges. Physiologie 1907, Bd. CXVIII.

146. Protection des ouvriers dans les industries toxiques. Projet de préservation par l'enseignement. Annales d'hygiène publique et de médecine légale, Nr. d, Qvril 1907

147. Protection des ouvriers dans les industries toxiques. Instruction générale à l'usage de ces ouvriers. Annales d'hygiène publique, no. de mai, 1907

148. Über eine Spätwirkung und Nachwirkung des im Betriebe eingeathmeten Kohlenoxyds. (Ein dem Reichs-Versicherungsamt erstattetes Obergutachten.) Berlin, klin. Wochenschrift 1907, Nr. 43

149. Über die angebliche Wanderung des Hyoscyamin aus einem Datura-Pfropfreis auf Kartoffelknollen. Archiv für Pharmacie 1907, Bd. CCXLVI, Heft 6

150. Über die gewerbliche Vergiftung mit Chromverbindungen. Chemiker-Zeitung 1907, Nr. 26

151. Die akute tödliche Vergiftung durch Benzoldampf. Münchener med. Wochenschrift 1907, Nr. 48

152. Belehrungsblatt für Chromarbeiter. Berlin, Carl Heymanns Verlag. 1907

153. Über die Frage, ob Rauschbrand von einem verendeten Rinde auf einen Menschen, der zwei Tage damit hantierte, übertragen worden, und ob dies in einem eng begrenzten Zeitraume geschehen ist. Obergutachten für das Reichs-Versicherungsamt. Amtl. Nachrichten des Reichs-Versicherungsamts, 12. und 17. Dezember 1907

154. Die Entstehung eines Blei-Gehirnleidens bei vorhandener Epilepsie in Folge Auflösung von Bleischroten, die durch einen Betriebsunfall in den Verletzten eingedrungen waren. Obergutachten für das Reichs-Versicherungsamt. Amtl. Nachrichten des Reichs-Versicherungsamtes, 12. und 17. Dez. 1907

155. Gegenbemerkungen auf die Bemerkungen des Herrn L. Brieger und Genossen. Berlin, klin. Wochenschrift 1907, Nr. 4

1908

156. Der Einfluß von Giften auf die freie Willensbestimmung. Deutsche Juristenzeitung 1908, Nr. 3

157. Verschlimmerung eines Luftröhrenleidens mit tödlichem Ausgang durch eine infolge Einathmung von Sprengstoffgasen eingetretene Kohlenoxydgasvergiftung. Amtl. Nachr. des Reichs-Versicherungsamts, 15. Dezember 1908, Nr. 12

158. Spektrophotographische Untersuchungen über die Einwirkung von Blausäure auf Blut. Arch. für experiment. Pathol. und Pharmakol. Supplementband Schmiedeberg-Festschrift 1908, Bd. 336—348

159. Tödliche Lungenentzündung durch eingeatmetes Ammoniakgas. Berlin, klin. Wochenschrift 1908, Nr. 42

160. mit Miethe: Ein Apparat zur Demonstration der ultravioletten Absorptionslinie des Blutes. Pflügers Arch. f. d. ges. Physiologie 1908, Bd. 121

	161.	mit Miethe und Stenger: Über die spektralen Eigenschaften des Eigelbs. Pflügers Archiv f. die ges. Physiol. 1908, Bd 124
	162.	Tödliche Lungenentzündung durch eingeatmetes Ammoniakgas. Berlin, klin. Wochenschrift 1908, Nr. 42
	163.	Die gewerbliche Vergiftung der Haut durch Morphin und Opium. Med. Klinik 1908, Nr. 43
1909	164.	Über Wismutvergiftung und einen ungiftigen Ersatz des Wismuts für Röntgenaufnahmen. Münch. med. Wochenschrift 1909, Nr. 13
	165.	Chinin und Blutfarbstoff. Archiv für exper. Pathol. und Pharmakol. 1909, Bd. 60
	166.	Furcht und Grauen als Unfallursache. Berlin, klin. Wochenschrift 1909, Nr. 48
	167.	mit A. Miethe und E. Stenger. Das Verhalten von Acetylen zu Blut. Arch. f. die ges. Physiologie 1909, Bd. 129
	168.	Religiöse Grundgedanken und moderne Wissenschaft. Eine Umfrage. Nord und Süd, 1909, Bd. 129 April
	169.	Gifte und Gegengifte. XVI. Internat. medic. Congreß Budapest. — Zweiter Abdruck: Chemiker-Zeitung 1909, Nr. 134
	172.	Histoire de l'intoxication oxycarbonec trad. par le Pr. Thoinot. Annal. d'hygiène publ. et de Médecine légale no d'août
1910	173.	Das Zustandekommen von Vergiftungen in chemischen Betrieben und die Hilfe dagegen. Zeitschrift f. angewandte Chemie 1910, Heft 12
1911	174.	Die Giftwirkungen des Methylalkohols. Apotheker-Zeitung 1911, Nr. 6
	175.	Über Ätzstoffe und gewebsentzündende Mittel. Klinische Mo-
	170.	mit Poppenberg: Die Kohlenoxydvergiftung durch Explosionsgase. Archiv für exper. Pathol. Bd. 60. Zeitschr. f. das ges. Schieß- und Sprengstoffwesen, 1909, Jahrg. 5
	171.	Die Geschichte der Kohlenoxydvergiftung. Archiv f. Geschichte der Medic. 1909, Bd. III, Heft 1 natsbl. für Augenheilkunde, 1911, Jahrg. XLIX (= 184)
	176.	Die Augenverätzung durch Natriumaluminat. Klinische M natsbl. für Augenheilkunde, 1911, Jahrg. XLIX (= 185)
	177.	mit A. Miethe und E. Stenger: Über Sensibilisierung von photographischen Platten für das äußerste Rot und Infrarot. Archiv f. die ges. Physiologie, 1911, Bd. 142
	178.	Über nitrose Gase und eine neue Schutzeinrichtung gegen ihre Giftwirkung in der Metallbeizerei. Zeitschr. f. Hygiene und Infektionskrankheiten 1911, Bd. 63
	179.	Das toxische Verhalten von metallischem Blei und besonders von Bleigeschossen im tierischen Körper. Archiv für klin. Chirurgie, 1911, Bd. 94 (= 183)

180. Giftwirkung von Bleigeschossen im Körper. Die Umschau 1911, Nr. 26

181. Über die gesundheitlichen Gefahren im beruflichen Arbeiten mit Zyankalium. Zeitschrift für Reproduktionstechnik, 1911, Heft 5

182. Comment se produisent les empoisonnements par les produits chimiques et comment on les combat. Revue scientisique, 14. Janvier 1911

183. Das toxische Verhalten von metallischem Blei und besonders von Bleigeschossen im tierischen Körper. Archiv für klin. Chirurgie, 1911, Bd. 94 (= 179)

184. Über Ätzstoffe und gewebsentzündende Mittel. (= 175)

185. Die Augenverätzung durch Natriumaluminat. Klin. Monatsbl. f. Augenheilk. 1911, Jahrg. XLIX (= 176)

1912 186. Über die Verwendungsgefahren des Methylalkohols und anderer Alkohole. Medicinische Klinik 1912, Nr. 3

187. mit E. Stenger: Spektrophotographische Untersuchungen über Urobilin. Archiv f. die ges. Physiologie 1912, Bd. 144

188. Obergutachten über Unfallvergiftungen. Dem Reichsversicherungsamt und anderen Gerichten erstattet. Leipzig, Veit u. Co. 1912

189. Formulae magistrales Germanicae. Verfaßt im Auftrage des deutschen Apothekervereins. 1912

190. Spektrophotographische Untersuchungen des Meconium. Archiv f. die ges. Physiologie 1912, Bd. 145

191. Neue Untersuchungen über die Pfeilgifte der Buschmänner. Zeitschrift f. Ethnologie, 1912, Heft 5

192. Untersuchungen über Buphane disticha (Haemanthus toxicarius). Archiv f. experim. Pathol. und Pharmakol. 1912, Bd. 68

193. Blepharida evanida ein neuer Pfeilgiftkäfer. Archiv f. experim. Pathol. und Pharmakol. 1912, Bd. 69

194. Die Bedingungen für die Bildung von Bleidampf in Betrieben. Zeitschriften für Hygiene und Infektionskrankheiten 1912, Bd. 43

195. Schutzvorrichtungen gegen die Aufnahme von Blei an Bleischmelzkesseln. Zeitschrift für Hygiene und Infektionskrankheiten 1912, Bd. 73

196. Ein Verfahren für die künstliche Atmung bei Scheintoten und Asphyktischen. Münchener med. Wochenschrift 1912, Nr. 47

197. Über Haemanthin. Archiv für exper. Path. und Pharmakol. 1912, Bd. 70

1913 198. Untersuchungen über die Pfeilgifte der Buschmänner. Naturwissenschaftliche Wochenschrift 1913, Nr. 1

199. Die ätherischen Öle. Naturwissenschaften 1913, Heft 50

200. Calotropis procera. Ein neues digitalisartig wirkendes Herzmittel. Archiv f. exper. Pathol. und Pharmakol. Bd. 71, Medizin. Klinik 1913, Nr. 6

201. Innerer Milzbrand als Unfallkrankheit. Medizin. Klinik 1913, Nr. 9

202. Eine tödliche Arsenvergiftung. Chronische Selbstvergiftung oder Giftmord? Medizin. Klinik 1913, Nr. 40

203. Eine Farbreaktion auf Eiweißkörper. Berichte der Deutsch. Chem. Gesellsch. 1913, Jahrg. XXXXVI Heft 8 — Medizin. Klinik

204. Über photodynamische Wirkungen von Inhaltsstoffen des Steinkohlenteerpechs am Menschen. Münch. mediz. Wochenschrift 1913, Nr. 28

1914 206. Der Nachweis des Arsens nach akuter und chronischer Vergiftung. Apotheker-Zeitung 194, Nr. 45

207. Dr. Lewin zum Graudenzer Giftmordprozess. Berliner Tageblatt Nr. 617, den 5. Sept. 1913

1915 208. Über Vergiftung durch kohlenoxydhaltige Explosionsgase aus Geschossen. Münch. med. Wochenschrift 1915, Nr. 14 — Apotheker-Zeitung 1915, Nr. 38

1916 209. Die Gefahr der Vergiftung durch ganze oder zersplitterte, im Körper lagernde Geschosse. Med. Klinik 1916, Nr. 2

210. Die toxische Rolle des in Bleigeschossen enthaltenen Arsens. Münch. med. Wochenschrift 1916, Nr. 47 — Zeitschrift f. d. gesamte Schieß- und Sprengstoffwesen 1916, Nr. 3

211. Maximaldosen nichtofficineller Arzneimittel. Medizin. Klinik 1916, Nr. 37 — Ergänzungsbuch zum Deutschen Arzneibuch, 1. Ausgabe

1917 212. Essigsäuredampf als Wiederbelebungsmittel bei Ohnmachten. Münch. medic. Wochenschrift 1917, Nr. 29

213. Bleivergiftung durch im Körper lagernde Bleigeschosse. Zeitschr. f. ärztl. Fortbildung 1917, Nr. 20

214. Eine Vergiftung durch Phosphorwasserstoff bei dem Schweißen mit Acetylengas. Mediz. Klinik 1917, Nr. 52

1918 215. Die toxische Pneumonie. Medizinische Klinik 1918, Nr. 39

216. Das Verhalten von Kugeln aus einer Bleinatriumlegierung gegen Wasser. Münch. med. Wochenschrift 1918, Nr. 2

217. Lehren aus dem Arsen-Giftmordprozeß Kieper. Medizinische Klinik 1918, Nr. 16 — Deutsche Strafrechtzeitung Heft 5/6 — Apotheker-Zeitung 1918, Nr. 42

218. Untersuchungen über das Verhalten von Bleikugeln auch aus Legierungen mit arsenhaltigem Antimon sowie mit Natrium gegen Lösungsmittel und im menschlichen Körper

1919 219. Pfeilgifte und Pfeilgiftwirkungen. Die Naturwissenschaften 1919, Heft 12

220. Eine toxikologische Erinnerung an Emil Fischer. Die Naturwissenschaften 1919, Heft 46

221. Über Vernonia Hildebrandtii (Eine Pfeilgiftpflanze). Archiv f. exper. Pathol. und Pharmakologie 1919, Bd. 85

222. Über Vergiftungen durch Phaseolus lunatus. Apotheker-Zeitung 1919

1920 223. Über einige Pflanzen aus dem Küstengebiet von Beludschistan. Botan. Jahrbücher 1920, Bd. 56, Heft 2

224. mit Stenger: Der Farbstoff der Mitteldarmdrüse des Flußkrebses. Pflügers Archiv 1920, Bd. 173 — Die Naturwissenschaften Heft 8

225. Heilmittel und Gifte bei Homer. Münch. mediz. Wochenschrift 1920, Nr. 33

226. Über giftige Extraktionsmittel für Fette, Wachse, Harze und andere ähnliche wasserunlösliche Stoffe. Zeitschrift d. deutsch. Öl- u. Fettindustrie 1920, Nr. 28 und 29

227. Die Gifte in der Weltgeschichte. Berlin, J. Springer 1920

228. Die Kohlenoxydvergiftung. Ein Handbuch für Mediziner, Techniker und Unfallrichter. Berlin, J. Springer 1920

1921 229. (Thulke) Die pflanzlichen Antisyphilitica. Archiv für Dermatologie 1921, Bd. 134

230. Die Bestrafung der alkoholischen Trunkenheit. Münch. mediz. Wochenschrift 1921, Nr. 45

231. Die Vergiftung durch Trinitrotoluol. Ein Beitrag zur Toxikologie der Sprengstoffe. Archiv f. experim. Pathol. und Pharmakol. 1921, Bd. 19

1922 232. Giftgefahren in Betrieben. Deutsche Revue, Januar 1922

233. Die Fruchtabtreibung durch Gifte und andere Mittel. Ein Handbuch für Ärzte und Juristen. Dritte neugestaltete und vermehrte Auflage. Berlin, J. Springer 1922

235. Über die spektrographisch nachweisbaren Veränderungen des Blutfarbstoffs. Zeitschrift für wissenschaftliche Photographie 1922, Nr. 9

236. Tödliche Lungenentzündung durch Einatmung von Kohlenoxyd an Kupolöfen. Ärztliche Sachverständigen-Zeitung 1922, Nr. 10

1923 237. Über Curare und ein neues Verfahren für die Curaringewinnung. Chemiker-Zeitung 1923, Nr. 9

238. Der Entschädigungsanspruch von drei Hüttenarbeiterfamilien infolge tödlicher Gasvergiftung ihrer Ernährer vor dem Gericht. Hüttenarbeiter-Schicksal 1922

1924 239. Das normale Vorkommen von Arsen im menschlichen Körper. Deutsche Juristen-Zeitung, 1. August 1924 Heft 15/16

240. Phantastica. Die betäubenden und erregenden Genußmittel. Berlin, Georg Stilke 1924

241. Über eine tödliche Vergiftung durch Gase in der Rauchkammer einer Lokomotive. Entscheidungen und Mitteilungen des Reichsversicherungsamts. 1924, Bd. 16

1925 242. Die Fruchtabtreibung durch Gifte und andere Mittel. Vierte vermehrte Auflage. Berlin, Georg Stilke, 1925

243. Die Vergiftungen in Betrieben. Nachrichten des Vereins Deutscher Ingenieure. 18. Februar 1925

244. Untersuchungen an Haffischern mit „Haffkrankheit". Deutsche Med. Wochenschrift 1925, Nr. 4

245. Anhalonium Lewinii. Preußische Jahrbücher. Januar 1925

246. Gutachten in dem Strafverfahren gegen den Reichsminister a.D. Dr. Höfle. Erstattet dem Preußischen Landtag. 1925, Bericht Nr. 930

1926 247. Ungewohnte Arzneiwirkungen am Auge. Berliner Fortbildungskurs für Augenärzte. Berlin 1926, S. 122

248. Gifte und Gegengifte.

249. Der Tod des Papstes Alexander VI. Eine toxikologische Untersuchung. Preu. Lehrbücher. November 1926

250. mit J. Loewenthal. Giftige Nachtschattengewächse bewußtseinstörender Eigenschaften im culturgeschichtlichen Zusammenhange. Jarus. 1926, Bd. 30

251. Phantastica. Die betäubenden und erregenden Genußmittel. 2. Auflage. Berlin, Georg Stilke 1926

252. Obergutachten über den ursächlichen Zusammenhang des Todes eines Werkmeisters mit einer in der Rauchkammer einer unter Dampf stehenden Lokomotive erlittenen Rauchvergiftung. Entscheidungen des Reichsversicherungsamts, 1926, Bd. 16

1928 253. Phantastica. Droghe stupefacenti ed eccitanti. trad. del Dott. Clerici. Milano, Vallardi 1928

254. mit W. Goldbaum: Opiumgesetz. Berlin, Georg Stilke 1928

255. Über einige im Bergell gesammelte Pilze. Hedwigia, 1928, Bd. 78

256. Untersuchungen über Banisteria Caapi, Archiv für experimentelle Pathologie und Pharmakologie 1928, Bd. 129

257. Über ein neues Narkotikum und Heilmittel. Chemiker-Zeitung 1928, Nr. 36

258. Sur une substance enivrante, la banistérine, extraite de Banisteria Caapi. Comtes rendus des séances de l'Académie des Sciences 13. févr. 1928

259. Les paradis artifiels-Phantastica, traduit par le Professeur Gidon, Paris, Payot, 1928

260. Gifte im Holzgewerbe. Verlag von Georg Stilke, 1928

1929 261. Gifte und Vergiftungen. 4. Ausgabe des Lehrbuchs der Toxikologie. G. Stilke, Berlin, 1929

262. Gottesurteile durch Gifte und andere Verfahren. 24 S. Verlag von Georg Stilke, Berlin, 1929

263. Banisteria Caapi, ein neues Rauschgift und Heilmittel. 18 S. Verlag von Georg Stilke, Berlin, 1929

264. Die Frage der Rauschgifte ist eine Weltfrage. Reform der Bekämpfung. Kölnische Zeitung, Sonntag 19. Mai 1929

265. Beiträge zur Giftkunde. Verlag von Georg Stilke, 1929

schließlich setzte ein [illegible]
hinzu – als zweite Land[illegible]
durch Ihren Gerichtsbar[illegible]
zur Unterhaltung [illegible]
[illegible], Schmalzende, Finge[illegible]
mit Appetit verzehre[illegible]
der wiederholte sich [illegible]
Endlich war die [illegible]
[illegible], Beinen, [illegible]
Staat Utah gelangt. [illegible]
los zu werden, die [illegible]
fortdauernd Meiner[illegible]
ein gehaltenen [illegible]
mein verzweifelt und [illegible]
1 Mal „kill" sprach. [illegible]
statt dass sie [illegible]
immer [illegible]
Ich hielt sie für [illegible]
sie war so leider [illegible]
der Von der Bahn [illegible]
Ich war N. M. nach [illegible]
[illegible]
für [illegible]
bei uns. Man sieht, [illegible]
seinen Gegner gekom[illegible]
sind freilich auch [illegible]
[illegible] wandern. Ich [illegible]
die mir bisher [illegible]
gehabt und durch [illegible]
lebhaft gegangen ist. [illegible]
[illegible], Wasserfarben [illegible]
[illegible]. Viel [illegible]
aber kaufe auch [illegible]